"十三五"普通高等教育本科系列教材

 "十二五"普通高等教育本科国家级规划教材

自动控制原理
——实验与实践篇

（第三版）

编著 杨 平 余 洁 徐春梅
　　　徐晓丽
主审 应启戛

中国电力出版社
CHINA ELECTRIC POWER PRESS

内 容 提 要

全书共分基础篇、实验篇和实践篇三篇。基础篇主要介绍了 MATLAB 软件应用基础和计算机仿真基础知识；实验篇为自动控制原理实验课教材，与自动控制原理理论课的内容相对应；实践篇专为自动控制原理专题实践（课程设计）而编写。本书紧扣自动控制理论核心方法，活用先进的实验技术和强化实用的实践技能。

本书可作为高等学校自动化及相关专业自动控制原理课程的实验与实践教材，也可供自学自控原理的科技人员及工程技术人员学习和参考。

图书在版编目（CIP）数据

自动控制原理：实验与实践篇/杨平等编著 . —3 版 . —北京：中国电力出版社，2019.2（2023.5 重印）

"十三五"普通高等教育本科规划教材

"十二五"普通高等教育本科国家级规划教材

ISBN 978 - 7 - 5198 - 2332 - 0

Ⅰ.①自… Ⅱ.①杨… Ⅲ.①自动控制理论－高等学校－教材 Ⅳ.①TP13

中国版本图书馆 CIP 数据核字（2018）第 188969 号

出版发行：中国电力出版社
地　　址：北京市东城区北京站西街 19 号（邮政编码 100005）
网　　址：http://www.cepp.sgcc.com.cn
责任编辑：周巧玲
责任校对：黄　蓓　常燕昆
装帧设计：郝晓燕
责任印制：钱兴根

印　　刷：望都天宇星书刊印刷有限公司
版　　次：2011 年 10 月第一版　2015 年 8 月第二版　2019 年 2 月第三版
印　　次：2023 年 5 月北京第十一次印刷
开　　本：787 毫米×1092 毫米　16 开本
印　　张：15.75
字　　数：389 千字
定　　价：42.00 元

前　言

　　学习自动控制原理课程有多种方式，包括自学、课堂听讲、做实验、专题实践等，其中实践性学习方式越来越受到重视。实践性教学已成为自动控制原理课程教学必不可少的组成部分。在许多高校已经开始把自动控制原理课程实验从自动控制原理课程中分离出来成为一门独立课程，还配套有一周的集中实践环节——自动控制原理专题实践。这样，自动控制原理的教学模式变成理论教学＋实验教学＋集中实践。这种新模式分工明确、前后连贯、易于实施、学习高效。可以说是从应试教育转向素质教育的改革措施，是提高本科教学质量的新尝试。为此，需要提供一本配套的新教材，涵盖自动控制原理实验课程和自动控制原理专题实践环节。本书就是为这一需求编写的。

　　自动控制原理课程教学中开设实验已有多年的历史。从 20 世纪 80 年代起至今发生了许多变化。就实验设备而言，在 20 世纪 80 年代是电子模拟装置＋双笔记录仪或示波器；在 20 世纪 90 年代是电子模拟装置＋PC 机；到 21 世纪后开始直接用装有 MATLAB 软件的 PC 机做计算机仿真及更多的实验。就实验内容而言，在 20 世纪 80 年代受电子模拟装置的限制，只能做典型环节动态特性实验等少数几项实验；PC 机的使用不但可以将实验结果随时记录和绘图显示，还增加了根轨迹图和频率特性图分析等实验项目；MATLAB 软件的使用更是把自动控制原理实验内容变得丰富多彩，几乎所有的控制原理分析技术都可用实验的方式显现。本书所依据的主要实验设备就是装有 MATLAB 软件的 PC 机。

　　有的老师主张用电子模拟装置，认为用计算机仿真的方式做实验，一点也不真实，物理实验装置才是看得见、摸得着的。换一个角度考虑，做自动控制原理实验的目的主要是让学生更快更好地掌握和理解自动控制的基本原理和分析技术，无论采用何种方式做实验，只要能达到这个目的就是可行的。何况，自动控制原理的分析技术主要依据的是线性模型及数学分析，不管是什么物理化学过程都可抽象成线性模型来分析，而 MATLAB 就是最好的线性系统计算机辅助分析工具。所以，采用装有 MATLAB 软件的 PC 机实验平台也未尝不可。正是由于采用了装有 MATLAB 软件的 PC 机实验平台，那么在用它进行自动控制原理实验以前应该具备一定的 MATLAB 软件应用基础以及计算机仿真的基本概念。为此，本书的第 1 篇，简要介绍了这方面的基础知识和操作技能。

　　本书第 2 篇所编排的自动控制原理实验，在内容上与杨平等编写的《自动控制原理——理论篇（第三版）》的第二～九章相呼应。可以安排实验课与理论课在同一学期进行，但实验课的开始时间比理论课晚半个学期。这样，在理论上先建立了初步的概念，在实验中又可进一步明确和加深，从而收到事半功倍的效果。

　　本书提供第 1 篇和第 2 篇课内实验答案，手机扫码即可查看。

　　在自动控制原理的理论课教学和实验课教学完成后，趁热打铁地安排一次集中实践教学活动非常有必要。因为实践教学与实验教学不同，它重在对实际过程的应用。实际过程是生动的和具体的。实际过程的控制要求是灵活多变的。实际控制系统的设计和实施的过程特别能锻炼学生的动手能力和综合素质并激发其专业学习的兴趣和热情。本书的第 3 篇为实践篇。编入了许多应用实例。学生设计的控制系统，有的可在装有 MATLAB 软件的 PC 机上进行设计验证；有的可用已建的专用设备，如倒立摆装置、实时温度控制装置现场实施。可将学生分成若干小组，分专题去实践。

本书的前身是中国电力出版社 2005 年版的"自动控制原理实验与实践"（杨平、余洁、冯照坤、翁思义编著）。在此基础上有了中国电力出版社 2011 年版的"自动控制原理——实验与实践篇"（杨平、余洁、徐春梅、徐晓丽编著）。此次修订主要改动是第 1 篇增加了第 4 章，第 2 篇的 8 章重新编写，第 3 篇删了 1 章又增加或改动 3 节。修订的目标是，精炼和优化控制原理实验技术，增强控制原理实验课和理论课的协调配合度，力求满足控制原理教学阶段的本科专业人才培养的实际需要。本书的第 1 篇由徐春梅改写或新写，第 2 篇由余洁改写或新写，第 3 篇由徐晓丽改写或新写，全书的统稿和定稿工作由杨平完成。

本书的审稿工作仍请上海理工大学的应启夏教授完成，应教授的诚挚又中肯的修改意见被采纳后又使本书增色不少。在此，致以真诚的谢意。

限于编者的认知和经验，书中难免有不足之处。为重印和改版时能及时纠正，恳请发现任何谬误的读者发电邮至 yangping1201@126.com，直接给予批评指正。

编　者

2018 年 10 月

扫码查看本书配套资源

目　　录

第2篇 实 验 篇

第1篇　基　础　篇

第1章　MATLAB 基础

1.1.1　MATLAB 概述

MATLAB（Matrix Laboratory，矩阵实验室）是一款功能十分强大的工程计算及数值分析软件，主要应用于工程计算、控制设计、信号处理与通信、图像处理、信号检测等领域。

MATLAB 早期主要用于现代控制中复杂的矩阵、向量的各种运算。由于 MATLAB 提供了强大的矩阵处理和绘图功能，因此很多专家在自己擅长的领域用它编写了许多专门的 MATLAB 工具包（toolbox），如控制系统工具包（control systems toolbox）、系统辨识工具包（system identification toolbox）、信号处理工具包（signal processing toolbox）、鲁棒控制工具包（robust control toolbox）、最优化工具包（optimization toolbox）等。因此，MATLAB 成为一种包罗众多学科的功能强大的技术计算语言（The Language of Technical Computing），也可说它是第四代计算机语言。在欧美等高等院校中，MATLAB 软件已成为应用代数、自动控制原理、数理统计、数字信号处理、时间序列分析、动态系统仿真等课程的基本数学工具，成为学生必须掌握的基本软件之一。

MATLAB 以矩阵作为基本编程单元，它提供了各种矩阵的运算与操作，并有较强的绘图功能。MATLAB 集科学计算、图像处理、声音处理于一身，是一个高度的集成系统，有友好的用户界面和完善的帮助功能。

MathWorks 公司于 1992 年推出了具有划时代意义的 MATLAB 4.0 版本，并推出了交互式模型输入与仿真系统 Simulink，它使得控制系统的仿真与 CAD 应用更加方便、快捷，用户可以方便地在计算机上建模和仿真实验。1997 年 MathWorks 推出的 MATLAB 5.0 版允许了更多的数据结构。2003 年推出的 MATLAB 6.5.1，图形功能和用户图形界面的编程能力都得到了很大程度的提高。2010 年 9 月推出 MATLAB 7.11，进一步强化了数值计算和 Simulink 的功能。MathWorks 公司每年都会优化 MATLAB 的功能，推出新的版本。

MATLAB 主要有如下特点：

（1）语言简洁，编程效率高，使用方便灵活。MATLAB 程序书写形式自由，允许用数学形式的语言编写程序，且比 C 语言等更加接近书写计算公式的思维方式。

（2）运算符和库函数丰富。MATLAB 提供了和 C 语言几乎一样多的运算符，还提供了广泛的矩阵和向量运算符。利用其运算符和库函数可简化程序，两三行语言就可实现几十甚至几百行 C 或 FORTRAN 的程序功能。

（3）MATLAB 既具有结构化的控制语句（如 for 循环、while 循环、break 语句、if 语句和 switch 语句），又有面向对象编程的特性。

（4）扩充能力强，交互性好。MATLAB 语言有丰富的库函数，而且用户文件也可作库函数使用。用户可以根据自己的需要建立和扩充新的库函数。

（5）程序的可移植性好，可以在各种型号的计算机和操作系统上运行。

（6）MATLAB 的图形功能强大。它既包括对二维和三维数据可视化、图像处理、动画制作等高层次的绘图命令，也包括可以修改图形及编制完整图形界面的低层次绘图命令。

（7）工具箱功能强大。MATLAB 的工具箱可分为功能性工具箱和学科性工具箱两类。功能性工具箱主要用来扩充其符号计算功能、图示建模仿真功能、文字处理功能及与硬件实时交互功能。而学科性工具箱专业性比较强，包括控制工具箱、图像处理工具箱、通信工具箱等。

（8）源程序的开放性。除内部函数以外，所有 MATLAB 的核心文件和工具箱文件都是可读可改的源文件，用户可通过修改源文件或加入自己的文件构成新的工具箱。

1.1.2　MATLAB　界　面

一、MATLAB 的运行界面

1. MATLAB 的启动方法

当 MATLAB 安装完成后，在桌面上创建一个 MATLAB 的快捷图标，双击该图标就可以打开 MATLAB 的工作界面。也可以通过打开开始菜单的程序选项选择 MATLAB，或在 MATLAB 的安装路径中找到可执行文件 Matlab. exe 来启动 MATLAB。

2. MATLAB 操作界面

图 1 - 1 - 1 所示为默认设置情况下的 MATLAB 操作界面，它包含以下 4 个窗口。

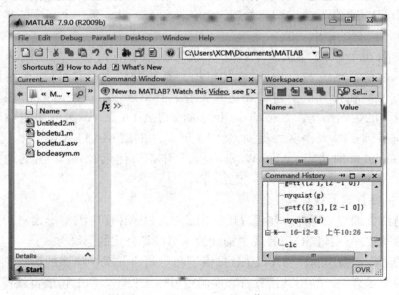

图 1 - 1 - 1　MATLAB 的工作界面

（1）命令窗口（Command Window）：用于输入 MATLAB 命令、函数、矩阵、表达式等信息，并显示除图形以外的所有计算结果，是 MATLAB 的主要交互窗口。当命令窗口出现提示符≫时，表示 MATLAB 已准备好，可以输入命令、变量或运行函数。

（2）工作空间窗口（Workspace）：是 MATLAB 用于存储各种变量和结果的内存空间。通过工作空间窗口可以观察变量的变量名、数据结构、字节数及数据类型等信息。

（3）当前路径窗口（Current Directory）：用于显示及设置当前工作路径，同时显示当前工作路径下的文件名、文件类型及路径的修改时间等信息。

（4）命令历史窗口（Command History）：记录已运行过的 MATLAB 命令，该窗口自动记录已运行过的命令、函数、表达式等信息；并表明使用时间，以方便使用者查询。当双击某一行历史命令，即在命令窗口中复制并执行该命令。或者通过方向键中的上下键来查找历史命令，同时相应的命令显示在命令窗口里。

3. MATLAB 的退出

退出 MATLAB 软件系统，有下面 4 种方法：

（1）单击 MATLAB 主窗口的"关闭"按钮。

（2）在命令窗口输入 exit 或者 quit 命令。

（3）选择"File"菜单中的"Exit MATLAB"。

（4）用快捷命令 Ctrl＋Q。

二、MATLAB 帮助系统

MATLAB 提供了数目繁多的函数和命令，很难全部记住。可行的办法是先掌握基本内容，然后在实践中不断总结、积累和掌握其他内容。更重要的学习方法是通过软件本身提供的帮助系统来学习软件的使用。

MATLAB 提供了相当丰富的帮助信息，同时也提供了获得帮助的方法。可以通过操作界面的"Help"菜单获得帮助，也可以通过工具栏的帮助选项获得帮助，还可以在命令窗口中输入帮助命令。通常能够起到帮助作用、获取帮助信息的指令有 help、lookfor、helpbrower、helpwin、doc 等。

（1）help 指令。help 指令是 MATLAB 中最有用的指令之一，用法如下：

```
help              弹出在线帮助总览窗
help 函数名        查询具体函数的详细信息,通常会有少量的示例
help elfun        寻求关于基本函数的帮助
help help         打开有关如何使用帮助信息的帮助窗口
```

（2）lookfor 命令。lookfor 命令可根据用户提供的完整或不完整的关键词，搜索出一组与之相关的命令和函数。通常，在用户不确定需要搜索的函数名称，但知道函数功能的时候，就可以通过 lookfor 搜索该功能的关键字。

【例 1 - 1 - 1】　查找关于图像的命令和函数，将 image 作为关键词来查找。

输入 lookfor image，可知与 image 相关的函数名有很多个，如图 1 - 1 - 2 所示，图 1 - 1 - 2 只列出其中的一部分。

（3）模糊查找。MATLAB 6.0 以后的版本提供了一种方便的查询方法，即模糊查询。用户只要输入命令的前几个字母，然后按 Tab 键，MATLAB 就会列出所有以这几个字母开始的命令。

```
>> lookfor image
HeatMap      -A false color 2D image of the data values in a matrix.
imagemodel   -Access to properties of an image relevant to its display.
cfrimage     -Image.
cmunique     -Eliminate unneeded colors in colormap of indexed image.
imapprox     -Approximate indexed image by one with fewer colors.
contrast     -Gray scale color map to enhance image contrast.
dither       -Convert image using dithering.
frame2im     -Return image data associated with movie frame.
im2frame     -Convert indexed image into movie format.
im2java      -Convert image to Java image.
image        -Displayimage.
imagesc      -Scale data and display as image.
...          ...
```

图 1-1-2　［例 1-1-1］运行结果

【例 1-1-2】　查询以 plot 开头的命令。

输入 plot，按 Tab 键，弹出如图 1-1-3 所示的下拉框，即可选择需要的命令。用户可通过 help 命令查询所需命令的详细信息。

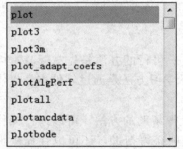

图 1-1-3　［例 1-1-2］运行结果

三、MATLAB 演示系统

MATLAB 软件提供了很好的演示系统，为用户提供了图文并茂的演示案例，对初学者有很大的帮助。进入演示系统（demo）有下面 4 种途径：

（1）选择"Help"菜单下的"Demos"。

（2）在命令窗口输入"demo"命令。

（3）直接在帮助页面上选择"demos"页。

（4）在主窗口左下角"Start"菜单中选择"demos"。

1.1.3　数　值　运　算

用 MATLAB 进行数值运算时，首先要按照预定规则命名变量，其次按照不同的数据结构形式分类进行标量运算、向量运算、矩阵运算、数组运算和多项式运算。

一、变量

MATLAB 中变量命名的规则如下：①第一个字母必须是英文字母，之后的可以是任意字母、数字或下划线；②字母间不可留空格；③最多只能有 19 个字母；④变量名中的字母有大小写之分；⑤变量名称中不能包含标点符号。此外，MATLAB 中默认的变量名是 ans。

常见的 MATLAB 所定义的特殊变量如下：

help	在线帮助命令,如用 help plot 调用命令函数 plot 的帮助说明
who	列出所有定义过的变量名称
ans	计算结果的变量名
eps	MATLAB 定义的正的极小值 = 2.2204e−16

pi	圆周率 π，值为 3.14159265…
i（或 j）	虚数单位
inf	∞值，无限大
NaN	非数

在定义变量名时，注意不能与 MATLAB 中的特殊变量名称和库函数名称相同。

二、数据运算

1. 基本运算

在 MATLAB 下进行基本数据运算，只需在命令窗口中提示号"≫"后直接输入运算式并按 Enter 键。以后的叙述中以符号"✓"表示按 Enter 键。

【例 1 - 1 - 3】　在 MATLAB 命令窗口中输入"（5 * 2+1.3−0.8）* 10/25"并按 Enter 键。将得到"ans=4.2000"的显示。若想将上述运算式的结果赋给另一个变量 x，则改成输入"x=（5 * 2+1.3−0.8）* 10/25 ✓"，将得到"x=4.2000"的显示［若不想让 MAT-LAB 显示运算结果，只需在运算式结束处加上分号"；"即可。即"x=（5 * 2+1.3−0.8）* 10/25；✓"。若在 x 算后又想要显示变量 x 的值，可输入"x✓"］。

由［例 1 - 1 - 3］可知，MATLAB 可识别所有一般常用的加"＋"、减"－"、乘"＊"、除"/"的数学运算符号及幂次运算符号"^"。

MATLAB 的运算符共分 5 类：数学运算符、关系运算符、逻辑运算符、位运算符和集合运算符。

（1）数学运算符：按其优先级别依次为转置（.'）、共轭转置（'）、幂（.^）、矩阵幂（^）；正负号（＋/−）；点乘（. *）、乘（*）、点除（. \ ，./）、除（\ ，/）；加减（＋，−）；冒号（:）。

（2）六种关系运算符：等于（＝＝）、不等于（～＝）、大于（＞）、大于等于（＞＝）、小于（＜）、小于等于（＜＝）。

（3）三种逻辑运算符：与（&）、或（｜）、非（～）。

（4）位运算符（功能是对非负整数进行位对位的逻辑运算）：bitand、bitor、bitxor、bitset、bitget、bitcmp、bitshift。

（5）集合运算符：仅限于向量运算，将向量视为集合来进行各种集合运算。

2. MATLAB 常用的基本数学函数

MATLAB 中常用的数学函数见表 1 - 1 - 1。

表 1 - 1 - 1　　　　　　　　　　　　MATLAB 中常用的数学函数

函数名	功能（单位）	函数名	功能（单位）
sin（x）	正弦函数（rad）	asin（x）	反正弦函数（rad）
sind（x）	正弦函数（°）	asind（x）	反正弦函数（°）
cos（x）	余弦函数（rad）	acos（x）	反余弦函数（rad）
cosd（x）	余弦函数（°）	acosd（x）	反余弦函数（°）
tan（x）	正切函数（rad）	atan（x）	反正切函数（rad）

函数名	功能（单位）	函数名	功能（单位）
tand（x）	正切函数（°）	atand（x）	反正切函数（°）
abs（x）	绝对值或向量的模值	angle（z）	复数 z 的相角（rad）
real（z）	复数 z 的实部	imag（z）	复数 z 的虚部
exp（x）	指数函数 e^x	log（x）	自然对数
log10（x）	以 10 为底的对数	sqrt（x）	开平方

三、向量运算

1. 向量生成

向量包括行向量和列向量。在 MATLAB 中，向量的表示是用左方括号"〔"开始，以空格或逗号为间隔输入元素值，最后以右方括号"〕"结束，生成的向量是行向量。列向量也是以左方括号开始，右方括号结束的，不过元素值之间使用分号或者 Enter 键分隔。向量的生成除了直接输入外，还有以下三种生成方法生成行向量。列向量可以对行向量转置运算得到。

（1）冒号法。

格式：x＝a：b：c

生成的向量 x 是以 a 为初值、c 为终值、b 为公差的等差数列构成的行向量。冒号表示直接定义向量元素之间的增量，而不是向量元素的个数。若增量为 1（即 b＝1），上面的格式可简写为 x＝a：c。

【例 1 - 1 - 4】　用冒号法生成向量，如图 1 - 1 - 4 所示。

```
≫x = 0：0.5：2.5
x = 0    0.5000    1.0000    1.5000    2.0000    2.5000
```

图 1 - 1 - 4　〔例 1 - 1 - 4〕运行结果

（2）函数 linspace。

调用格式：linspace（first_value, last_value, number）

其功能是生成一个初值为 first_value，终值为 last_value，元素个数为 number 个的等差数列构造的行向量。由此可知，linspace 是通过直接定义元素个数，而不是元素之间的增量来创建向量的。

【例 1 - 1 - 5】　用 linspace 函数生成向量，如图 1 - 1 - 5 所示。

```
≫x = linspace(0,5,8)
x = 0    0.7143    1.4286    2.1429    2.8571    3.5714    4.2857    5.0000
```

图 1 - 1 - 5　〔例 1 - 1 - 5〕运行结果

［例1-1-5］创建了一个从0开始，到5结束，包含8个元素的向量。

（3）函数logspace。

调用格式：logspace（first_value，last_value，number）

该格式表示构造一个从初值为10^{first_value}，终值为10^{last_value}，元素个数为number个的行向量。logspace函数功能相当对linspace函数产生的向量取以10为底的指数。

【例1-1-6】　logspace函数与linspace函数关系举例，如图1-1-6所示。

```
≫y = logspace(0,5,8)
y = 1.0e + 005 *
   0.0000    0.0001    0.0003    0.0014    0.0072    0.0373    0.1931    1.0000
≫x = linspace(0,5,8);
≫z = 10.^x
z = 1.0e + 005 *
      0.0000    0.0001    0.0003    0.0014    0.0072    0.0373    0.1931    1.0000
```

图1-1-6　［例1-1-6］运行结果

其中，1.0e+005为10^5，*为乘号。［例1-1-6］生成的y向量的初值为10^0，终值为10^5，元素个数为8。y与z相等，验证了logspace函数与linspace函数关系。

2.向量的运算

（1）向量与标量的四则运算：向量与标量之间的四则运算是指向量中的每个元素分别与标量进行加减乘除运算。

（2）向量间的运算：向量间的加减运算时，参与运算的向量必须具有相同的维数。乘除运算中，点乘".*"、点除"./或.\"，参与运算的向量必须具有相同的维数，点乘或点除为向量对应的元素相乘或相除；乘"*"、除"/或\"必须满足线性代数中所学的矩阵相乘或相除的条件。

（3）幂运算：向量的幂运算符为".^"，为元素对元素的幂运算。

【例1-1-7】　幂运算，如图1-1-7所示。

向量的指数运算、对数运算和开方运算与幂运算的规则完全一样，是对元素的运算，运算函数分别为exp、log或log10、sqrt。

3.向量元素的引用

向量元素的下标是从1开始的，对元素的引用格式为变量名（下标）。对［例1-1-7］中变量y中的第三个元素引用的格式为y(3)。

```
≫x = 0:5
x = 0    1    2    3    4    5
≫y = x.^2
y = 0    1    4    9    16    25
```

图1-1-7　［例1-1-7］运行结果

此外计算向量元素个数、最大值、最小值的函数分别为length、max、min。

四、矩阵运算

1.矩阵的定义

由m行n列构成的数组称为m×n阶矩阵；用"[ ]"方括号定义矩阵；用逗号或空格号分隔矩阵列元素；分号或Enter键分隔矩阵行元素。对矩阵元素的存取可用A(i，j)，其中，A 为变量名，i 为行号，j 为列号，A(i，j) 表示矩阵 A 内的第 i 行第 j 列的元素。矩阵元素可以为数值、变量、表达式或字符串；若为数值与变量应先赋值；表达式和变量可以以任何组合形式出现；字符串必须每一行中的字母个数相等。

2. 矩阵生成

在 MATLAB 中，矩阵的生成可按矩阵的定义输入，除此之外，可用矩阵函数定义。常用的矩阵函数见表 1-1-2。

表 1-1-2　　　　　　　　　　常 用 的 矩 阵 函 数

函数名	功能
eye（a） eye（a，k）	生成 a 阶单位方阵 生成 a×k 阶单位矩阵
ones（a） ones（a，k）	生成 a 阶全 1 方阵 生成 a×k 阶全 1 矩阵
zeros（a） zeros（a，k）	生成 a 阶全 0 方阵 生成 a×k 阶全 0 矩阵
rand（a，k）	生成 a×k 阶均匀分布随机矩阵，元素值的范围 0～1
[m，n]＝size（a）	返回矩阵的维数，m 为行数，n 为列数
inv（a）	生成 a 的逆矩阵
rank（a）	求矩阵的秩
det（a）	求行列式的值
eig 或 eigs	求矩阵的特征值和特征向量
poly	求矩阵的特征多项式
sqrtm	矩阵开方运算
expm	矩阵指数运算

3. 矩阵元素引用

矩阵中的元素可用下标方式引用，因为矩阵是二维数组，所以用行下标和列下标表示。设 a 为一个 m×n 阶矩阵，其第 i 行第 j 列的元素用 a(i，j) 表示，第 i 行元素的调用格式为 a(i，:)，第 j 列元素的调用格式为 a(:，j)。设 a＝[4 2 0；1 3 5]，在命令窗口里输入 "a＝[4 2 0；1 3 5]；a(2，3)"，返回的值为 ans＝5；若再输入 "a(1，:)"，则返回 ans＝420；若再输入 "a(:，2)"，则返回 ans＝2；3。

4. 矩阵运算

（1）加减。

C＝A±B　两矩阵相加减，要求两矩阵具有相同的行数，相同的列数。

【例 1-1-8】　两矩阵相加，如图 1-1-8 所示。

（2）乘除。

k * A	数量 k 与矩阵 A 相乘,将 A 的每个元素都乘以 k
C = A * B	两矩阵 A,B 相乘,要求两个矩阵的相邻阶数相等
C = A/B	右除,A、B 列数相同
C = A\B	左除,A、B 行数相同

```
≫A=[1 2;3 4];B=[5 6;7 8];C=A+B
C =   6    8
     10   12
```

图 1-1-8　〔例 1-1-8〕运行结果

注意:对于矩阵,右除如 A/B,相当于 X * B＝A 的解矩阵;左除如 A \ B 相当于 A * X＝B 的解矩阵。

（3）幂。

C = A^n　　　矩阵的 n 次幂运算,等于矩阵自相乘 n 次,要求矩阵为方阵。

（4）点运算。

MATLAB 中“.”点运算指同阶矩阵中每个对应元素进行的算术运算,标量常数可以和矩阵进行任何点运算。

C = A. * B　　点乘:两矩阵(或向量)对应相关元素相乘,要求两矩阵同阶

C = A. /B　　点右除:点除结果为 A 对应元素除以 B 对应元素

C = A. \B　　点左除:结果为 B 对应元素除以 A 对应元素

注意:矩阵（或向量）中各个元素独立的除运算,要求两矩阵同阶。

C = A. ^B　　点幂:矩阵(或向量)中各个元素独立的幂运算,要求两矩阵同阶

【例 1-1-9】　点幂运算,设矩阵赋值与〔例 1-1-8〕相同,如图 1-1-9 所示。

```
≫C=A. \B
C =
    5.0000    3.0000
    2.3333    2.0000
≫C=A. /B
C =
    0.2000    0.3333
    0.4286    0.5000
```

图 1-1-9　〔例 1-1-9〕运行结果

五、数组运算

1. 数组的概念

数组是一组实数或复数排成的长方阵列。一维数组通常是指单行或单列的矩阵,即行向量或列向量。而多维数组则可以认为是矩阵在维数上的扩张,实际上也是矩阵中的一种特例。例如,从数据结构上看,二维数组和数学中的矩阵没有区别。

2. 数组生成

一维数组与向量生成的方法相同;二维数组与矩阵生成的方法相同;多维数组可按其数据结构生成。

3. 数组运算

数组的运算参见向量运算和矩阵运算。

六、多项式运算

在 MATLAB 中,多项式的表示首先是把多项式的系数按照降次幂进行排列组成行向量,然后运用 poly2sym 函数表示的。例如,多项式 $x^4＋3x^3－2x＋5$,幂次方的最高项系数是 1;次高项系数是 3;平方项缺项,即系数为 0,一次项系数是－2,常数项是 5,组成行向量即为 [1,3,0,－2,5],在 MATLAB 命令窗口中,输入“num＝[1,3,0,－2,5];poly2sym (num,'x')”,返回“ans ＝x^4 ＋ 3 * x^3 － 2 * x ＋ 5”。

1. 多项式求根

roots 函数可以求方程的根。调用格式：根向量＝roots（多项式系数向量）。

【例 1-1-10】 计算多项式 x^4+3x^3-2x+5 的根，见图 1-1-10。

2. 由根确定多项式系数

poly 函数可以根据方程的根确定其对应的多项式系数。调用格式：多项式系数向量＝roots（根向量）。

【例 1-1-11】 计算根向量 $p=[1\ 2\ 3]$ 对应的多项式，见图 1-1-11。

```
>> num=[1, 3, 0,-2,5];p=roots(num)
p =
  -2.1741+0.3147i
  -2.1741-0.3147i
   0.6741+0.7628i
   0.6741-0.7628i
```

```
>> p=[1 2 3];
>> num=poly(p);
>> poly2sym(num,'x')
ans =
x^3-6*x^2 + 11*x -6
```

图 1-1-10 ［例 1-1-10］运行结果   图 1-1-11 ［例 1-1-11］运行结果

3. 多项式的加减运算

MATLAB 中没有提供多项式加减运算的命令，但是可以利用对多项式的系数进行加减运算来实现对多项式的加减运算。对于阶次相同的多项式，可直接对多项式系统进行加减运算；对于阶次不同的多项式，以高阶多项式为准，把低阶多项式的系数向量前用 0 补足高阶项的系数。

```
>> a=[3 8 14 8 3];
>> b=[0 0 1 2 3];
>> c=a+b;
>> cs=poly2sym(c,'s');
>> d=a-b;
>> ds= poly2sym(d,'s');
>> cs
 cs =
 3*s^4 + 8*s^3 + 15*s^2 + 10*s + 6
>> ds
 ds =
 3*s^4 + 8*s^3 + 13*s^2 + 6*s
```

图 1-1-12 ［例 1-1-12］运行结果

【例 1-1-12】 已知 $a(s)=3s^4+8s^3+14s^2+8s+3$，$b(s)=s^2+2s+3$。计算 $c(s)=a(s)+b(s)$，$d(s)=a(s)-b(s)$，见图 1-1-12。

4. 多项式的乘除运算

conv 函数计算多项式相乘，deconv 函数计算多项式相除。

【例 1-1-13】 已知 $a(s)=3s^4+8s^3+14s^2+8s+3$，$b(s)=s^2+2s+3$。计算 $m(s)=a(s)\times b(s)$，$n(s)=a(s)/b(s)$，见图 1-1-13。

```
>> a=[3 8 14 8 3];b=[1 2 3];
>> m=conv(a,b);ms=poly2sym(m,'s');ms
ms =
3*s^6 + 14*s^5 + 39*s^4 + 60*s^3 + 61*s^2 + 30*s + 9
>> n=deconv(a,b);ns=poly2sym(n,'s');ns
ns =
3*s^2 + 2*s + 1
```

图 1-1-13 ［例 1-1-13］运行结果

所以，$m(s) = 3s^6 + 14s^5 + 39s^4 + 60s^3 + 61s^2 + 30s + 9, n(s) = 3s^2 + 2s + 1$。

5. polyder 函数

polyder 函数多项式求一阶微分，调用格式：一阶微分多项式系数向量＝polyder（多项式系数向量）。

1.1.4　符　号　运　算

MATLAB 的符号运算是通过集成的符号数学工具箱来实现的。符号数学工具箱使用字符串来进行符号分析与运算。

一、符号表达式的生成

符号表达式是代表数字、函数和变量的字符串或字符串数组，它不要求变量要有预先确定的值。符号表达式可以是符号函数或符号方程。其中，符号函数没有等号，而符号方程必须带有等号。MATLAB 在内部把符号表达式表示成字符串，以与数字相区别。创建符号表达式的方法有以下三种。

1. 用单引号生成

在 MATLAB 中，所有的字符串都用单引号来设定输入或输出，所以，符号表达式可用单引号生成。

【例 1 - 1 - 14】　符号方程，如图 1 - 1 - 14 所示。

```
≫f = 'a * x^2 + b * x + c = 0'   ％生成的是符号方程
f =
  a * x^2 + b * x + c = 0
```

图 1 - 1 - 14　［例 1 - 1 - 14］运行结果

【例 1 - 1 - 15】　符号微分方程，如图 1 - 1 - 15 所示。

```
≫f = 'D2x + Dx + x = 1'   ％符号微分方程,D 代表一阶微分,D2 代表二阶微分
f =
  D2x + Dx + x = 1
```

图 1 - 1 - 15　［例 1 - 1 - 15］运行结果

2. 用函数 sym 生成

sym 函数的调用格式：sym（'字符串'）。

【例 1 - 1 - 16】　用函数 sym 生成符号函数，如图 1 - 1 - 16 所示。

【例 1 - 1 - 17】　用函数 sym 生成符号方程，如图 1 - 1 - 17 所示。

```
≫B = sym('[a,b;c,d]')
B = [a,b]
    [c,d]
```

```
≫  f = sym('a * x^2 + b * x + c = 0')
f =
  a * x^2 + b * x + c = 0
```

图 1 - 1 - 16　［例 1 - 1 - 16］运行结果　　　图 1 - 1 - 17　［例 1 - 1 - 17］运行结果

3. 用函数 syms 函数生成

【例 1 - 1 - 18】 用函数 syms 函数生成符号变量，如图 1 - 1 - 18 所示。

```
≫syms x u;
≫p = exp(x/u)
  p = exp(x/u)
```

图 1 - 1 - 18 ［例 1 - 1 - 18］
运行结果

二、符号运算

1. 符号表达式的基本运算

符号表达式的加减乘除四则运算及幂运算等基本的代数运算，与矩阵的数值运算几乎完全一样。加减乘除运算可分别用函数 symadd、symsub、symmul、symdiv，当然也可用 "＋" "－" "＊" "/"；幂运算用函数 sympow 或 "＾" 来实现。

【例 1 - 1 - 19】 符号表达式的基本运算，如图 1 - 1 - 19 所示。

2. 提取分子分母运算

如果符号表达式为有理分式形式或可展开为有理分式形式，则可通过函数 numden 来提取符号表达式中的分子与分母。

调用格式：

[num,den] = numden(a)　　提取符号表达式 a 的分子与分母，并分别存放在 num 与 den 中

num = numden(a)　　提取符号表达式 a 的分子与分母，但只把分子放入 num 中

```
>> a=sym('2*s^2+3*s+6');b=sym('4*s+3');
>> c=a+b          %用"+"号
   c =
   2*s^2+7*s+9
>> a-b
ans =
2*s^2-s+3
```

图 1 - 1 - 19 ［例 1 - 1 - 19］运行结果

【例 1 - 1 - 20】 提取分子分母运算，如图 1 - 1 - 20 所示。

```
≫g = sym('(b1 * s + b0)/(a2 * s^2 + a1 * s + a0)');
≫[gn,gd] = numden(g)
  gn = b1 * s + b0
  gd = a2 * s^2 + a1 * s + a0
```

图 1 - 1 - 20 ［例 1 - 1 - 20］运行结果

三、符号方程的求解

1. 线性代数方程求解

线性代数方程的求解可以通过函数 solve 来实现。

调用格式：solve（'eqn1'，'eqn2'，…，'eqnN'，'var1'，'var2'，…，'varN'）

其中，eqn1、eqn2、…、eqnN 是代数方程；var1、var2、…、varN 是待求变量；返回的是方程的解。例如求代数方程 $x^2+4x+3=0$ 的解，直接在命令窗口输入 "solve（'x^2+4 * x+3=0'）"，按 Enter 即可得到方程的解。

2. 解微分方程的求解

微分方程的求解可由函数 dsolve 来实现。

调用格式：dsolve（'S'，'s1'，'s2'，…，'x'）

其中，S 为方程；s1、s2、…为初始条件；x 为自变量。方程 S 中用 D 表示导数，D2、

D3 表示二阶、三阶导数。

【例 1 - 1 - 21】　求 $y'' + y' + y = 1$；$y'(0) = 0$；$y(0) = 0$ 的解，如图 1 - 1 - 21 所示。

```
>> dsolve('D2y+ Dy+y = 1','Dy(0) = 0','y(0) = 0','x')
   ans =
1-(3^(1/2)*sin((3^(1/2)*x)/2))/(3*exp(x/2)) -cos((3^(1/2)*x)/2)/exp(x/2)
```

图 1 - 1 - 21　[例 1 - 1 - 21] 运行结果

1.1.5 图 形 处 理

MATLAB 不但擅长于矩阵相关的数值运算，也擅长于数据的可视化。下面将介绍 MATLAB 的二维图形处理基本函数及用法。

1. plot() 绘制二维曲线函数

plot 是基本二维绘图指令，有以下几种调用格式。

（1）plot(x，y)，以 x 为横坐标，y 为纵坐标的曲线。

【例 1 - 1 - 22】　试绘制一条正弦曲线。

解　在 MATLAB 命令窗口中输入 "x＝linspace(0，2 * pi，100)；y＝sin(x)；plot(x，y) ↙"，即定义了 100 个点的 x 坐标和对应的正弦函数关系的 y 坐标，得到如图 1 - 1 - 22 所示的结果。

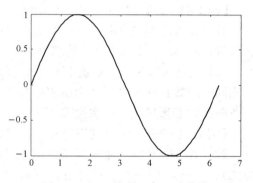

图 1 - 1 - 22　绘制一条正弦曲线

（2）plot(x)，x 可以是向量或矩阵。若 x 是向量，则以 x 元素的值为纵坐标，以相应元素下标为横坐标，绘制曲线。若 x 为 m×n 阶矩阵，则每列绘制一条曲线，以列元素的值为纵坐标，以相应元素行标为横坐标绘制曲线，所以共有 n 条曲线。

【例 1 - 1 - 23】　试单向量绘图。

解　在 MATLAB 命令窗口中输入 "x＝[1，2，3，4，5，6]；plot(x) ↙"，得到如图 1 - 1 - 23 所示的结果。

【例 1 - 1 - 24】　试二维矩阵绘图。

解　在 MATLAB 命令窗口中输入 "x＝[1，2，3；4，5，6]；plot(x) ↙"，得到如图 1 - 1 - 24 所示的结果。

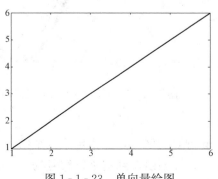

图 1 - 1 - 23　单向量绘图

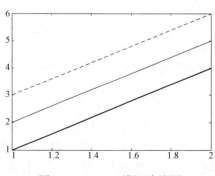

图 1 - 1 - 24　二维矩阵绘图

（3）plot(x，y，'参数')——单曲线绘图参数选择。参数选项为一字符串，它可确定二维图形的若干属性——颜色、线型及数据点的图标；属性的先后顺序没有关系，可以只指定一个或两个，plot绘图函数的参数选项见表1-1-3。

表 1-1-3   线型、记号、颜色各选项的含义

线型、记号选项	含义	颜色选项	含义
—.	点虚线	y	黄色
——	虚线	b	蓝色
—	实线	w	白色
:	点线	g	绿色
○	用圆圈绘制个数据点	r	红色
×	用叉号绘制个数据点	c	亮青色
.	用点号绘制个数据点	k	黑色
+	用加号绘制个数据点	m	洋红色
*	用星号绘制个数据点		

【例 1-1-25】 试用蓝色、点画线、星号画出正弦曲线。

解 在MATLAB命令窗口中输入"x=0：0.1：4；y=sin(x)；plot(x，y，'b-.*')✓"，得到如图1-1-25所示的结果。

（4）plot(x1，y1，'参数1'，x2，y2，'参数2'，……)——多曲线绘图参数选择。可以用同一函数在同一坐标系中画多幅图形，x1、y1确定第一条曲线的坐标值，参数1为第一条曲线的参数选项，依次类推。

【例 1-1-26】 试分别用符号"："".—""——"画出正弦曲线。

解 在MATLAB命令窗口中输入"x=0：pi/100：2*pi；y1=sin(x)；y2=sin(x-0.25)；y3=sin(x-0.5)；plot(x，y1，'：'，x，y2，'.—'，x，y3，'——')✓"，得到如图1-1-26的结果。

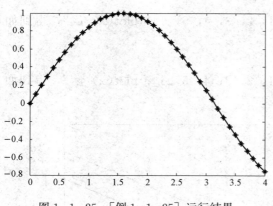
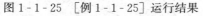

图1-1-25 ［例1-1-25］运行结果

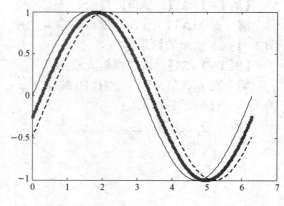

图1-1-26 ［例1-1-26］运行结果

2. subplot(m，n，p) 图形窗口的分区函数

函数subplot(m，n，p)将当前窗口分割成m行n列区域，并指定第p个编号区域为当前绘图区域。注意：子窗口的序号是按行由上往下，按列由左到右进行编号的。

【例 1-1-27】　试将三个正弦波形 $\sin(x)$、$\sin(x-0.25)$、$\sin(x-0.5)$ 分别按 3 行 1 列或 2 行 2 列表示。

解　在 MATLAB 命令窗口中输入 "x＝0：pi/100：2 * pi；y1＝sin(x)；y2＝sin(x－0.25)；y3＝sin(x－0.5)；subplot(3，1，1)；plot(x，y1)；subplot(3，1，2)；plot(x，y2)；subplot(3，1，3)；plot(x，y3) ✓"，得到如图 1-1-27 所示的结果，可见图形分成三行一列。

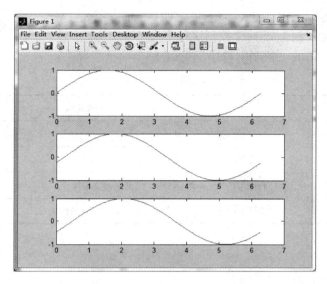

图 1-1-27　按 3 行 1 列绘图

如果绘图命令改为 "subplot(2，2，1)；plot(x，y1)；subplot(2，2，2)；plot(x，y2)；subplot(2，2，3)；plot(x，y1) ✓"，则图形变为如图 1-1-28 所示的结果，可见图形改成两行两列。

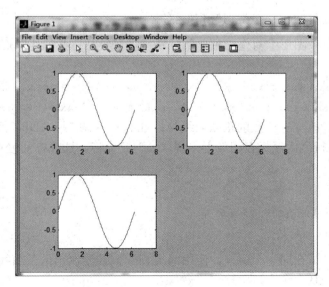

图 1-1-28　按 2 行 2 列绘图

3. figure 选图函数

figure 是选取图像的命令。有时候需要在不同的窗口绘制图形，则可用 figure(1) 设定第一幅的窗口，用 figure(2) 设定第二幅的窗口，依此类推。若是查看第一幅图，也可用 figure(1) 命令。

4. 图形坐标轴的调整与图像标注

（1）坐标轴比例控制：axis($[x_{min}\ x_{max}\ y_{min}\ y_{max}]$)。

将图形的 x 轴范围限定在 $[x_{min}\ x_{max}]$ 之间，y 轴限定在 $[y_{min}\ y_{max}]$ 之间。

（2）坐标轴特性控制：axis('控制字符串')。

坐标轴特性控制用的'控制字符串'见表 1-1-4。

表 1-1-4   **axis 控 制 符**

控制字符串	函数功能
Auto	自动设置坐标系（默认）
Square	将图形设置为正方形
Equal	将图形的 x、y 坐标轴的单位刻度设置为相等
normal	关闭 axis（square）和 axis（equal）函数的作用

（3）文字标示。

title('字符串')　　　　图形标题
xlabel('字符串')　　　x 轴标注
ylabel('字符串')　　　y 轴标注
text(x,y,'字符串')　　　在坐标(x,y)处标注说明文字
gtext('字符串')　　　用鼠标在特定处标注说明文字。运用此命令后，在 figure 窗口出现"+"字光标，选中标注的位置，单击即可
legend('字符串','字符串',……)　把图例添加到图中

【例 1-1-28】 在图形上对坐标轴比例、特性进行控制；并标注图形标题，在曲线过零点处作文字标示。

解 在 MATLAB 命令窗口中输入"x＝0：0.1：100；y＝sin(x)；plot(x，y)；x＝0：0.05：2 * pi；y＝sin(x)；plot(x，y) ↙"；接着输入"axis([0 3 * pi－2 2])；axis('square')；title('改变标注点的正弦曲线')；xlabel('x 轴')；ylabel('y 轴')；gtext('Y 等于零的点')"。运行之后鼠标在图像上出现"+"字光标，选择标注处单击，得到如图 1-1-29 所示的结果。

5. 图形的保持

hold on　保持当前图形及轴系的所有特性
hold off　解除 hold on 函数

【例 1-1-29】 试在同一个窗口，使用两次 plot 函数绘制出两条曲线。

解 在 MATLAB 命令窗口中输入"x＝0：0.2：12；plot(x，sin(x)，'.－')；hold on ↙ plot(x，2 * sin(x)，':') ↙"，得到如图 1-1-30 所示的结果。

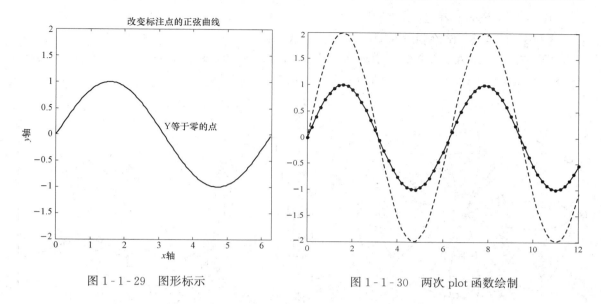

图 1 - 1 - 29　图形标示　　　　　　图 1 - 1 - 30　两次 plot 函数绘制

6. 图形的网格控制

grid on　　　在所画的图形中添加网格线
grid off　　　在所画的图形中去掉网格线

7. 图形的填充

fill(x,y,'color')　用指定颜色填充由数据所构成的多边形。

【例 1 - 1 - 30】 试绘制余弦曲线，并用红色填充。

解　在 MATLAB 命令窗口中输入 "x＝0：
0.2：12；y＝cos(x)；fill(x, y, 'r')↙"，得
到如图 1 - 1 - 31 所示的结果。

8. 特殊坐标二维绘图函数

前述的 plot 函数是用于绘制线性坐标二维
图形的。若需要绘制特殊坐标的二维图形可利
用以下几种绘图函数：

loglog　　　x 轴和 y 轴均为对数刻度
semilogx　　x 轴为对数刻度，y 轴为线性刻度
semilogy　　x 轴为线性刻度，y 轴为对数刻度

图形完成后，可用 axis（[xmin，xmax，
ymin，ymax]）函数来调整图轴的范围。

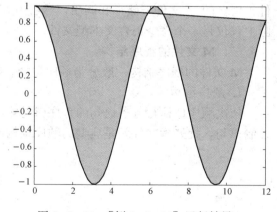

图 1 - 1 - 31　[例 1 - 1 - 30] 运行结果

9. polar 绘制极坐标图

【例 1 - 1 - 31】 试绘制极坐标图。

解　在 MATLAB 命令窗口中输入 "theta＝linspace(0，2 * pi)；r＝ cos(4 * theta)；po-
lar(theta，r)↙"，得到如图 1 - 1 - 32 所示的结果。

10. stairs 绘制阶梯图

【例 1 - 1 - 32】 试绘制阶梯图。

解 在 MATLAB 命令窗口中输入："x＝linspace（0，10，50）；y＝sin（x）. ＊ exp（－x/3）；stairs（x，y）↙"，得到如图 1 - 1 - 33 所示的结果。

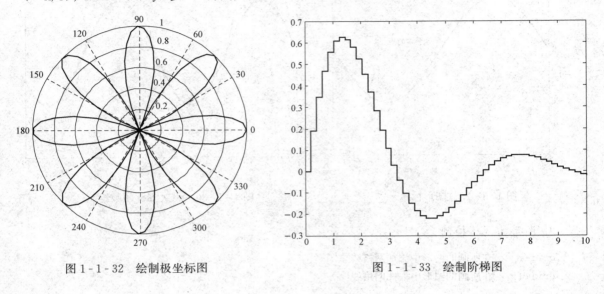

图 1 - 1 - 32　绘制极坐标图　　　　　　　图 1 - 1 - 33　绘制阶梯图

1.1.6　M 文 件 编 程

用 MATLAB 可以像用 C 语言一样进行程序设计，所编写的程序常用一种以 m 作为文件扩展名的 M 文件来储存和调用，然后由 Matlab 系统进行解释，并运行出结果。M 文件实际上仅仅是一个命令集合文本型文件。

一、M 文件的程序结构

M 文件的程序结构一般分为顺序结构、循环结构和分支结构三种。

1. 顺序结构

依次顺序地执行各条语句的程序就是顺序结构程序。顺序结构一般不含有其他子结构或控制语句，批处理文件就是典型的顺序结构的文件。例如：

```
a＝2；
b＝1；
c＝4；
d＝a＋b＊c；
f＝d＊c＊a；
f
```

上述语句可存为 aa. m 文件，运行后结果为 f＝48。

2. 循环结构

一组被重复执行的语句称为循环体，每个循环语句都要有循环条件，以判断循环是否要继续执行下去。

（1）for 循环。for 循环允许一组以固定的和预定的次数重复执行，for 循环的一般形式如下：

```
for n = expression(表达式)
    statements;(执行语句)
end
```

for 与 end 相对应，中间的执行语句是循环体，n＝expression，决定了循环次数和判断条件。一般形式为 n＝a：d：b，从 n＝a 开始执行，每执行一次，n 的值就加 d，直到 n＞b 停止执行。for 循环可以嵌套循环，但须注意一个 for 要与一个 end 对应。嵌套循环具体结构如下：

```
for n = expression
    for k = expression
            ...
            statements;
    end
    statements;
end
```

（2）while 循环。while 循环是以不定次数来求一组命令的值，一般形式如下：

```
while expression
    statements;
end
```

只要表达式 expression 中的元素为真，就执行 while 和 end 语句之间的命令。

3. 分支结构

在 MATLAB 中，分支结构语句包括 if-else-end 语句与 switch 语句。

（1）if-else-end 语句。最简单的 if-else-end 语句如下：

```
if   expression
    statements;
end
```

如果表达式 expression 中的值为真，就执行 if 与 end 语句之间的命令串，否则跳过此命令。有两个选择的 if-else-end 语句如下：

```
if   expression
    statements;
else
    statements;
end
```

有多个选择的 if-else-end 语句如下：

```
if   expression1
    statements1;
elseif expression2
```

```
    statements2;
elseif expression3
    statements3;
...
else
statements;
end
```

（2）switch 语句。MATLAB 中的 switch 语句，是特别熟悉 C 等高级语言的用户方便编写 M 文件而专门添加的。switch 语句格式如下：

```
switch   switch-expression1
case    case-expression1;
        statements1;
case    case-expression2;
        statements2;
case    case-expression3
        statements3;
...
otherwise
  statements;
end
```

其中，switch-expression1 是开关条件，当 case-expression 与之匹配时，就执行其后的语句，如果没有 case-expression 与之匹配，就执行 otherwise 后面的语句。在执行过程中，只有一个 case 命令被执行。当执行完命令后，程序就跳出分支结构，执行 end 下面的语句。

二、M 文件的建立、打开和调试

M 文件是一个文本文件，它可以用任何编辑程序来建立和编辑。最方便的还是使用 MATLAB 提供的文本编辑器，其具有编辑与调试两种功能。建立 M 文件只要启动文本编辑器，在文档窗口中输入 M 文件的内容，然后保存即可。

1. 启动文本编辑器有三种方法

（1）菜单操作：从 MATLAB 工作界面的"File"菜单中选择"New"菜单项，再选择"M-file"命令，屏幕将出现 MATLAB 文本编辑器的窗口。

（2）命令操作：在 MATLAB 命令窗口输入命令"edit"，按 Enter 键，即可启动 MAT-LAB 文本编辑器。

（3）命令按钮操作：单击 MATLAB 命令窗口工具栏上的"新建"命令按钮□，启动 MATLAB 文本编辑器后，文本编辑器窗口如图 1 - 1 - 34 所示。

【例 1 - 1 - 33】 试编写一个 M 文件，其功能是将变量 a、b 值互换。

解 打开文本编辑器，输入程序 1 - 1 - 1 所示内容（见图 1 - 1 - 35）后，按 F5 键，或在"Debug"菜单中选择"Save and Run"命令项，以文件名"example. m"存盘。运行该程序得到如图 1 - 1 - 36 所示的结果。

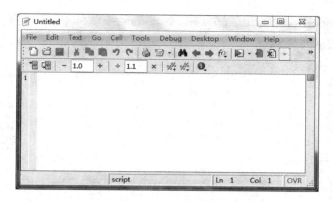

图 1-1-34　MATLAB 文本编辑器

```
% 程序 1-1-1 (example. M)
clear            % 清除工作空间变量
clc              % 清屏幕
a=[1 3 4 7 9];   % 建立 a 矩阵
b=[2 4 6 8 10];  % 建立 b 矩阵
c=a;             % 矩阵 a 与矩阵 b 交换,设中间变量 c
a=b;
b=c;
a                % 输出 a 矩阵、b 矩阵
b
```

```
a =
    2    4    6    8    10
b =
    1    3    4    7    9
```

图 1-1-35　程序 1-1-1　　　　　　　　　图 1-1-36　［例 1-1-33］运行结果

2. 打开已有的 M 文件

打开已有的 M 文件有以下三种方式：

（1）菜单操作：在 MATLAB 工作界面的"File"菜单中选择"Open"命令，则屏幕出现"Open"对话框，在文件名对话框中选中所需打开的 M 文件名。

（2）命令操作：在 MATLAB 命令窗口输入命令"edit＜文件名＞"，按 Enter 键，则可打开指定的 M 文件。

（3）命令按钮操作：单击 MATLAB 命令窗口工具栏上的打开命令按钮，再从弹出的对话框中选择所需打开的 M 文件名。

3. M 文件的调试

在文本编辑器窗口菜单栏和工具栏的下面有三个区域（见图 1-1-37），右侧的大区域是程序窗口，用于编写程序；最左面区域显示的是行号，每行都有数字，包括空行，行号是自动出现的，随着命令行的增加而增加；在行号和程序窗口之间的区域上有一些小横线，这些横线只有在可执行行上才有，而空行、注释行、函数定义行等非执行行的前面都没有，在进行程序调试时，可以直接在这些程序上单击鼠标以设置或去掉断点，图中的圆点即为断点。

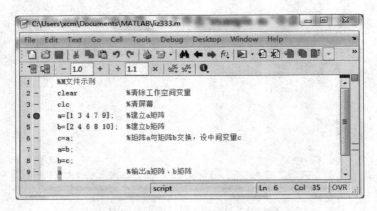

图 1-1-37 文本编辑器窗口

三、函数式 M 文件

M 文件有两种格式，即函数式 M 文件与脚本式 M 文件。函数式 M 文件第一句必须是以 function 语句作为引导的。脚本式 M 文件就是命令的简单叠加，如［例 1-1-33］所示。

【例 1-1-34】 试编程输出矩阵最大元素的行号、列号和元素值。

解 设计程序 1-1-2（见图 1-1-38），存为 zhaomax.m。注意，文件名必须与函数名一样。用户所建立的函数式 M 文件跟库函数一样，可以随意调用。在 MATLAB 命令窗口输入矩阵并调用函数运行即可，如图 1-1-39 所示。此结果表明第 3 行第 2 列的元素值最大，为 34。

```
%程序 1-1-2 (zhaomax.m)
function y = zhaomax(a)
% y是返回变量,zhaomax是函数名,a是输入参数
[c,d] = size(a);
zhz = a(1,1);
for i = 1:c
    for j = 1:d
        if a(i,j)>zhz
            zhz = a(i,j);
            ha = i;
            li = j;
        end
    end
end
y = [ha li zhz]; %[行号,列号,最大值]
```

图 1-1-38 程序 1-1-2

```
>> b = [7 8 9; 11 25 12;1 34 5];
>> zhaomax(b)
ans =
   3     2     34
```

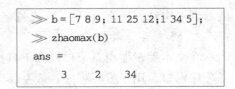

图 1-1-39 ［例 1-1-34］运行结果

1.1.7　课　内　实　验

扫码查看答案

课内题 1-1-1　已知矩阵 $\boldsymbol{A}=[1\ 0\ -1;\ 2\ 4\ 1;\ -2\ 0\ 5]$，$\boldsymbol{B}=[0\ -1\ 0;\ 2\ 1\ 3;\ 1\ 1\ 2]$，求 $2\boldsymbol{A}+\boldsymbol{B}$、$\boldsymbol{A}*\boldsymbol{B}$、$\boldsymbol{B}*\boldsymbol{A}$、$\boldsymbol{A}.*\boldsymbol{B}$、$\boldsymbol{A}/\boldsymbol{B}$、$\boldsymbol{A}\setminus\boldsymbol{B}$、$\boldsymbol{A}./\boldsymbol{B}$、$\boldsymbol{A}.\setminus\boldsymbol{B}$。

课内题 1-1-2　利用函数产生 3 行 4 列单位矩阵和全部元素都是 3 的 4 行 4 列常数矩阵。

课内题 1-1-3　当前窗口分成三个区域，用不同的颜色和不同线型线条分别绘制 t，$\sin(t)$，$t\cos(t)$ 在 $t=（0，2\pi）$ 的曲线，并根据需要调整坐标轴的大小、加入文字标示和网格。

课内题 1-1-4　设已知某两个系统的单位阶跃响应分别为 $y_1(t)=1-0.5\mathrm{e}^{-2t}-0.5\mathrm{e}^{-10t}$，$y_2(t)=1-1.155\mathrm{e}^{-3t}\sin(5.12t+60°)$，试用不同线型和颜色在同一坐标系绘制出两系统的阶跃响应曲线，并加上图例和图的标题。

1.1.8　课　外　实　验

课外题 1-1-1　已知 $y=1+2+2^2+2^3+\cdots+2^{63}$，编写 M 文件程序求 y 的值。

课外题 1-1-2　在同一坐标内，画出一条正弦曲线和一条余弦曲线，要求正弦曲线用红色实线、数据点用"＋"号显示，余弦曲线用黑色点线、数据点用"＊"号显示，并给图形加入网格和标注，如图 1-1-40 所示。

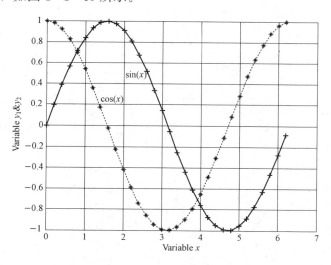

图 1-1-40　课外题 1-1-2 图

课外题 1-1-3　设已知 4 个系统的单位脉冲响应分别为 $y_1(t)=\dfrac{1}{4}（\mathrm{e}^{-t}-\mathrm{e}^{-5t}）$，$y_2(t)=7.8\mathrm{e}^{-3t}\sin(5.12t)$，$y_3(t)=\dfrac{1}{5}（1-\mathrm{e}^{-5t}）$，$y_4(t)=\mathrm{e}^{-3t}\sin(3t)$，试用不同线型和颜色

在同一坐标系绘制出它们的脉冲响应曲线，并加上图例和图的标题。

　　课外题 1-1-4　计算分段函数 $y=\begin{cases} x^2 & x<1 \\ x^2-1 & 1\leqslant x<2 \\ x^2-2x+1 & x\geqslant 2 \end{cases}$ 的值，请分别用脚本式 M 文件

和函数式 M 文件编写程序。

第2章 Simulink 基础

Mathworks 开发的 Simulink 是 MATLAB 里的工具箱之一，主要功能是实现动态系统建模、仿真与分析。

Simulink 支持连续与离散系统及连续离散混合系统，也支持线性与非线性系统，还支持具有多种采样频率的系统，也就是不同的系统能够以不同的采样频率组合仿真较大和较复杂的系统，因此其适用对象的范围比较广泛。

Simulink 为用户提供了用图形模块搭建系统动态模型的平台。该软件的名字表明了该系统的两个主要功能：Simu（仿真）和 Link（连接）。采用这种建模方式来搭建系统动态模型就像用纸与笔来绘制控制系统的动态模型结构图一样，容易、简单、准确而快捷，其直观和灵活的优点非常突出。

Simulink 是 MATLAB 软件的扩展，它与 MATLAB 语言的主要区别在于，与用户交互接口是基于 Windows 的模型化图形输入，使得用户可以把更多的精力投入到系统模型的构建，而非语言的编程上。

所谓模型化图形输入是指 Simulink 提供了一些按功能分类的基本模块，用户只需要知道这些基本模块的输入/输出及模块的功能，而不必考虑模块内部是如何实现的，通过对这些基本模块的调用，再将它们连接起来就可以构成所需要的系统模型（以 .mdl 文件进行存取），进而进行仿真与分析。

1.2.1　Simulink 基本操作

1. Simulimk 的启动

在 MATLAB 命令窗口中输入 Simulink，或者单击 MATLAB 工具栏上的按钮 ，就会弹出一个名为 "Simulink Library Browser" 的浏览器窗口，如图 1-2-1 所示。该窗口的左下分窗以树状列表的形式列出了当前 MATLAB 系统中安装了的 Simulink 模块库（共 16 个）。用鼠标单击树状列表模块库中之一，则右边分窗将显示此模块库包含的模块。用鼠标单击某个模块项，则中横窗将显示所选模块的说明信息。也可以在浏览器窗口右上角的输入栏中直接输入模块名并单击 "Find" 按钮进行查询。

2. Simulink 模型的新建、打开和保存

在创建新模型时，先在 "Simulink Library Browser" 浏览器上方的工具栏中选择 "建立新模型" 图标，或者在 MATLAB 命令窗口 "File"

图 1-2-1　Simulink 模块库浏览器

菜单中选择"New"菜单项下的"Model"命令，则会弹出一个名为"untitled"（无标题）
的空白窗口，如图1-2-2所示，有待用所需的模块搭建成具体的系统模型。

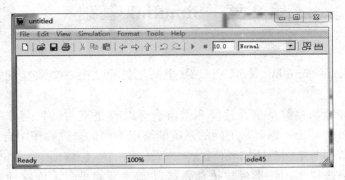

图1-2-2 "untitled"（无标题）的空白窗口

如果要对一个已经存在的 Simulink 模型文件进行编辑修改，需要打开该模型文件。可以在 MATLAB 命令窗口直接输入该模型文件名（不要加文件扩展名 .mdl），按 Enter 键后调出；也可以在模型窗口的"File"菜单中选择"Open"命令，还可以单击模型窗口工具栏上的"打开"按钮，则弹出如图1-2-3所示的对话框，单击鼠标左键选择（此处选 ceshil.mdl）或在对话窗中的"文件名"后的方框里输入欲编辑的模型文件名，然后单击"打开"按钮即可打开文件，如图1-2-4所示。

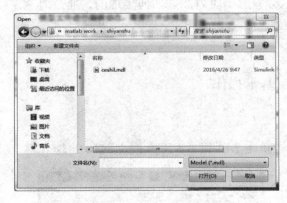

图1-2-3 "open"对话窗

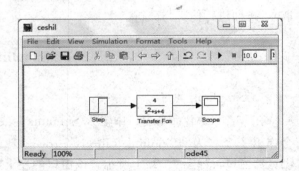

图1-2-4 ceshil 模型

对编辑好的 Simulink 模型文件进行保存，可单击模型窗口工具栏上的"保存"命令按钮，或在"File"菜单中选择"Save"或者"Save As"命令。对新编辑的文件保存或者另存为（Save As）时，会弹出"Save As"对话框，如图1-2-5所示。在"文件名"后的文本框里输入欲定义的文件名，单击"保存"按钮。

3. Simulink 的功能模块

从图1-2-1中可以看出，在 Simulink 目录下有16个模块库：Commonly Used Blocks（常用模块库）、Continuous（连续模块库）、Discontinuities（非线性模块库）、Discrete（离散模块库）、Logic and Bit Operations（逻辑和位运算模块库）、Lookup Tables（查表操作模块库）、Math Operations（数学运算）、Model Verification（模型检验模块库）、Model-Wide

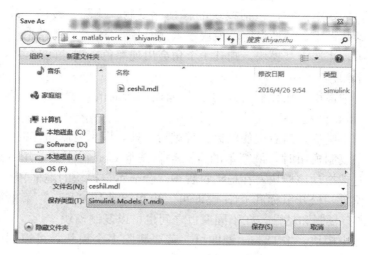

图 1 - 2 - 5　"Save As" 对话框

Utilities（建模辅助工具模块库）、Ports &
Subsystems（模型接口和子系统模块库）、
Signal Attributes（信号属性转换模块库）、
Signal Routing（信号路由模块库）、Sinks
（输出模块库）、Sources（信号源模块库）、
User-Defined Functions（用户自定义模块
库）和 Additional Math & Discrete（附加的
数学模块和离散模块库）。各模块库的图标
和名称详见附录。例如，Continuous（连续
模块库）模块图标如图 1 - 2 - 6 所示。其
中，各模块的译名见表 1 - 2 - 1。

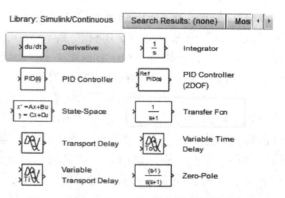

图 1 - 2 - 6　Continuous 模块库模块的图标

表 1 - 2 - 1　　　　　　　　　　Continuous 模块库模块的译名

Derivative	微分器
Integrator	积分器
PID controller	PID 控制器
PID controller（2DOF）	双自由度 PID 控制器
State - Space	状态空间模型
Transfer Fcn	传递函数多项式模型
Transport Delay	固定时间迟延器
Zero - Pole	传递函数零极点模型
Variable Transport Delay	可变时间迟延器

4. Simulink 功能模块的基本操作

我们可以根据所要建立的系统需要从各模块库中选用适合的模块，具体的选用操作是用
鼠标选中模块库中的某模块，并按住鼠标左键不放，直接拖拽至已打开的模型窗口中。

对于功能模块的基本操作，包括模块的移动、复制、删除、转向、改变大小、模块命名、颜色设定、参数设定、属性设定、模块输入/输出信号等。

在模型窗口中，当选中某模块，则其 4 个角会出现黑色标记。此时可以对该模块进行以下所述的各种基本操作。

（1）移动：选中模块，按住鼠标左键将其拖拽到所需的位置即可。若要脱离连线地移动，可按住 Shift 键，再进行拖拽。

（2）复制：选中模块，然后按住鼠标右键进行拖拽，即可复制同样的一个功能模块。在同一个模型窗口中复制模块时，最简单的方法是，按下 Ctrl 键不放，用鼠标左键点住要复制的模块，按住左键拖动该模块，在拖动过程中，会显示该模块的虚框和一个加号，最后将模块放到适当的位置，松开鼠标和 Ctrl 键即可。也可以使用"Edit"菜单下的"Copy"和"Paste"命令来进行复制和粘贴，在不同窗口之间也可以复制模块。

（3）删除：选中模块，按 Delete 键即可。若要删除多个模块，可以同时按住 Shift 键，再用鼠标选中多个模块，按 Delete 键即可；也可以用鼠标选取某区域，再按 Delete 键就可以把该区域中的所有模块和线等全部删除。

（4）转向：为了能够顺序连接功能模块的输入和输出端，功能模块有时需要转向。在菜单"Format"中选择"Flip Block"旋转 180°，选择"Rotate Block"顺时针旋转 90°。或者直接按 Ctrl+F 键执行"Flip Block"，按 Ctrl+R 键执行"Rotate Block"。

（5）改变大小：选中模块，对模块出现的 4 个黑色标记进行拖拽即可。

（6）模块命名：先用鼠标单击需要更改的名称，然后直接更改即可。名称在功能模块上的位置也可以变换 180°，可以用"Format"菜单中的"Flip Name"来实现，也可以直接通过鼠标进行拖拽。"Hide Name"可以隐藏模块名称。模块名的位置设定有一定的规律：当模块的接口在左、右两侧时，模块名只能位于模块的上、下两侧，默认在下侧；当模块的接口在上、下两侧使模块名只能位于模块的左、右两侧，默认在左侧。

（7）颜色设定："Format"菜单中的"Foreground Color"可以改变模块的前景颜色，"Background Color"可以改变模块的背景颜色；而模型窗口的颜色可以通过"Screen Color"来改变。还可以给模块加上阴影，产生立体效果。选中模块后，选择"Format"菜单中"Show drop shadow"的命令即可。

（8）参数设定：用鼠标双击模块，就可以进入模块的参数设定窗口，如图 1-2-7 所示，从而对模块进行参数设定。参数设定窗口包含了该模块的基本功能帮助，为获得更详尽的帮助，可以单击其上的"Help"按钮。

（9）属性设定：选中模块，打开"Edit"菜单的"Block Properties"，可以对模块进行属性设定，如图 1-2-8 所示。包括 Description 属性、Priority 优先级属性、Tag 属性、Callbacks 属性等。其中 Callbacks 属性是一个很有用的属性，通过它指定一个函数名，则当该模块被双击之后，Simulink 就会调用该函数执行，这种函数称为回调函数。

（10）模块的输入输出信号：模块处理的信号包括标量信号和向量信号；标量信号是一种单一信号，而向量信号为一种复合信号，是多个信号的集合，它对应着系统中几条连线的合成。缺省情况下，大多数模块的输出都为标量信号，对于输入信号，模块都具有一种"智能"的识别功能，能自动进行匹配。某些模块通过对参数的设定，可以使模块输出向量信号。

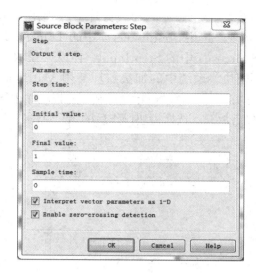

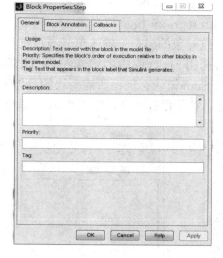

图 1-2-7　模块的参数设定窗口　　　　　　　图 1-2-8　模块属性设定

5. Simulink 线的处理

（1）模块连接：Simulink 模型是通过用线将各种功能模块进行连接而构建的。用鼠标可以在功能模块的输入端与输出端之间直接连线。这是模块间连线的最基本操作情况，即从一个模块的输出端连到另一个模块的输入端。方法是先移动鼠标到输出端，鼠标的箭头会变成十字形光标，这时按住鼠标左键，拖拽至另一个模块的输入端，当十字形光标出现"重影"时释放鼠标即完成了连接。

（2）设定标签：只要在线上双击鼠标左键，即可输入该线的说明标签。也可以通过选中线，然后打开"Edit"菜单下的"Signal Properties"进行设定，其中 signal name 属性的作用是标明信号的名称，设置这个名称反映在模型上的直接效果就是与该信号有关的端口相连的所有直线附近都会出现写有信号名称的标签。

（3）线的折弯：按住 Shift 键，再用鼠标在要折弯的线处单击一下，就会出现圆圈，表示折点，利用折点就可以改变线的形状。

（4）线的分支：按住鼠标右键，在需要分支的地方拉出即可；或者按住 Ctrl 键，并在要建立分支的地方用鼠标拉出即可。

（5）线的删除：单击要删除的连线，连线上出现标记点时，表示已经被选中，然后单击工具栏中的"剪切"按钮或者按 Delete 键即可。

6. 创建 Simulink 模型的步骤

假定要建立一个如图 1-2-9 所示的典型 PID 控制系统 Simulink 模型，一般可采用下述操作步骤。

（1）新建一个 Simulink 模型文件（窗口）。在"Simulink Library Browser"窗口中打开菜单项"File"—"New"—"Model"，即可弹出一个名称为 untitled 的空白窗口，通过另存，重新命名为 example。

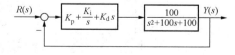

图 1-2-9　典型 PID 控制系统方框图

（2）将所需功能模块由模块库窗口复制到新建模型窗口。PID 控制器的比例环节用

Math Operations 库中的 Gain 模块。PID 控制器的积分环节和微分环节分别用 Continuous 库中的 Integrator 模块与 Derivative 模块来实现。选用 Continuous 库中的 Transfer Fun 模块实现被控对象的模型。输入信号源可选用 Sources 库中的 Step Input（阶跃）模块。输出信号源可选用 Sinks 库中的 Scope（示波器）模块。系统中的加法器环节用 Math Operations 库中的 Sum 模块。选检所需模块的具体操作方法是：移动鼠标光标至相应模块库中所需模块图标上，按住鼠标左键，拖拽到 example 窗口后放开。选检模块操作后的结果见图 1 - 2 - 10。

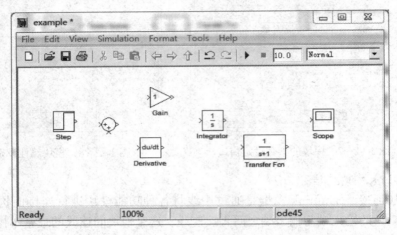

图 1 - 2 - 10　选所需模块至 example 模型窗中

（3）PID 控制器的组装。图 1 - 2 - 9 中的 PID 控制器可看成由比例、积分和微分环节并联组成。为此，除需要三个 Gain 模块、一个 Integrator 模块与一个 Derivative 模块外，还需要添加一个 Sum 模块（加法器）将比例环节、积分环节和微分环节三者的输出信号叠加起来。这个三输入的加法器可以通过对一个 sum 模块的具体设置得到：双击 Sum 模块，打开 Sum 模块参数对话窗，把 Icon shape 参数选为 "Rectangular"，把 List of Signs 设置为 "＋＋＋"。组装成的 PID 控制器 Simulink 图如图 1 - 2 - 11 所示。

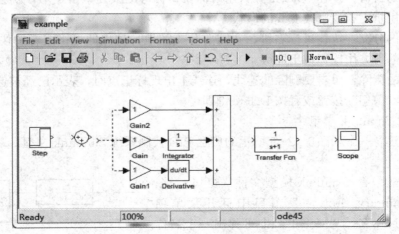

图 1 - 2 - 11　PID 控制器

Gain 模块是一个通用模块，可用于单入单出或多入多出等多种增益运算需要。双击

Gain 模块，打开该模块的参数对话框，如图 1 - 2 - 12 所示，即可进行参数设置。首先是要设置增益值，对于 PID 控制器，可在各 Gain 模块的 Gain 参数框中分别输入 K_P、K_I、K_D 的数值。Gain 模块参数对话框中还有一个 Multiplication 选项用来指定增益 K 与输入 u 的运算关系，共有 4 个可选项，具体见表 1 - 2 - 2。对于 PID 控制器，选用 Element-wise（K. * u）即可。

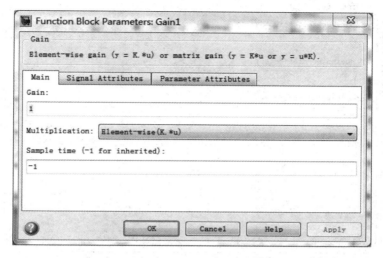

图 1 - 2 - 12　Gain 模块参数设置对话框

表 1 - 2 - 2　　　　　　　　　　　　　　**Gain 模块的乘积形式**

Element-wise(K. * u)	Gain 参数 K 中的每个元素乘以输入信号 u 的每个元素，K 与 u 具有相同的维数
Martrix(K. * u)	输入信号 u 和 Gain 参数 K 均为矩阵，输出为且为两者的点乘之积，输入信号是第二个操作数
Martrix(u * K)	输入信号 u 和 Gain 参数 K 均为矩阵，输出为且为两者的乘积，输入信号是第一个操作数
Martrix(K * u)(u vector)	输入信号 u 和 Gain 参数 K 均为矩阵，输出为且为两者的乘积，输入信号是第二个操作数；且输入输出信号均为矢量

（4）被控对象的传递函数设置。由于被控对象的传递函数用 Transfer Fcn 模块（传递函数多项式模型）实现的，所以在具体实现前需要进行参数设置。设置方法如下：双击 Transfer Fcn 模块，弹出其参数设置对话框，如图 1 - 2 - 13 所示，将 Numerator 参数设为 [100]，将 Denominator 参数设为 [1 100 100]。因为，Transfer Fcn 模块默认的传递函数为 $\frac{1}{s+1}$，Numerator（分子）参数是按降幂排列的分子多项式系数的行向量，默认值为 [1]；Denominator（分母）参数是按降幂排列的分母多项式系数的行向量，默认值为 [1 1]。

（5）系统模块间连线。所有模块的参数均已设置完毕后，将各模块按图 1 - 2 - 9 连接起来，建模结果如图 1 - 2 - 14 所示。注意，负反馈是通过设置 Sum 模块中 List of Signs 为 "｜＋－" 实现的。

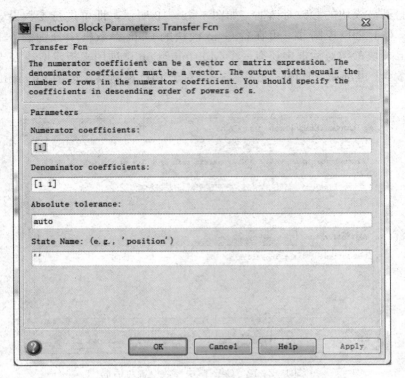

图 1-2-13　Transfer Fcn 模块参数设置对话框

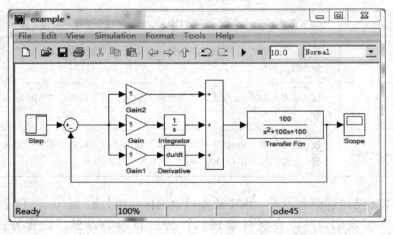

图 1-2-14　图 1-2-9 系统的 Simulink 建模

1.2.2　输入信号模块设置

一般常选用阶跃信号和斜坡信号作为 Simulink 模型仿真试验系统的测试信号，所以经常需要设置信号源模块的参数。

1. 阶跃信号模块的参数设置

系统的输入信号选 Step 模块，Step 模块对话框如图 1 - 2 - 15 所示。该模块有 4 个参数：Step time（阶跃时间）、Initial value（阶跃前的值）、Final value（阶跃后的值）和 Sample time（采样时间）。对应的阶跃曲线如图 1 - 2 - 16 所示。Step time 是输出信号从 Initial value 跳跃到 Final value 的时刻，默认为 1，单位为 s。通常使用的阶跃时间在 0 时刻。Initial value 是仿真时间小于 Step time 时的模块输出值，默认为 0。Final value 是仿真时间大于 step time 时模块的输出值，默认为 1。Sample time 是一个采样时刻到下一个采样之间的间隔。

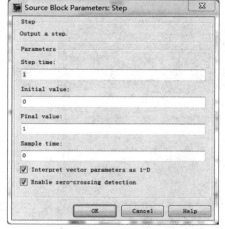

图 1 - 2 - 15　step 模块参数设置对话框

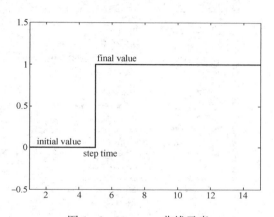

图 1 - 2 - 16　step 曲线示意

2. 斜坡信号模块的参数设置

Sources 模块库中的 Ramp 模块，即为斜坡信号模块。Ramp 模块参数设置对话框如图 1 - 2 - 17 所示。该模块有 3 个参数：Slope（斜率）、Start time（开始时间）和 Initial output（初值）。对应的斜坡曲线如图 1 - 2 - 18 所示。

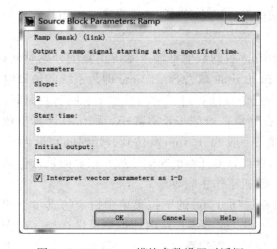

图 1 - 2 - 17　ramp 模块参数设置对话框

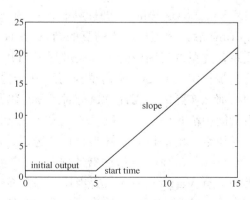

图 1 - 2 - 18　ramp 曲线示意

1.2.3 仿 真 过 程 设 置

在开始进行一个 Simulink 模型的仿真试验之前，首先应当设置好仿真过程参数。这些参数决定了系统仿真过程的时间长度、仿真算法、仿真解算精度、仿真步长类型和大小等性能特征。

一、仿真过程参数设置

选择"Simulation"菜单下的"Parameters"命令，就会弹出一个仿真参数对话框，如图 1-2-19 所示，这是一个多页的参数设置窗。

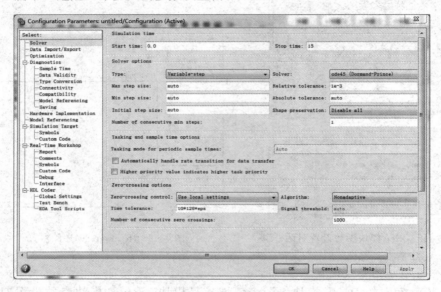

图 1-2-19 仿真参数设置对话框

1. Solver（解法器）选项页

Solver 选项页如图 1-2-19 所示，其主要功能是设置仿真时间、仿真算法、仿真步长等参数。

（1）Simulation time（仿真时间）。在 Start time 后的数值框输入系统仿真的开始时间；在 Stop time 后的数值框输入仿真的结束时间；Stop time 减去 Start time 即为系统的仿真时间。注意，这里的时间概念指真实过程时间并不是仿真计算过程时间。如 10s 的仿真时间，如果仿真步长定为 0.1s，则需要执行 100 步仿真计算；若把步长再减小，则仿真计算步数将增加，那么实际的仿真计算执行时间就会增加。一般 Start time（仿真开始时间）设为 0，而结束时间视需求而定。一般说来，执行一次仿真计算要耗费的时间依赖于很多因素，包括模型的模块数、解法器算法及其步长的选择、计算机工作主频等。

（2）Solver options（解法器选项）。用户可在选项 Type 的下拉菜单中指定仿真步长的选取类型。有 Variable-step（变步长）和 Fixed-step（固定步长）两种类型可供选择。在变步长模式下，仿真步长是由计算机自动改变的。当被仿真的系统变量变化很快时，自动减小仿真步长以提高精度；当被仿真的系统变量变化较慢时，自动增加仿真步长以节省时间。在固定步长模式下，在整个仿真过程都采用已设的固定步长值。所以，固定步长模式的仿真过程是以相等的时间间隔进行仿真计算的过程。

用户还可以在选项 Solver 的下拉菜单中选择对应模式下解法器的算法。

1）变步长模式下的解法器算法有 Discrete、ode45、ode23、ode113、ode15s、ode23s、ode23t 和 ode23tb。

①Discrete：当 Simulink 检查到模型中没有连续模块仿真时用此离散算法。

②ode45：（缺省值），四/五阶龙格 - 库塔法，适用于大多数连续或离散系统，但不适用于刚性（stiff）系统。它是单步解法器，也就是，在计算 $y(t_n)$ 时，仅需要最近处理时刻的结果 $y(t_n-1)$。

③ode23：二/三阶龙格 - 库塔法，在误差限要求不高和求解的问题不太难的情况下，可能会比 ode45 更有效。ode23 也是一个单步解法器。

④ode113：一种阶数可变的解法器，它在误差容许要求严格的情况下通常比 ode45 有效。ode113 是一种多步解法器，也就是在计算当前时刻输出时，它需要以前多个时刻的解。

⑤ode15s：是一种基于数字微分公式的解法器，也是一种多步解法器。适用于刚性系统，当用户估计要解决的问题是比较困难的，或者不能使用 ode45，即使使用效果也不好，就可以用 ode15s。

⑥ode23s：它是一种单步解法器，专门应用于刚性系统，在弱误差允许下的效果好于 ode15s。它能解决某些 ode15s 所不能有效解决的 stiff 问题。

⑦ode23t：是梯形规则的一种自由插值实现。这种解法器适用于求解适度 stiff 的问题而用户又需要一个无数字振荡的解法器的情况。

⑧ode23tb：是具有两个阶段的隐式龙格 - 库塔公式。

2）固定步长模式解法器有 discrete、eode8、eode5、ode4、ode3、ode2、ode1 和 ode14x。

①discrete：是一个实现积分的固定步长解法器，它适合于离散无连续状态的系统。

②eode8：采用的是八阶 Runge - Kutta 算法。

③eode5：（缺省值），是 ode45 的固定步长版本，适用于大多数连续或离散系统，不适用于刚性系统。

④ode4：四阶龙格 - 库塔法，具有一定的计算精度。

⑤ode3：固定步长的二/三阶龙格 - 库塔法。

⑥ode2：改进的欧拉法。

⑦ode1：欧拉法。

（3）仿真步长设置。对于变步长模式，用户可以设置最大的和推荐的初始步长参数，缺省情况下，步长自动地确定，它由值 auto 表示。

Maximum step size（最大步长参数）：它决定了解法器能够使用的最大时间步长，它的缺省值为"仿真时间/50"，即整个仿真过程中至少取 50 个取样点。

Initial step size（初始步长参数）：一般建议使用"auto"默认值即可。

（4）仿真精度设置（变步长模式）。

Relative tolerance（相对误差）：是一个百分比，缺省值为 1e-3，表示变量的计算值要精确到 0.1%。

Absolute tolerance（绝对误差）：表示误差值的门限。如果它被设成了 auto，那么 Simulink 为每一个状态设置初始绝对误差为 1e-6。

2. Data import/export 选项页

单击 Data import/export 选项，打开数据输入输出设置对话框，如图 1 - 2 - 20 所示。由此可知，系统的输入信号可来自 MATLAB 的工作空间，系统的输出信号也可保存到工作空间。

图 1 - 2 - 20　Data import/export 选项设置对话框

（1）Load from workspace：选中前面的复选框即可从 MATLAB 工作空间获取时间和输入变量，一般时间变量定义为 t，输入变量定义为 u。Initial state 用来定义从 MATLAB 工作空间获得的状态初始值的变量名。

（2）Save to workspace：用来设置存往 MATLAB 工作空间的变量类型和变量名，选中变量类型前的复选框使相应的变量有效。一般存往工作空间的变量包括输出时间向量（Time）、状态向量（States）和输出变量（Output）。Final state 用来定义将系统稳态值存往工作空间所使用的变量名。

（3）Save option：用来设置存往工作空间的有关选项。Limit rows to last 用来设定 Simulink 仿真结果最终可存往 MATLAB 工作空间的变量的规模，对于向量而言即其维数，对于矩阵而言即其秩；Decimation 设定了一个亚采样因子，它的缺省值为 1，也就是对每一个仿真时间点产生值都保存，而若为 2，则是每隔一个仿真时刻才保存一个值。Format 用来说明返回数据的格式，包括矩阵 Array、结构 Struct 及带时间的结构 Struct with time。

二、仿真过程的启动

设置仿真参数和选择解法器之后，就可以启动仿真过程运行。选择"Simulink"菜单下的"Start"选项来启动仿真（或者单击工具栏中的▲）。如果模型中有些参数没有定义，则会出现错误信息提示框。如果一切设置无误，则开始仿真运行，仿真过程结束时系统会发出提示音。

除了直接在 Simulink 环境下启动仿真外，还可以在 MATLAB 命令窗口中通过 sim 函数进行。调用 sim 函数格式为 [t，x，y]＝sim('模型文件名')。

【例 1 - 2 - 1】　对如图 1 - 2 - 21 所示的系统，取 fixed-step（固定步长）模式进行系统的单位阶跃响应过程仿真。

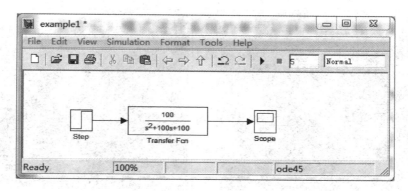

图 1-2-21 ［例 1-2-1］系统的仿真结构图

解 （1）步长类型选 fixed-step，解法器算法选 ode1（Euler），仿真步长取 0.05，仿真曲线如图 1-2-22（a）所示。由图 1-2-22（a）可见，其阶跃响应曲线是发散的。因为系统本身是稳定的，不应该发散，所以此仿真曲线与实际不符。原因是所取仿真步长偏大，致使仿真误差过大。

（2）步长类型选 fixed-step，解法器算法选 ode1（Euler），仿真步长取 0.01，仿真曲线如图 1-2-22（b）所示。由图 1-2-22（b）可见，仿真步长取小后的阶跃响应曲线就正确了。

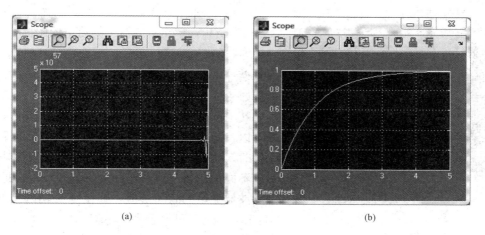

(a)   (b)

图 1-2-22 定步长仿真时的阶跃响应曲线

【**例 1-2-2**】 对系统 $G(s) = \dfrac{4}{s^2 + s + 4}$，试求单位阶跃仿真响应，用 varible-step 模式。

解 首先在 Simulink 下搭建系统的仿真模型，结构如图 1-2-21 所示。然后设置步长类型为 varible-step，解法器算法为 ode45，仿真得到的响应曲线如图 1-2-23（a）所示。由图 1-2-23（a）可见，其响应曲线不够光滑，在最大峰值点处出现折线形响应，这是仿真误差偏大的表现。为此，应当减小 Solver 选项页中 relative tolerance（相对误差）的值，默认值为 1e-3（即 10^{-3}），修改为 1e-6，运算所得的阶跃响应曲线如图 1-2-23（b）所示。

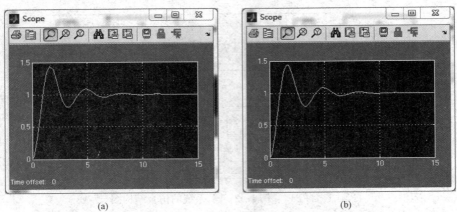

(a)　　　　　　　　　　　　　　　(b)

图1-2-23　变步长仿真时的阶跃响应曲线

1.2.4　输 出 模 块 设 置

对于仿真系统的输出信号，常用 Scope（示波器）直接观察或者选用 To Workspace 模块先保存到 MATLAB 工作空间中等待处理。

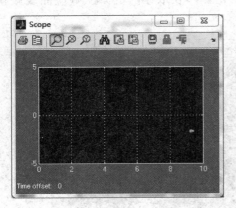

图1-2-24　Scope 窗口

1．Scope 模块设置

双击 Scope 模块，出现如图1-2-24所示"Scope"窗口。单击示波器工具箱上的图标 ，可打开"Scope properties"（示波器属性）对话框。该对话框有两个选项页，即"General"和"Data history"，分别如图1-2-25（a）和（b）所示。

"General"选项页中，"Number of axes"文本框可以设定坐标轴的个数，默认为1。当设置多个坐标轴时，所有的坐标轴都有相同的时间范围，但可对应不同的 y 轴坐标；"Time range"文本框可是设置示波器显示的时间量值，即设定 x 轴的坐标范围；"Tick Labels"可设置坐标标记。

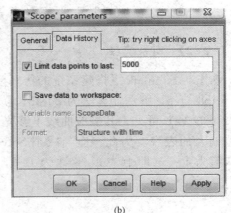

(a)　　　　　　　　　　　　　　　(b)

图1-2-25　Scope 属性窗口

"Data history" 选项页中，"Limit data points to last" 选值框中可设置画图的数据点数，默认点数是 5000，也可选择取消点数限制，即去掉对应复选框中的 "√"。

2. To Workspace（传送到工作空间）模块设置

To Workspace 模块在 Sinks 模块库中，打开其模块对话框，如图 1-2-26 所示。该模块把输入数据写入到 MATLAB 工作空间指定的数组或结构中，这样返回的结果可利用 MATLAB 命令进一步处理，例如用 plot 命令绘制出系统的响应曲线。当通过该模块箱工作区间传送数据时，应给数据指定一个变量名，Variable name 参数指定保存数组的名称，此处定义为 "y"。Save format 列表框选择存储到工作空间的数据格式，默认值为 Structure（联合结构型）。通常选择 Array（数组型），比较简单易用。

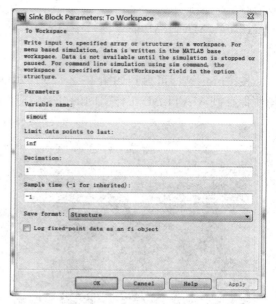

图 1-2-26　to workspace 模块对话框

为了以后便于用 plot 函数绘制响应曲线，需要保存仿真过程时间数据，可用一个 Sources 模块库中的 Clock 模块产生时间数据，定义时间变量名为 "t"。再用一个 To Workspace 模块保存到 MATLAB 工作空间。

3. 示例

对图 1-2-27 所示的 Simulink 系统进行仿真并通过 Scope 模块和 To Workspace 模块查看试验结果。

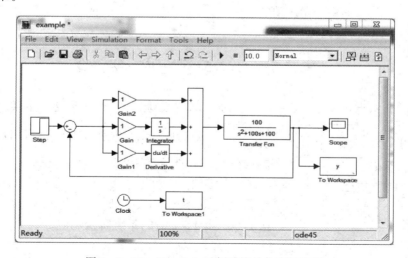

图 1-2-27　Simulink 示例系统的仿真结构图

（1）仿真参数的设置。系统仿真结构图如图 1-2-27 所示。在进行仿真前把仿真结束时间设置为 50，即仿真时间为 50s；把仿真步长类型 Type 选择为 "Variable-step（变步长）"；解法器选择 "ode5（龙格-库塔法的 5 阶算法）"。

　　（2）进行系统仿真。单击模型窗口中的图标 ▶ 或单击模型窗口的"Simulink"菜单下的"Start"命令进行仿真。

　　（3）观察系统仿真效果。系统仿真结束后，双击模型窗口的示波器图标，可直接查看仿真结果，如图 1-2-28 所示。单击示波器窗口工具栏上的图标 🔍，可以自动调整坐标以使波形刚好完整显示。

　　还可在 MATLAB 命令窗口中输入：

```
plot(t,y)
```

　　按 Enter 键即可得到如图 1-2-29 所示的仿真曲线。这是用 plot 函数将 To Workspace 模块保存到 MATLAB 工作空间的试验响应数据绘制出的曲线。

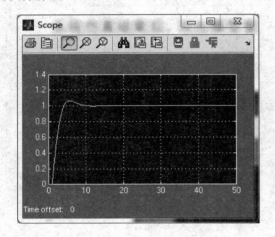
　　　　图 1-2-28　Scope 所示的仿真结果

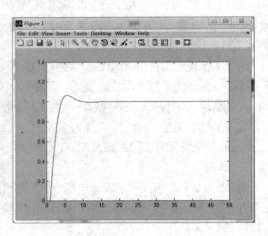
　　　　图 1-2-29　plot 所示的仿真结果曲线

1.2.5　课 内 实 验

扫码查看答案

　　课内题 1-2-1　已知某单位反馈系统的开环传递函数为 $G_0(s) = \dfrac{16}{s(s+4)}$，试搭建 Simulink 模型并进行该闭环系统的阶跃响应仿真，并计算其阶跃响应性能指标。

　　课内题 1-2-2　已知系统的结构图如图 1-2-30 所示，试建立 Simulink 模型，并仿真运行求取 $K_1 = 0$，0.1，0.2，1，2 时的系统阶跃响应。

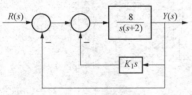

图 1-2-30　课内题 1-2-2 图

1.2.6　课 外 实 验

　　课外题 1-2-1　已知一个单位反馈系统的闭环传递函数为 $G(s) = \dfrac{s^2+9s+20}{s^3+6s^2+11s+20}$，试搭建 Simulink 模型并进行该系统的单位阶跃响应试验，找出最合适的仿真时间、仿真步长（定步长时）或 Relative tolerance（相对误差）（变步长时）以及相应的解法器。

课外题 1 - 2 - 2　用 Simulink 模型来仿真以微分方程 $\ddot{y}+3\dot{y}+2y=3u$ 表示的系统特性。

课外题 1 - 2 - 3　已知系统的闭环传递函数为 $G(s)=\dfrac{16}{(s+3)(s+2)}$，试分别用定步长和变步长的方法求其单位阶跃响应，并指出选用不同步长模式的差异。

课外题 1 - 2 - 4　已知系统的方框图如图 1 - 2 - 31 所示，试讨论：

（1）$K_2=1$，$a=4$，$K_1=4$，16，25 时的阶跃响应曲线，并分析其变化特点。

（2）$K_1=25$，$K_2=1$，$a=2$，5，10 时的阶跃响应曲线，并分析其变化特点。

（3）$K_1=25$，$a=4$，$K_2=0.5$，1，2.5 时的阶跃响应曲线，并分析其变化特点。

（4）分析 a、K_1、K_2 参数的变化对系统特性的影响。

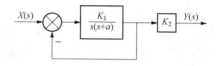

图 1 - 2 - 31　课外题 1 - 2 - 4 图

第3章 计算机仿真基础

1.3.1 计算机仿真概述

所谓仿真是指用具有相似特性的模型代替实物进行试验研究的特定过程。早期的模型常选用易于实现的物理模型,如水力模型、电学模型。计算机的出现和普及使得数学模型的数值计算变得越来越简单。不管多么复杂的数学模型,只要研究出它的数值解法,就能用计算机把它的特性逼真地模仿出来。因此,凡是能建立数学模型的真实物体或过程,都可以采用计算机来计算数学模型。

计算机仿真依据的是相似原理。因为模型 A 与实物 B 特性相似,所以可用模型 A 来仿真实物 B。仿真的逼真程度主要取决于模型 A 与实物 B 的特性相似程度。仿真试验的有效性也取决于仿真实现的精确度。对仿真研究的依赖性越大对仿真的精确度要求越高。

计算机仿真研究过程如图 1-3-1 所示。由图可见,首先要有待仿真系统的描述,才可建立其数学模型;其次为实现计算机仿真还得将数学模型转换为仿真模型,进而建立可运行的计算机软件;最后为确认该待仿真系统软件的有效性,需要进行修改模型和程序的多次循环工作。当待仿真系统软件的有效性验证通过后,才可进入改变参数的系统特性仿真研究。

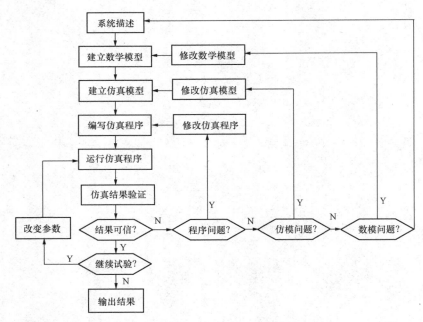

图 1-3-1 计算机仿真研究过程

1.3.2　计算机仿真的基本原理

一、线性连续系统的计算机仿真

1. 线性连续系统的数学模型

对于一个线性连续时不变的系统，常用的数学模型有常系数微分方程、传递函数和状态方程三种。其中，微分方程的表达式形如

$$\frac{\mathrm{d}^n}{\mathrm{d}t^n}c(t) + a_1\frac{\mathrm{d}^{n-1}}{\mathrm{d}t^{n-1}}c(t) + \cdots + a_{n-1}\frac{\mathrm{d}}{\mathrm{d}t}c(t) + a_n c(t) = b_0\frac{\mathrm{d}^m}{\mathrm{d}t^m}r(t) + b_1\frac{\mathrm{d}^{m-1}}{\mathrm{d}t^{m-1}}r(t) + \cdots + b_m r(t)$$

传递函数的表达式形如

$$G(s) = \frac{C(s)}{R(s)} = \frac{b_0 s^m + b_1 s^{m-1} + \cdots + b_{n-1}s + b_m}{s^n + a_1 s^{n-1} + \cdots + a_{n-1}s + a_n}$$

状态方程的表达式形如

$$\dot{\boldsymbol{x}} = \boldsymbol{A}\boldsymbol{x} + \boldsymbol{B}u$$
$$\boldsymbol{y} = \boldsymbol{C}\boldsymbol{x} + \boldsymbol{D}u$$

如果系统是时变系统，则上述模型的系数不再是常系数。本书只限于讨论时不变系统，以下不再一一指明。

上述三种模型表达式针对的是单输入单输出系统。对于多输入多输出的多变量系统，微分方程式要扩展成微分方程组，传递函数扩展成矩阵形式，状态方程表面形式不变但已有标量变向量和向量变矩阵的变化。

直接用上述三种模型实现计算机仿真是不行的，因为计算机还不能直接处理微积分。必须先把上述模型转化成计算机算法，或者说计算机仿真模型。从数学模型到仿真模型的过程就是计算机仿真的建模过程，是计算机仿真技术的核心内容。对于连续系统，建立仿真模型的基本方法有数值积分法、离散相似法、状态方程解法、替换法和根匹配法。

2. 数值积分法

(1) 一阶微分方程的初值问题。已知一阶微分方程 $\dot{y} = f(t, y)$ 和初值 $y(t_0) = c$，求在区间 $[a, b]$ 的 $y(t)$ 函数。这就是求一阶微分方程的解析解问题。若要是求其数值解，则是求数值序列 $\{y_i, i = 1, 2, \cdots, n\}$。其中，$y_i$ 是 $y(t_i)$ 的近似值，$t_i = a + ih$，$i = 1, 2, \cdots, n$，h 为等间隔离散步长。

(2) 数值积分解法。对一阶微分方程 $\dot{y} = f(t, y)$ 在区间 $[t_i, t_{i+1}]$ 上求积分，可得

$$y(t_{i+1}) - y(t_i) = \int_{t_i}^{t_{i+1}} f(t, y(t))\mathrm{d}t$$

若认为在区间 $[t_i, t_{i+1}]$，$f(t, y)$ 为 $t = t_i$ 时的值保持不变，则可得数值解计算公式为

$$y_{i+1} = y_i + hf(t_i, y_i) = y_i + hf_i$$

于是得到一阶微分方程 $\dot{y} = f(t, y)$ 的数值解计算公式（又称为欧拉公式）为

$$y_0 = c, \quad y_{i+1} = y_i + hf_i, \quad i = 1, 2, \cdots, n-1$$

显然，在区间 $[t_i, t_{i+1}]$ $f(t, y)$ 值保持不变的近似处理带来了误差。假设在 t_{i+1} 的 $f(t, y)$ 可得，则有更精确的数值解计算公式——梯形公式：

$$y_0 = c, \quad y_{i+1} = y_i + \frac{h}{2}(f_i + f_{i+1}), \quad i = 1, 2, \cdots, n-1$$

问题是 $f_{i+1}=f(t_{i+1}, y_{i+1})$，使计算无法进行。为此，可用迭代法解决算 y_{i+1} 又要先用 y_{i+1} 的矛盾。此外还有许多更准确的改进算法，如多步法和预估校正法。

（3）常用数值解法公式。常用的数值积分法有单步法、多步法和预估校正法三类，它们的计算公式形式如下：

单步法　　　　　　　$y_{i+1}=f(y_i, t_i)$

多步法显式　　　　　$y_{i+1}=f(y_i, y_{i-1}, \cdots, y_{i-m}, t_i, \cdots, t_{i-m})$

多步法隐式　　　　　$y_{i+1}^{(k+1)}=f(y_{i+1}^{(k)} y_i, y_{i-1}, \cdots, y_{i-m}, t_{i+1}, t_i, \cdots, t_{i-m})$

预估校正法　　$\begin{cases} y_{i+1}^{(0)}=f(y_i, t_i) \\ y_{i+1}^{(k+1)}=f(y_{i+1}^{(k)}, y_i, y_{i-1}, \cdots, y_{i-m}, t_{i+1}, t_i, \cdots, t_{i-m}) \end{cases}$

常见的单步法计算公式如下：

欧拉法（Euler）　　　　　　　　　　$y_{i+1}=y_i+hf_i$

四阶龙格库塔（Runge-Kutta）法　　　$y_{i+1}=y_i+\dfrac{h}{6}(K_1+2K_2+2K_2+K_4)$

$$K_1=f(t_i, y_i)$$

$$K_2=f\left(t_i+\frac{h}{2}, y_i+\frac{h}{2}K_1\right)$$

$$K_3=f\left(t_i+\frac{h}{2}, y_i+\frac{h}{2}K_2\right)$$

$$K_4=f(t_i+h, y_i+hK_3)$$

常见的多步法计算公式如下：

亚当斯（Adams）显式　　　$y_{i+1}=y_i+\dfrac{h}{2}(3f_i-f_{i-1})$

亚当斯（Adams）隐式　　　$y_{i+1}=y_i+hf_{i+1}$

梯形积分　　　　　　　　　$y_{i+1}=y_i+\dfrac{h}{2}(f_i+f_{i+1})$

常见的预估校正法计算公式如下：

欧拉＋梯形　　　　　$y_{i+1}^{(0)}=y_i+hf(t_i, y_i)$

$$y_{i+1}^{(k+1)}=y_i+\frac{h}{2}(f(t_i, y_i)+f(t_{i+1}, y_{i+1}^{(k)}))$$

亚当斯显式＋隐式　　$y_{i+1}^{(0)}=y_i+\dfrac{h}{2}(3f_i-f_{i-1})$

$$y_{i+1}^{(k+1)}=y_i+\frac{h}{12}(15f_{i+1}^{(k)}+8f_i-f_{i-1})$$

汉明法（Hamming）　　$y_{i+1}^{(0)}=y_{i-3}+\dfrac{4h}{3}(2f_i-f_{i-1}+2f_{i-2})$

$$\tilde{y}_{i+1}^{(0)}=y_{i+1}^{(0)}+\frac{112}{121}(f_i-f_i^{(0)})$$

$$y_{i+1}^{(k+1)}=\frac{1}{8}(9y_i-y_{i-2})+\frac{3h}{8}(f_{i+1}^{(k)}+2f_i-f_{i-1})$$

单步法公式也可由泰勒级数展开法推得。多步法公式是牛顿插值多项式用于数值积分的结果。预估校正法公式是单步法公式和多步法公式中的显式公式与隐式公式相结合后产生的。用单步法公式，计算量小，可自启动，但精度低。用多步法公式精度高，但因需要多步初值而不能自启动，若用隐式需迭代运算，计算量大。用预估校正法公式，计算量较小，精度高，但计算式复杂。此外，在数值计算稳定性等方面，三类方法也各具特点。

（4）用四阶龙库法建立线性连续系统的仿真模型。如果待仿真的系统是一阶微分方程可描述的系统，那么，上述的任一种数值解法公式都可用作为系统的仿真模型。但是，当待仿真的系统是高于一阶的系统时，上述公式就不能直接使用了。幸运的是线性高阶系统可以转化成用一阶微分方程组描述，也就是用状态方程来描述。于是，可用扩展成矩阵形式的数值解法公式作为系统的仿真模型。例如，对于一个用状态方程描述的高阶系统，应用最常用的单步法公式——四阶龙格库塔公式，可以推得仿真模型如下：

$$x_{i+1} = x_i + \frac{h}{6}(K_1 + 2K_2 + 2K_2 + K_4)$$

$$K_1 = Ax_i + Bu(t_i)$$

$$K_2 = A\left(x_i + \frac{h}{2}K_1\right) + Bu\left(t_i + \frac{h}{2}\right)$$

$$K_3 = A\left(x_i + \frac{h}{2}K_2\right) + Bu\left(t_i + \frac{h}{2}\right)$$

$$K_4 = A(x_i + hK_3) + Bu(t_i + h)$$

假设 $u\left(t_i + \frac{h}{2}\right) = u(t_i + h) = u(t_i) = u_i$，再经过简化推算可得更简练的仿真模型：

$$x_{i+1} = A^* x_i + B^* u_i$$

$$A^* = I + hA\left\{I + \frac{h}{2}A\left[I + \frac{h}{3}A\left(I + \frac{h}{4}A\right)\right]\right\}$$

$$B^* = h\left\{I + \frac{h}{2}A\left[I + \frac{h}{3}A\left(I + \frac{h}{4}A\right)\right]\right\}B$$

【例 1-3-1】 控制系统结构如图 1-3-2 所示，试仿真其单位阶跃响应。

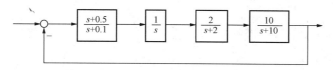

图 1-3-2 ［例 1-3-1］控制系统结构

解 根据图 1-3-2，可用方框图等效变换法求得闭环系统的传递函数为

$$G(s) = \frac{20s + 10}{s^4 + 12.1s^3 + 21.2s^2 + 22s + 10}$$

利用能控标准形状态方程和传递函数之间的对应关系可求出系统的状态方程系数为

$$A = \begin{bmatrix} 0 & 1 & 0 & 0 \\ 0 & 0 & 1 & 0 \\ 0 & 0 & 0 & 1 \\ -10 & -22 & -21.2 & -12.1 \end{bmatrix}, B = \begin{bmatrix} 0 \\ 0 \\ 0 \\ 1 \end{bmatrix}, C = [10 \quad 20 \quad 0 \quad 0], D = 0$$

再利用四阶龙格库塔的仿真公式可求出离散状态方程的 A^* 和 B^*，然后就可计算系统的阶跃响应了。为此编写的程序见图 1-3-3。运行结果如图 1-3-4 所示。

```
%程序1-3-1
clear all
a(1)=10;a(2)=22;a(3)=21.2;a(4)=12.1;
for i=1:3;
    for j=1:4;A1(i,j)=0.;
    end
    A1(i,i+1)=1.;
end
for i=1:4; A1(4,i)=-a(i);
end
B1=zeros(4,1);
B1(4,1)=1.;
I=zeros(4);
C1=zeros(1,4);C1(1)=10;C1(2)=20;
for i=1:4;I(i,i)=1;end
h=0.01;
A2=I+h*A1*(I+(h/2)*A1*(I+(h/3)*A1*(I+(h/4)*A1)));
B2=h*(I+(h/2)*A1*(I+(h/3)*A1*(I+(h/4)*A1)))*B1;
x0=zeros(4,1);
x1=zeros(4,1);
u=1;
for j=1:1000
    t(j)=(j-1)*h;
    x1=A2*x0+B2*u;
    y=C1*x1;
    x0=x1;
    y4(j)=y;
end
plot(t,y4,'k');
title('阶跃响应曲线')
xlabel('t/s');
ylabel('系统输出');
```

图 1-3-3　程序 1-3-1

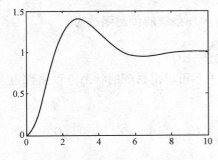

图 1-3-4　程序 1-3-1 运行结果

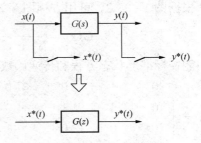

图 1-3-5　连续系统的离散相似系统

3. 离散相似法

（1）连续系统的离散相似建模。设待仿真的连续系统可用传递函数表示。若在其系统的输入和输出两端各加一个虚拟的采样开关（见图 1-3-5），则采样出的输入 $x^*(t)$ 和输出 $y^*(t)$ 信号序列将能真实反映其连续系统的动态特性。若能构造一个离散系统可在同样的输入信号序列下产生相似的输出序列，则这个离散系统就是待仿真的连续系统的离散相似系统。这个离散系统可用脉冲传递函数描述。由脉冲传递函数很容易转换成差分方程或离散状态方程，所以可用来做仿真计算，因而就是待仿真的连续系统的离散相似仿真模型。可以证明，对于连续系统 $G(s)$ 的离散相似仿真模型为

$$G(z) = \mathscr{Z}[H(s)G(s)] = \frac{d_1 z^{-1} + d_2 z^{-2} + \cdots + d_n z^{-n}}{1 - c_1 z^{-1} - c_2 z^{-2} - \cdots - c_n z^{-n}} z^{-l} = \frac{Y(z)}{U(z)}$$

其中，$H(s)$ 为保持器的传递函数。以上脉冲传递函数可进一步转化为差分方程

$$y(t) = c_1 y(t-1) + c_2 y(t-2) + \cdots + c_n y(t-n) + d_1 u(t-l-1)$$
$$+ d_2 u(t-l-2) + \cdots + d_n u(t-l-n)$$

离散相似仿真模型的仿真精度主要取决于采样周期的大小和保持器的特性。

（2）常用保持器特性与仿真精度。常用的保持器有零阶保持器和一阶保持器。

零阶保持器的输入输出时域关系式为

$$u_{\text{h}}(t) = u(kT), \quad kT \leqslant t \leqslant (k+1)T$$

其中，T 为采样周期。

零阶保持器的传递函数表达式为

$$H(s) = \frac{1 - \text{e}^{-Ts}}{s}$$

一阶保持器的输入输出时域关系式为

$$u_{\text{h}}(t) = u(k) + \frac{u(k) - u(k-1)}{T}(t - kT), \quad kT \leqslant t \leqslant (k+1)T$$

一阶保持器的传递函数表达式为

$$H(s) = \frac{1 + Ts}{T}\left(\frac{1 - \text{e}^{-Ts}}{s}\right)^2$$

以上两种保持器中，零阶保持器最简单，应用也最广，用它可无失真地重构阶跃信号；一阶保持器是根据上一周期的输入值线性外推下一周期的值，显然它可以无失真地重构斜坡信号。

由保持器的输入输出波形对比可以看出：采样周期越大，信号重构精度越小。不同类型的保持器对不同类型的信号有不同的重构精度。

【例 1-3-2】　选用零阶保持器，试建立 $G(s) = \dfrac{1}{s(s+1)}$ 的离散相似仿真模型。

解　先求其脉冲传递函数，再转换为差分方程。

$$G(z) = \mathscr{Z}[H(s)G(s)] = \mathscr{Z}\left[\frac{1 - \text{e}^{-Ts}}{s}\frac{1}{s(s+1)}\right]$$

$$= \frac{(T - 1 + \text{e}^{-T})z + (1 - \text{e}^{-T} - T\text{e}^{-T})}{z^2 - (1 + \text{e}^{-T})z + \text{e}^{-T}} = \frac{Y(z)}{U(z)}$$

$$y(n) = (1 + \text{e}^{-T})y(n-1) - \text{e}^{-T}y(n-2) + (T - 1 + \text{e}^{-T})u(n-1)$$
$$+ (1 - \text{e}^{-T} - T\text{e}^{-T})u(n-2)$$

4. 状态方程解法

对于状态方程 $\dot{\boldsymbol{x}} = \boldsymbol{A}x + \boldsymbol{B}u$，其一般解为

$$\boldsymbol{x}(t) = \mathrm{e}^{\boldsymbol{A}(t-t_0)}\boldsymbol{x}(t_0) + \int_{t_0}^{t} \mathrm{e}^{\boldsymbol{A}(t-\tau)}\boldsymbol{B}u(\tau)\mathrm{d}\tau$$

只考虑一个采样周期时，即令 $t_0 = kh$，$t = (k+1)h$，有

$$\boldsymbol{x}_{k+1} = \mathrm{e}^{\boldsymbol{A}h}\boldsymbol{x}_k + \int_{kh}^{(k+1)h} \mathrm{e}^{\boldsymbol{A}[(k+1)h-\tau]}\boldsymbol{B}u(\tau)\mathrm{d}\tau$$

令 $\tau' = (k+1)h - \tau$，有

$$\boldsymbol{x}_{k+1} = \mathrm{e}^{\boldsymbol{A}h}\boldsymbol{x}_k + \int_0^h \mathrm{e}^{\boldsymbol{A}\tau'}\boldsymbol{B}u(\tau')\mathrm{d}\tau'$$

采用零阶保持器，即令 $u(\tau') = u_k$，$0 \leqslant \tau' \leqslant h$，有

$$\boldsymbol{x}_{k+1} = \mathrm{e}^{\boldsymbol{A}h}\boldsymbol{x}_k + \left(\int_0^h \mathrm{e}^{\boldsymbol{A}\tau'}\mathrm{d}\tau'\right)\boldsymbol{B}u_k = \boldsymbol{A}_d\boldsymbol{x}_k + \boldsymbol{B}_d u_k$$

其中

$$\boldsymbol{A}_d = \mathrm{e}^{\boldsymbol{A}h} = \sum_{k=0}^{\infty} \boldsymbol{A}^k h^k \cong \sum_{k=0}^{N} \boldsymbol{A}^k h^k$$

$$\boldsymbol{B}_d = \left(\int_0^h \mathrm{e}^{\boldsymbol{A}t}\mathrm{d}t\right)\boldsymbol{B} = \left(\int_0^h \sum_{k=0}^{\infty} \boldsymbol{A}^k t^k \mathrm{d}t\right)\boldsymbol{B} = \sum_{k=1}^{\infty} \frac{\boldsymbol{A}^{k-1}h^k}{k!}\boldsymbol{B} \cong \sum_{k=1}^{N} \frac{\boldsymbol{A}^{k-1}h^k}{k!}\boldsymbol{B}$$

由上述可见，矩阵指数及其积分的计算用了幂级数算法，并且为实用将无限项改为有限项。项数 N 的选取可依据仿真精度的要求。

5. 替换法

根据 Z 变换的定义 $z = \mathrm{e}^{sT}$，可导出 $s = \dfrac{1}{T}\ln z$。那么通过将连续系统传递函数 $G(s)$ 中的复变量 s 替换为 $\dfrac{1}{T}\ln z$ 所得到的脉冲传递函数 $G(z)$ 应该是能完全代表 $G(s)$ 的离散系统模型。问题是 $\dfrac{1}{T}\ln z$ 是一个超越函数，所替换处理得到的 $G(z)$ 也成了超越函数，从而难以进行仿真计算。

将 $\dfrac{1}{T}\ln z$ 用级数展开并只取第一项就得到了图士汀（Tustin）变换式：

$$s = \frac{1}{T}\ln z = \frac{2}{T}\left[\frac{z-1}{z+1} + \frac{1}{3}\left(\frac{z-1}{z+1}\right)^3 + \frac{1}{5}\left(\frac{z-1}{z+1}\right)^5 + \cdots\right] \cong \frac{2}{T}\frac{z-1}{z+1}$$

可见，用图士汀变换式 $s = \dfrac{2}{T}\dfrac{z-1}{z+1}$ 可把 $G(s)$ 变为 $G(z)$。这就是建立连续系统的仿真模型的替换法。

可以证明，图士汀替换法建立的仿真模型精度有限，但它有一个很大的优点。那就是不管采样周期 T 取多大，只要原系统稳定，仿真系统就保持稳定。用欧拉法仿真就做不到这一点。

6. 根匹配法

由控制理论可知，无论是连续系统还是离散系统，其动态特性都取决于系统的零极点分布，而其静态特性都取决于系统增益。因此，完全可以构造一个离散系统，其系统的零极点分布与待仿真的连续系统一一对应，其系统的增益也与待仿真的连续系统一致，这个新造系

统就可当作待仿真的连续系统的仿真模型。

设已知待仿真的连续系统的零极点形式的传递函数为

$$G(s) = \frac{Y(s)}{U(s)} = \frac{K(s-q_1)(s-q_2)\cdots(s-q_m)}{(s-p_1)(s-p_2)\cdots(s-p_n)}$$

利用 Z 变换的定义 $z = e^{sT}$，可构造一个与 $G(s)$ 的零极点一一对应的离散系统 $G(z)$：

$$G(z) = \frac{Y(z)}{U(z)} = \frac{K_z(z-e^{q_1 T})(z-e^{q_2 T})\cdots(z-e^{q_m T})}{(z-e^{p_1 T})(z-e^{p_2 T})\cdots(z-e^{p_n T})}\prod_{i=1}^{n-m}\phi_i(s)$$

其中，离散系统增益 K_z 可利用 Z 变换和 S 变换的终值定理来确定，确定时应当选择适当的 $u(t)$ 使下式的极限存在且不为零：

$$\lim_{s\to 0} s \cdot G(s) \cdot U(s) = \lim_{z\to 1}\frac{z-1}{z} \cdot G(z) \cdot U(z) = y(\infty)$$

而 $\phi_i(s)$ 则可按 $G(s)$ 的无限零点 s_i 的类型来确定：

$$\phi_i(s) = \begin{cases} z & s_i = -\infty \pm j\omega & \text{第一类} \\ z + e^{\sigma h} & s_i = \sigma \pm j\omega & \text{第二类} \\ 1 & s_i = +\infty \pm j\omega & \text{第三类} \end{cases}$$

s_i 的类型可借助根轨迹渐近线与实轴的交角 θ 来判别 $\left(\theta = \frac{\pm(2l+1)\times 180°}{n-m},\ l=0,\ 1,\ 2,\ \cdots\right)$。当 $|\theta|<90°$ 时，s_i 为第一类；当 $|\theta|=90°$ 时，s_i 为第二类；当 $|\theta|>90°$ 时，s_i 为第三类。当为 s_i 第二类时，可用根轨迹渐近线与实轴的交点位置公式确定 σ，$\sigma = \dfrac{\sum\limits_{i=1}^{n} p_i - \sum\limits_{i=1}^{m} q_i}{n-m}$。

二、线性离散系统的计算机仿真

线性离散系统的常见数学模型有差分方程、脉冲传递函数和离散状态方程为

$$G(z) = \frac{Y(z)}{U(z)} = \frac{d_1 z^{-1} + d_2 z^{-2} + \cdots + d_n z^{-n}}{1 - c_1 z^{-1} - c_2 z^{-2} - \cdots - c_n z^{-n}}z^{-l}$$

$$y(t) = c_1 y(t-1) + c_2 y(t-2) + \cdots + c_n y(t-n) + d_1 u(t-l-1)$$
$$+ d_2 u(t-l-2) + \cdots + d_n u(t-l-n)$$
$$= \sum_{i=1}^{n} c_i y(t-i) + \sum_{j=1}^{m} d_j u(t-l-j)$$

$$\boldsymbol{x}_{k+1} = \boldsymbol{A}\boldsymbol{x}_k + \boldsymbol{B}u_k$$
$$\boldsymbol{y}_k = \boldsymbol{C}\boldsymbol{x}_k + \boldsymbol{D}u_k$$

其中，差分方程和离散状态方程都可直接用于计算机计算，因而是常用的线性离散系统计算机仿真模型。由于对于线性离散系统，数学模型即仿真模型，所以不存在仿真建模误差。

三、非线性系统的计算机仿真

1. 纯迟延环节

纯迟延环节的数学模型可用传递函数形式表达为 $G(s) = \dfrac{Y(s)}{U(s)} = e^{-\tau s}$。为仿真的需要，常有离散化和线性化两种处理方式。

（1）离散化仿真模型。对纯迟延环节这样的时间连续对象，当与其他类型的连续环节一起组成一个系统，并且需要计算机仿真时，若仿真的方法是通过分别建立各个环节的仿真模型的方式进行的，则也应将纯迟延环节离散化处理。若仿真的方法是将系统综合成一个整体

的线性系统后再仿真的方式进行的，则应将纯迟延环节线性化处理。

设纯迟延时间参数 τ 用采样周期 h 表示，$\tau = mh$。当 m 为整数时，纯迟延环节的离散化仿真模型为

$$y_k = u_{k-m}$$

当 m 不为整数时，可将 m 分成整数部分 m_1 和小数部分 m_2，$m = m_1 + m_2$。利用线性插补原理可构造纯迟延环节的离散化仿真模型为

$$y_k = c_1 u_{k-m_1} + c_2 u_{k-1-m_1}$$

其中，$c_1 = 1 - m_2$，$c_2 = m_2$。

当仿真精度要求不高时，可采用四舍五入取整数的方式按整数处理。

（2）有理函数化仿真处理。将 $\mathrm{e}^{-\tau s}$ 展开成麦克劳林级数

$$\mathrm{e}^{-\tau s} = 1 - \tau s + \frac{(\tau s)^2}{2!} - \cdots \frac{(-\tau s)^n}{n!} \cdots$$

取有限项，就无理函数变成了有理函数，从而可按线性系统来仿真。

也可将 $\mathrm{e}^{-\tau s}$ 近似为二阶帕德（Pade）表达式：

$$\mathrm{e}^{-\tau s} = \frac{\tau^2 s^2 - 6\tau s + 12}{\tau^2 s^2 + 6\tau s + 12}$$

再有用惯性环节串联代替纯迟延的近似公式：

$$\mathrm{e}^{-\tau s} = \frac{1}{\left(1 + \dfrac{\tau s}{n}\right)^n}$$

2. 本质非线性环节

非线性环节可分为本质非线性和可线性化非线性两类。本质非线性环节就不应线性化处理。常见的本质非线性环节有饱和、死区和间隙三种。根据它们的输入输出关系可分别建立仿真模型如下：

饱和环节 $\quad y_n = \begin{cases} a & x_n > b_0 \\ k x_n & b_1 \leqslant x_n \leqslant b_0 \\ -a & x_n < b_1 \end{cases}$

死区环节 $\quad y_n = \begin{cases} k(x_n - a) & x_n \geqslant a \\ 0 & |x_n| < a \\ k(x_n + a) & x_n \leqslant -a \end{cases}$

间隙环节 $\quad y_n = \begin{cases} k(x_n - a) & x_n > x_{n-1} \text{且 } y_{n-1} < k(x_n - a) \\ k(x_n + a) & x_n < x_{n-1} \text{且 } y_{n-1} > k(x_n + a) \\ y_{n-1} & \text{其他} \end{cases}$

对于其他类型的本质非线性环节都可根据其数学模型进行离散化处理变成仿真模型。

四、工业 PID 环节

标准 PID 的数学表达式为

$$u(t) = K_\mathrm{p} \left[e(t) + \frac{1}{T_\mathrm{i}} \int_0^t e(t)\,\mathrm{d}t + T_\mathrm{d} \frac{\mathrm{d}e(t)}{\mathrm{d}t} \right]$$

可用于计算机实际实现的增量型标准算式为

$$u(k) = u(k-1) + K_\mathrm{p} \left\{ e(k) - e(k-1) + \frac{h}{T_\mathrm{i}} e(k) + \frac{T_\mathrm{d}}{h} [e(k) - 2e(k-1) + e(k-2)] \right\}$$

在实际工业控制中，标准算式所实现的 PID 控制规律并不总能适应一切情况，于是就有了多种改进型的 PID 算式，如实际微分 PID、微分先行 PID、积分分离 PID、非线性 PID 等。

微分先行 PID 的算式可表示为

$$u(k) = u(k-1) + K_p \left\{ e(k) - e(k-1) + \frac{h}{T_i} e(k) + \frac{T_d}{h} \left[y(k) - 2y(k-1) + y(k-2) \right] \right\}$$

与标准 PID 不同的是微分只对被控量 y 进行，而不是对偏差 e。于是可避免因给定值变化引起的超调量过大。

积分分离 PID 的算式可表示为

$$u(k) = \begin{cases} u(k-1) + K_p \left\{ e(k) - e(k-1) + \frac{h}{T_i} e(k) + \frac{T_d}{h} \left[y(k) - 2y(k-1) + y(k-2) \right] \right\} & |e(t)| \leqslant A \\ u(k-1) + K_p \left\{ e(k) - e(k-1) + \frac{T_d}{h} \left[y(k) - 2y(k-1) + y(k-2) \right] \right\} & |e(t)| > A \end{cases}$$

为避免积分饱和，当偏差过大时取消积分作用。

五、控制系统的计算机仿真

1. 连续控制系统

对于线性连续系统，可采用数值积分法、根匹配等方法建模并仿真。若系统中含有非线性环节，则应视非线性的程度选择仿真方案。轻微的非线性，尽量做线性化处理，然后按线性系统仿真；严重的非线性，则要分别建立各环节的仿真模型，然后按基于环节的仿真实现总体的仿真。

2. 离散控制系统

如果是纯粹的、没有连续环节的离散控制系统，宜用整体仿真的方案。仿真计算时只有一种计算步长，那就是控制周期。多数的计算机控制系统都是连续环节和离散环节并存。受控过程是连续的而控制器是离散的。这样的系统仿真时，必然存在两种计算步长：控制周期和连续环节的仿真步长。这时宜选用基于环节的仿真方案，并且按不同的要求选取两种步长值。

1.3.3 计算机仿真试验

一、仿真系统的搭建

在仿真模型建立后就可按仿真研究的要求搭建可进行仿真试验的仿真系统了。搭建仿真系统有多种途径。目前，最方便的或许就是利用图形化建模与仿真工具 Simulink。最能自我发挥的就是自己编程设计，尤其是在 MATLAB 平台上。也可利用自己熟悉的计算机语言，如 BASIC、C、VB 或 VC 来设计。

二、试验信号的选用

常用的动态响应试验信号如下：

阶跃信号 $u(t) = u_0 \cdot 1(t)$

斜坡信号 $u(t) = u_0 \cdot t$

抛物线信号　　$u(t) = \dfrac{1}{2}u_0 \cdot t^2$

选用阶跃信号作系统输入就可做系统的阶跃响应试验。这是最经常做的仿真试验。用斜坡响应试验可以测试系统的跟踪性能。用抛物线信号作系统输入，更能测试系统的快速响应能力。

三、输出变量的观察

在进行仿真试验前，先要想好所期待的响应并布置好响应变量观察点。最初几次试验应先确认仿真的正确性、准确性和有效性，还要调整仿真过程参数达到最佳的观察效果。

四、仿真过程参数的确定

1. 仿真解法的选择

对于连续系统的仿真，仿真解法是各类数值解法。选用原则应从精度、计算速度和数值稳定性三方面综合考虑。仿真精度取决于截断误差、舍入误差和累积误差这三项误差的大小。截断误差取决于数值算法。舍入误差由计算机字长确定。累积误差是前两项误差随计算时间的累积。由于计算机字长已经很长，舍入误差一般可忽略。而数值解法的误差应当在仿真前认真考虑。例如，精度要求低但计算要求快时，选 Euler 法即可；精度要求高时，可选 Runge-Kutta 法或预估校正法。

在 MATLAB 及 Simulink 中提供了多种数值解法，如 Euler 法、Gear 法、Adams 法、Linsim 法、Runge-Kutta 法等。应当根据被仿真系统的特性选择适当的解法。Runge-Kutta 方法适合于高度非线性或不连续的系统，不适合于刚性系统（既有快变特性又有慢变特性的系统）；Adams 方法适合于非线性小、时间常数变化小的系统；Gear 法是专门用于刚性系统的，对非刚性系统较差；Euler 法比较差，尽量避免使用；Linsim 法适合于近似线性的系统，对线性刚性系统有很大的优越性。

2. 仿真步长的确定

仿真步长的选取很重要。选得过小则使仿真计算量过大，仿真速度太慢，时间过长；选得过大，则易失去计算稳定性，误差过大，仿真结果无效。一般仿真步长的选取原则是在保证精度的前提下尽量取大值（追求速度），或在可容忍的计算速度限值下尽量取小值（追求精度）。

常用的仿真步长的选取经验公式有 $h = \left(\dfrac{1}{5} \sim \dfrac{1}{2}\right)\tau$，其中，$\tau$ 为被仿真过程的最小时间常数或纯迟延时间；或取 $h = \left(\dfrac{1}{20} \sim \dfrac{1}{10}\right)T$，其中，$T$ 为被仿真系统的动态过程主导时间常数。

【例 1 - 3 - 3】　对象为 $\begin{cases} \dot{x} = \begin{bmatrix} -21 & 19 & 20 \\ 19 & -21 & 20 \\ 40 & -40 & -40 \end{bmatrix} x,\ x\,(0) = \begin{bmatrix} 1 \\ 0 \\ -1 \end{bmatrix} \\ y = \begin{bmatrix} 1 & 0 & 0 \end{bmatrix} x \end{cases}$，试求：

（1）定步长，欧拉法（ode1）和四阶龙格库塔法（ode4）阶跃响应曲线对比。

（2）ode4 法下，步长分别取 0.01、0.03 下的阶跃响应曲线对比。

解　在 Simulink 下搭建系统的仿真模型，如图 1 - 3 - 6 所示。图 1 - 3 - 7 所示为在步长为 0.02 下，分别在 ode1 和 ode4 下的阶跃响应曲线。由图 1 - 3 - 7 可知，两种方法下响应曲线在动态过程中差别很大。图 1-3-8 所示为在 ode4 解法器下，仿真步长分别取 0.01、0.04 的阶跃响应曲线。由图 1-3-8 可知，步长越大，精度越低，当步长取 0.05 时，阶跃响应曲线就是发散的，如图 1-3-9 所示。

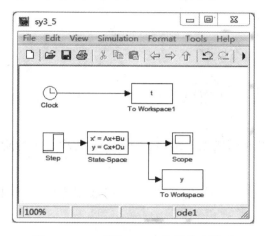

图 1-3-6　［例 1-3-3］的仿真模型

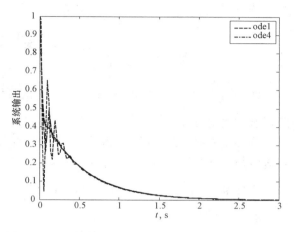

图 1-3-7　定步长时不同方法下的阶跃响应曲线对比

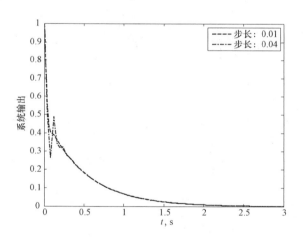

图 1-3-8　ode4 解法器不同步长下的阶跃响应曲线对比

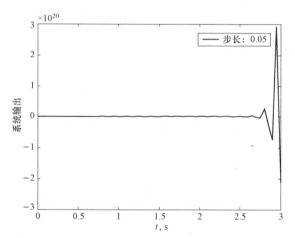

图 1-3-9　ode4 解法器步长为 0.05 的阶跃响应曲线对比

1.3.4　课　内　实　验

课内题 1-3-1　已知系统的传递函数为 $G(s) = \dfrac{4}{48s^2 + 16s + 1}$，试用 Simulink 仿真该系统的单位阶跃响应，仿真参数分别取：

扫码查看答案

（1）解法器为 ode1（欧拉法），仿真步长取 0.01、0.1、1。

（2）解法器为 ode4（四阶龙格库塔法），仿真步长取 1、10。

课内题 1-3-2 已知 $G(s) = \dfrac{100(5s+1)}{(10s+1)(s+1)(0.1s+1)}$。试用 Simulink 仿真该系统的单位阶跃响应。设步长为 0.2，解法器分别为 ode1（欧拉法）和解法器为 ode4（四阶龙库法）。

1.3.5 课 外 实 验

课外题 1-3-1 改造［例 1-3-1］中的程序 1-3-1，使它能完成对 $G(s) = \dfrac{1}{s(s+1)}$ 的阶跃响应的仿真。

课外题 1-3-2 利用［例 1-3-2］中的离散相似模型，编写 MATLAB 程序，进行阶跃响应仿真并与课外题 1-3-1 进行比较。

课外题 1-3-3 试用替换法建立 $G(s) = \dfrac{5(2s+1)}{s(10s+1)}$ 的仿真模型，并绘制其单位阶跃响应曲线。

第4章 学术论文写作基础

1.4.1 学术论文概述

所谓学术论文,可以用一句话定义为"有效发表的某学术课题的新进展的知识性记录和科学总结"。这里,"有效发表"指的是表达学术成果的论文或报告以某种形式公开或正式提交;"知识性记录和科学总结"指的是表达学术成果的学术文献,可以有多种形式,如期刊论文、会议论文、技术报告或试验测试报告等;"某学术课题的新进展"指的是某科学研究课题上取得的具有学术进步意义上的新成果。

学术论文的特征是具有明显的科学性、创造性、实用性和有效性。

学术论文在科学发展进程中有着十分重要的作用。学术论文是科学研究的必不可少的手段,是科学研究成果公认的重要标志,是科学研究社会的基本的交流工具,也是科学研究人才必须掌握的一种基本的科学成果的通用规范表达交流方式。

学术论文有多种分类方法。最基本的分类方法是按素材内容分类,可分为五类:论证型、设计型、实验型、计算型、综述型。

1.4.2 学术论文类型与结构

回顾近300多年的科学技术期刊发展史,前人已经提炼出学术论文的基本构成要素,即IMRAD。IMRAD是五个英文单词的首字缩写,即 Introduction、Methods、Result、And、Discussion,译为中文就是引言、方法、结果、结论与讨论。可见具有 IMRAD 结构的论文由四部分组成。这不由得使人想起中国的科举考试时盛行的八股文文体。所谓八股文即是由八部分组成的文章,这八部分分别是破题、承题、起题、入题、起股、中股、后股、束股。八股文体和 IMRAD 文体(四股文体)颇有相似之处。懂得 IMRAD 结构、掌握写作学术论文的方法是本科生当前应该完成的学习任务。

对于 IMRAD 结构论文的四部分——引言、方法、结果与讨论,更进一步的解释是:引言部分给出课题背景与研究发现意义;方法部分阐述所用的研究方法和应用过程;结果部分陈述有意义的研究成果;结论与讨论部分总结所发现的学术观点并指出需要深入研究的问题。

虽然学术论文的基本形式可用 IMRAD 来概括,但是对于不同类型的具体论文来说还是有不一样的特点。

对于论证型学术论文,其特点是概括性、说理性、严密性、直述性;其方法和结果部分的表达形式有定理证明式、论点剖析式、假说求证式、数据验证式;其写作思路是提出问题、发现缺陷、找到解法;其总体特征是形式化、数学化、公理化。

对于设计型学术论文,其特点是实现性、物理性、专用性、技术性;其方法和结果部分的表达形式有方法式、结构式、程序式、装置式、系统式;其写作思路是依据理论、提出方法、科学设计、有效验证。

对于实验型学术论文，其特点是确认性、纪实性、创新性；其方法和结果部分的表达结构为材料与方法、测试与试验；其写作思路是重点突出新材料、新方法、新设备、新方案、新分析和新结论。

对于计算型学术论文，其特点是复杂性、相似性、准确性、可用性；其方法和结果部分的表达结构为计算原理与方法、计算流程与执行；其写作思路是重点突出新原理、新方法、新流程、新软件、新结果和新结论。

对于综述型学术论文，其特点是综合性、归纳性、趋向性、宏观性；其结构表达形式为前言、历史发展、现状分析、趋向预测、专家观点；其写作要点是选题新、说理明、层次清、语言专、文献精、结论实。

1.4.3　学术论文写作方法

若要写出高质量的学术论文，必须掌握学术论文的基本写作要领。下面给出学术论文各个部分的写作要点。

1. 题名

题名的作用是画龙点睛、便于文献检索。题名设计的关键是突出所谓的新问题、新发现或新成果。题名设计的要求是严谨准确、突出重点、遵循国家标准。具体要求如下：字长不多于 20 字；避免使用不常见的缩略词、首字母缩写字、字符、代号和公式；用词规范；修饰语易懂生动；无谓语结构（所谓"题不成句"）；限制用副标题。例如，题名设计为"某某研究"，其中"研究"实际为废词，完全可省略。又如，题名设计为"锅炉气温控制"，其中的"气温"为不规范用词，应该是"汽温"。

2. 署名

论文署名的意义是明确论文著作权归属，落实文责自负要求，给出作者通信联系方式。

论文署名的要求是实名制。署名的应该是论文的主要贡献者。

论文署名的排序应按贡献大小排序。

3. 摘要

论文摘要的作用是使读者用最短的时间了解论文的概要，便于文献检索、选编或评审。摘要写作的要求是使摘要具有独立性、全息性、简明性、客观性和可检索性。摘要写作的基本方法是六要素法或四要素法。所谓六要素指目的、对象、方法、结果、结论、适用范围；四要素指目的、方法、结果、结论。

中文摘要一般不宜超过 200～300 字，外文摘要不宜超过 250 个实词。如遇特殊需要字数可以略多。除了实在无变通办法可用以外，摘要中不用图、表、化学结构式、非公知公用的符号和术语。摘要中不可引用参考文献。

4. 关键词

关键词的作用在于代表性、专指性、检索性、规范性。

关键词的写作的具体要求是：用词包含主题内容、规范、精炼、通用；多个关键词的排序可按用词的使用频度值大小。

5. 引言

论文引言的作用是叙述清楚所研究课题的来龙去脉。

引言的写作手法推荐：开门见山以体现简明性，不论不析以保持叙述性和客观性，不用图表和公式以具有引导性。

引言的内容应包括课题背景、国内外研究现状、理论依据、研究方法、实验方案、新进展及意义。

6. 正文

论文的正文通常包括若干部分，如上述 IMRAD 结构的四部分，一般由引言一节开始，以讨论一节结束。论文的关键三要素是针对论题的论点、论据和论证过程。一般都是依据某论据，通过一段论证证明了某论点的成立。

论文正文部分的写作要求可归结为力求有准确性、简明性和规范性。为了准确性，要写得真实客观，不推测，不猜测，不比喻。为了准确性，也要陈述严谨，但不采用教科书的讲解方式，而是采用新观点的简洁证明方式。为了更科学地表达学术观点，通常是充分利用数据表格、多维图形及数学表达式。为了简明性，一般要求突出重点，长话短说，用正式书面语而不用口语，尽量少用关联语（因为、所以、尽管、但是等）。为了规范性，论文中所用的符号、单位、公式、插图、表格都要求符合国家标准规范。

7. 结论

论文结论部分应包括的内容：所得到的规律性结论，所得结论的理论与实际价值，尚未解决的问题，以及今后的研究方向建议。

结论部分的写作要求：概括准确，措辞严谨；明确具体，简短精练；客观陈述，忌主观评价。结论中不可引用参考文献。

8. 参考文献

学术论文一般都应该有参考文献部分。因为不借助参考文献，几乎不可能写出满足准确性、简明性和规范性要求的学术论文。除非所研究的课题是前人没有涉及的，所用的理论方法又都是公知常识。一般浅显的论点早已被人提出，又专又深的论点不靠广征博引的方法难以证明其正确性。所以，仅从所引用的参考文献清单也能大致判断学术论文的学术水准。

参考文献的作用是提供学术论文课题的背景，指出论题的依据来源，尊重前人的学术劳动成果，体现论文作者的学术水平，使论文的表达具有准确性和简明性。

在论文中引用的参考文献要求是已公开发表的。

在论文中引用的参考文献序号一般是按文章首次引用的顺序编排的。

1.4.4　学术论文写作规范

学术论文写作的基本要求之一是具有规范性。学术论文的规范性表达如同我国语言表达的普通话。这个规范性表达带来了科学技术的简洁、不易误解的表达和高效率的学术交流。因此，从本科学习阶段开始就养成遵守科学规范的习惯是科技交流的需要。

应当指出，学术论文写作的规范性意识主要遵守两个国家标准，即 GB/T 7713—1987《科学技术报告、学位论文和学术论文的编写格式》和 GB/T 7714—2015《文后参考文献著录规则》。还可能涉及 GB/T 15835—2011《出版物上数字用法》和 GB/T 15834—2011《标点符号用法》。其中，GB/T 7713—1987 已作废，修订为 3 部分：GB/T 7713.1 学位论文编写规则；GB/T 7713.2 学术论文编写规则；GB/T 7713.3 科技报告编写规则。而本节涉及的 GB/T 7713.2 部分，暂未发布，仍采用 GB/T 7713—1987 中关于学术论文的相应规定。

1. 插图规范

学术论文的插图一般具有示意性、写实性、局限性和规范性。

学术论文的插图的选用原则是：能用文字说清楚的不用插图；若选用，应具有必要性和合理性。此外应根据需求，所用插图选择合适的种类和合理的形式。

学术论文的插图有许多种类，诸如曲线图、点图、直方图、流程图、照片等。

无论选用何种学术论文插图，都必须遵守国家标准。以曲线图为例。一幅曲线图插图，如图 1-4-1 所示，应当具有图序、图题、标目、标线、标值、线注、图注。一般图都有图序和图题，如"图 1-4-1"为图序，"过程和控制系统的阶跃响应"为图题。曲线图特有的是标目（如横坐标为时间，单位为秒）、标线（如横坐标上的若干短竖线）、标值（如横坐标上的若干短竖线下的数值）、线注（如细实线为被控过程响应，点画线为状态反馈-P 控制响应，虚线为 PID-P 控制响应）、图注。如果所给出的曲线图没有标目、标线、标值，那么意味着无法验证和复现的响应曲线，将失去了学术论文插图的写实性，也将使所匹配的学术论文失去了准确性。

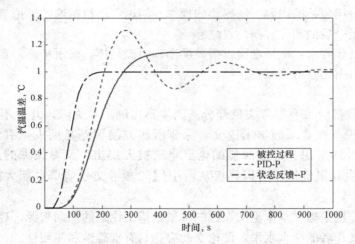

图 1-4-1　过程和控制系统的阶跃响应

Fig. 1-4-1　The step response of the process and control systems

2. 表格规范

学术论文的表格是表达数据序列关系的简洁方法。

学术论文的表格的选用原则是根据数据序列关系精选表格种类和合理的表达格式。

学术论文表格的种类有许多种，如无线表、系统表、三线表、多维表等。

以常用的三线表为例。一个规范的三线表（见表 1-4-1），应当具有表序、表题、顶线、栏目线、底线、项目栏、表身要素。其中，表序是"表 1-4-1"，表题是"例 4 的辨识结果"，顶线和栏目线间是项目栏（说明了各数列的变量名和物理单位），栏目线与底线间是表身。

参数	K	T_1 (s)	T_2 (s)	τ (s)	δ (%)
真实值	2	-1	-3	0.2	0
直接法 1	2.2584	2.8137	-2.9787	1.6095	108.7295
直接法 2	6.5385	-20.0000	-20.0000	0	无法估计
本文方法	1.9984	-1.0017	-2.9850	0.1998	0.4052

表 1 - 4 - 1　　　　　例 4 的辨识结果

Tab. 1 - 4 - 1　　　　System identification results for Eg. 4

3. 外文规范

学术论文中外文字符的表达也需要遵守国家规范。一般而言，正体外文字符多用于计量单位或专用名，如 V 表示电压计量单位伏特，Lenovo 是联想公司名；斜体外文字符常表示变量，如 v、p；大写外文字符、小写外文字符均可表达变量单位名，一般是人名类用大写，如 A（安培），非人名类用小写，如 m（米）。

4. 数字规范

学术论文中的数字表示应当遵守 GB/T 15835—2011《出版物上数字用法》和 GB/T 8170—2008《数值修约规则与极限数值的表示和判定》的规定。数字分为阿拉伯数字和汉字数字，用于表示计量和编号。例如，21 世纪，101 国道，15%～30%，1m，2016—2020年；腊月二十三，四五十个，"一二·九"运动。数字形式要根据具体情况确定，可查阅相关标准规定，此处不再赘述。

5. 量与单位规范

物理量和非物理量可统称为量。量一般具有单位，量的单位表达规范应遵照《中华人民共和国法定计量单位》。单位用 SI 基本单位 7 个和导出单位 21 个及非 SI 单位 16 个，详见 GB 3100—1993《国际单位制及其应用》。

6. 汉字和标点符号的表达规范

学术论文中应以平实的语言进行阐述，要求通顺简洁，词语规范，语法正确。学术论文中的汉字和标点符号的表达应遵从 GB/T 15835—2011《出版物上数字用法》和 GB/T 15834—2011《标点符号用法》的规定。

7. 参考文献规范

学术论文所附参考文献的作用主要是保护知识产权、提供科学研究依据、简练论文表达和体现学术水平。一般要求所附参考文献具有公开出版号。

学术论文所附参考文献的著录应遵从 GB/T 7714—2015《信息与文献　参考文献著录规则》的规定。

1.4.5　控制原理实验报告写作指导

实验报告写作的基本要求是每个同学必须亲自完成。不但要用自己的手去操作，用自己的眼去观察，用自己的头脑去分析，还要用自己的认识和意见去写作。不管遇到多大的困难，亲自为之的原则一定要坚持。

一般说来，实验报告写作的基本要求是：问题描述清晰，理论方法理解到位、应用得当，实验设计和操作正确，实验结果记录完整，实验现象分析透彻，实验结论归纳妥当，未解问题提出合理，事后体会真实深刻。

一般而论，并不存在公认的统一和标准的实验报告写作格式规定，但是，死搬硬套、天马行空的写法均不可取。不管采用什么格式来写作实验报告，都应追求形式和内容的一致，同时满足实验报告写作的基本要求。

以下推荐的实验报告表达格式仅供参考。最恰当的表达格式应该符合表达内容的要求。

每份正式的实验报告应该有个封面。实验报告封面可按校或院系统一排版设计。实验报告封面应当给出的信息为校名、课程名、实验课题名、学生姓名、学号、班级、报告提交时间等。

每份正式实验报告的正文部分可分为数节展开。例如分为五节，包括问题描述、理论方法与实验技术、实验设计与实现、实验结果与分析、结论与讨论。

每份正式的实验报告的附属部分应该有事后感、附录和参考文献。

以上所述的实验报告各节具体内容的概念及写法可展开如下：

"问题描述"指的是本次实验的背景、任务和意义。不应当简单地复述已给定的实验题目原文，而应当对原题进行深入分析和梳理，提出自己的理解和看法，明确报告的主题和重点。

"理论方法分析与实验技术"指的是实验过程所依据的原理方法和主要实验技术。主要是自动控制原理的理论和原理，其他实验相关理论简略述之即可。实验之前理清相关的理论概念和实验技术非常重要。既是自我理论指导，又是实验实施准备。

"实验设计与实现"指的是为得到所需要的实验结果而进行的实验过程设计及实验操作步骤。解决同一问题可能有不同的方法，需要认真思考，对这些方法进行优选或组合。此外，将实验操作条件、步骤和结果都表述清楚是必要的科学工作方法。如果实验真实可信并且报告写得很到位，那么其他人做同样的实验都应该得到同样的结果。

"实验结果与分析"部分的写作应当多利用图和表。应当以最直观最有效的形式展示实验结果，并且与恰当的分析表述结合起来。只有结果而无分析，或者只有分析而无结果，都是不合格的实验报告。

"结论与讨论"需要高度地归纳和概括。上一部分的实验结果分析意见不应只是简单地照搬过来，应有所提炼。实验现象的观察要站在理论的高度，尽可能地将理论联系实际。细心的观察和深入的思考必然会发现尚未解决的问题，需要把疑问准确地记录下来，以专业角度提出来。此外，在实验过程中产生的许多新设想也可在此部分进行讨论。

"事后感"部分是记录做这项实验工作后最深的体会和感想，是最自然的有感而发。

"附录"是实验报告正文的补充，如长程序、原始实验数据等。

"参考文献"的作用主要是反映正文内容的科学依据、尊重他人的著作权、向读者提供相关信息的出处。通过"参考文献"，可把"理论方法分析"部分写得非常简练。例如，注明"据参考文献［3］所述的某某理论……"，就省去了大段的理论阐述。

第 2 篇　实　验　篇

第 1 章　控制系统的数学模型

数学模型是控制系统分析和设计的基础。对系统进行分析和设计，首先应该建立系统的数学模型，之后在此基础上设计一个合适的控制器，改善控制性能实现预期的目标。本章通过大量详实的例题说明 MATLAB R2009a 的环境下生成控制系统数学模型和实验建模的有关方法，为利用 MATLAB R2009a 对控制系统进行仿真分析及设计打下基础。

2.1.1　系统数学模型的 MATLAB 生成

连续控制系统的数学模型主要包括微分方程模型、传递函数模型和状态方程模型，其中，微分方程模型常常转换为传递函数模型来处理。以下主要介绍传递函数模型和状态方程模型的 MATLAB 实现方法。传递函数模型按照数学模型的表达结构又可细分为多项式模型、零极点模型和部分分式模型。

一、传递函数多项式模型（tf 函数）

（1）单输入单输出 n 阶线性定常系统的传递函数（多项式模型）为

$$G(s) = \frac{C(s)}{R(s)} = \frac{b_m s^m + b_{m-1} s^{m-1} + \cdots + b_1 s + b_0}{a_n s^n + a_{n-1} s^{n-1} + \cdots + a_1 s + a_0}$$

在 MATLAB 中可用两种方式生成系统模型。

方法 1　用 num $= [b_m, b_{m-1}, \cdots, b_0]$ 和 den $= [a_n, a_{n-1}, a_{n-2}, \cdots, a_0]$ 两个向量对应系统传递函数降幂排列的分子和分母多项式的系数，用函数 tf（num，den）来合成传递函数多项式模型。

MATLAB 的线性定常系统的传递函数多项式的基本模型 1：

```
num = [bₘ,bₘ₋₁,⋯,b₀];den = [aₙ,aₙ₋₁,aₙ₋₂,⋯,a₀];sys = tf(num,den);
```

方法 2　用 $s = tf('s')$ 生成以 s 为变量的传递函数。

MATLAB 的线性定常系统的传递函数多项式的基本模型 2：

```
s = tf('s');
sys = bₘ * s^m + bₘ₋₁ * s^(m-1) + ⋯/(aₙ * s^n + aₙ₋₁ * s^(n-1) + ⋯);
```

【例 2-1-1】　设线性定常系统的传递函数为 $G(s) = \dfrac{C(s)}{R(s)} = \dfrac{3s^3 + 16s^2 + 7s - 8}{6s^5 + 4s^4 + 2s^2 + 3s}$。试用 MATLAB 表示该系统的传递函数。

解　在 MATLAB 的命令窗中输入如图 2-1-1 所示的程序行，需要注意的是对于分母中的 s^3 和常数项的缺项的系数需用"0"来设置。最后一行语句后不加分号以直接显示传递函数结果。

按 Enter 键，可在命令窗口中看到如下结果：

```
Command Window
❶ New to MATLAB? Watch this Video, see Demos, or read Getting Started.
>> num=[3 16 7 -8];
>> den=[6 4 0 2 3 0];
>> sys1=tf(num,den)
```

图 2-1-1   MATLAB 的 $G(s)$ 多项式模型实现

```
Transfer function：

3 s^3 + 16 s^2 + 7 s - 8
----------------------------
6 s^5 + 4 s^4 + 2 s^2 + 3 s
```

【例 2-1-2】   设系统的传递函数为 $G(s) = \dfrac{18(s+9)(s+4)^2}{s(s^2+12s+4)(s+22)}$，试用 MATLAB 表示该传递函数。

解   对于分子或者分母中包含有多项式混合乘项的传递函数，可用以下三种方法来表示。

方法 1   见图 2-1-2，建立传递函数模型时可利用 conv（）函数完成两两多项式的混合乘。

注意，初学者容易忽视 conv 函数只能实现两个多项式的混合乘；常犯的错误如 num=18 * conv（[1，9]，[1，4]，[1，4]）；三个以上的多项式相乘，需使用多个 conv 函数嵌套来完成。

方法 2   定义符号变量 's'，对 s 进行传递函数模型的计算。还可利用展开函数 expand（）得到多项式模型。在命令窗口输入：

```
>>num=18*conv([1,9],conv([1,4],[1,4]));
>>den=conv([1,0],conv([1,12,4],[1,22]));
>> G2=tf(num,den)
Transfer function:
18 s^3 + 306 s^2 + 1584 s + 2592
-------------------------------
 s^4 + 34 s^3 + 268 s^2 + 88 s
```

图 2-1-2   ［例 2-1-2］方法 1

```
>>syms s
num = 18 * (s + 9) * (s + 4)^2;
den = s * (s^2 + 12 * s + 4) * (s + 22);
s1 = num/den          % 多项式混成模型
n1 = expand(num);
d1 = expand(den);
s2 = n1/d1            % 展开的多项式模型"
```

运行结果见图 2-1-3。

```
s1 =
((18*s + 162)*(s + 4)^2)/(s*(s + 22)*(s^2 + 12*s + 4))
s2 =
(18*s^3 + 306*s^2 + 1584*s + 2592)/(s^4 + 34*s^3 +
268*s^2 + 88*s)
```

图 2-1-3   ［例 2-1-2］方法 2

方法 3　利用符号变量 's' 定义传递函数中的拉氏变量 's'，将传递函数直接按数学表达式的形式表示出来。在命令窗中输入"s＝tf（'s'）；G2＝18＊（s＋9）＊（s＋4）^2/（s ＊（s^2＋12＊s＋4）＊（s＋22））↙"，结果与图 2-1-2 的 s2 的结果相同。

【例 2-1-3】　设系统的传递函数为 $G(s)=\dfrac{3}{2s+1}e^{-2s}$，试用 MATLAB 表示系统的传递函数。

解　利用 tf（num，den）和 tf（'s'）都可。
方法 1　输入命令及结果见图 2-1-4。
方法 2　输入程序：

s＝tf('s')；G＝exp（-2＊s）＊3/（2＊s＋1）

运行结果与用方法 1 相同（见图 2-1-4）。

（2）多输入多输出的线性定常系统的传递函数（多项式模型）为

$$G(s)=\begin{bmatrix} G_{11} & G_{12} & \cdots \\ \vdots & \vdots & \vdots \\ G_{m1} & \cdots & G_{mn} \end{bmatrix}$$

```
>> num=[3];den=[2,1];tao=2;
>> G3=tf(num,den,'inputdelay',tao)
Transfer function:
            3
exp(-2*s) * --------
          2s + 1
```

图 2-1-4　[例 2-1-3] 解 1

在 MATLAB 中用 num＝{[b_{10}，b_{11}，…，b_{1m}]，[…]} 和 den＝{[a_{10}，a_{11}，a_{12}，…，a_{1n}]，[…]} 两个矩阵进行描述，num（i，j），den（i，j）分别对应 G_{ij} 的分子、分母的多项式降幂参数，用函数 tf（num，den）来合成传递函数多项式模型。

多入多出线性定常系统的传递函数多项式的基本模型：

num＝{[b_{10}，b_{11}，…，b_{1m}]，[…]}；den＝{[a_{10}，a_{11}，a_{12}，…，a_{1n}]，[…]}；G＝tf（num，den）

【例 2-1-4】　设两输入两输出的多变量系统的传递函数为

```
Transfer function from input 1 to output...
          3
#1:  -------
     2 s + 1
       s + 9
#2:  ---------------
     3 s^2 + 2 s + 8
Transfer function from input 2 to output...
         2 s
#1:  -------------
     s^2 + 2 s + 1
       s^2 + 2 s + 10
#2:  ---------------
     s^3 + 3 s^2 + 10
```

图 2-1-5　[例 2-1-4] 的屏显

$$G=\begin{bmatrix} \dfrac{3}{2s+1} & \dfrac{2s}{s^2+2s+1} \\ \dfrac{s+9}{3s^2+2s+8} & \dfrac{s^2+2s+10}{s^3+3s^2+10} \end{bmatrix}$$

试用 MATLAB 表示系统的传递函数。

解　多入多出系统的传递函数是一个矩阵形式，利用多项式矩阵的方式可完成传递函数的定义。程序如下：

》num＝{[3]，[2,0]；[1,9]，[1,2,10]}；
den＝{[2,1]，[1,2,1]；[3,2,8]，[1,3,0,10]}；
H＝tf（num，den）

运行结果如图 2-1-5 所示。

二、传递函数零极点模型（zpk 函数）
零极点模型是线性定常系统传递函数的另一种表现形式。对原系统传递函数的分子分母多项式进行因式分解，即可获得系统的零极点因式表达式：

$$G(s) = K \frac{(s-z_1)(s-z_2)\cdots(s-z_m)}{(s-p_1)(s-p_2)\cdots(s-p_n)}$$

式中：z_j、p_i 分别为系统的零点和极点（$i=1, 2, \cdots, n$；$j=1, 2, \cdots, m$）它们既可以为实数又可以为复数；K 为系统零极点增益，且为常数。在 MATLAB 中可 $z=[z_1, z_2, \cdots, z_m]$，$p=[p_1, p_2, \cdots, p_n]$，$k=K$ 三个向量来表示系统，用函数 zpk（）来建立 $G(s)$ 的零极点模型。

MATLAB 的线性定常系统的传递函数零极点模型：

z＝[$z_1,z_2,\cdots,z_m$]，p＝[$p_1,p_2,\cdots,p_n$]；k＝[k]；sys＝zpk(z,p,k)；

【例 2 - 1 - 5】   一个系统的传递函数为 $G(s) = \dfrac{2(s+2)}{(s+9)(s+1+j)(s+1-j)}$，试用

```
Zero/pole/gain:
     2 (s+2)
--------------------
(s+9) (s^2 + 2s + 2)
```

图 2-1-6 ［例 2-1-5］
运行结果

MATLAB 建立系统的零极点模型。

解 先定义 z、p、k，再用函数 zpk（）建立系统的零极点模型。在 MATLAB 命令窗中输入 "z＝[−2]；p＝[−9, −1+i, −1−i]；k＝2；g1＝zpk（z, p, k）↙"，则运行结果如图 2 - 1 - 6 所示。注意，共轭复根自动合并为实系数的二阶模型。

三、传递函数部分分式模型（residue 函数）

传递函数也可以表示为部分分式或者留数形式，即

$$G(s) = \sum_{i=1}^{n} \frac{r_i}{s-p_i} + k(s)$$

式中：p_i（$i=1, 2, \cdots, n$）为系统的 n 个极点；r_i（$i=1, 2, \cdots, n$）为对应各极点的留数；$k(s)$ 为传递函数分子多项式除以分母多项式的余式。

若分子多项式的阶次与分母多项式的相等，$k(s)$ 为标量；若分子多项式阶次小于分母多项式，该项不存在。由于用极点 p_i（$i=1, 2, \cdots, n$），留数 r_i（$i=1, 2, \cdots, n$）和余式 $k(s)$ 的多项式系数 k_i（$i=0, 1, \cdots, m-n$）可以唯一确定该系统，所以在 MATLAB 中可用极点向量，留数向量和余式系数向量来表示系统的部分分式模型。

线性定常系统的传递函数部分分式模型：

r＝[$r_1,r_2,\cdots,r_n$]；p＝[$p_1,p_2,\cdots,p_n$]；k＝[$k_0,k_1,\cdots,k_{(m-n)}$]

【例 2 - 1 - 6】   若已知系统的传递函数 $G(s) = \dfrac{s^2}{s^3+3s^2+3s+1}$ 的部分分式展开为 $G(s) = \dfrac{1}{(s+1)^3} - \dfrac{2}{(s+1)^2} + \dfrac{1}{s+1}$。试写出系统部分分式展开模型。

解 在 MATLAB 的命令窗中输入 "r＝[1 −2 1]；p＝[−1 −1 −1]；k＝0；[b, a]＝residue（r, p, k）↙"。运行后的结果如图 2 - 1 - 7 所示。其中，b、a 分别对应系统传递函数多项式模型的分子、分母的降幂排列系数。

四、状态空间模型（ss 函数）

状态空间模型的数学表示为

$$\dot{x} = Ax + Bu$$
$$y = Cx + Du$$

b = 1	0	0
a = 1	3	3	1

图 2-1-7 ［例 2-1-6］运行结果

其中，A 为 $n \times n$ 系统矩阵，B 为 $n \times m$ 输入矩阵，C 为 $r \times n$ 输出矩阵（r 为输出维数），D 为 $r \times m$ 矩阵。显然，这四个系数矩阵可代表这个系统。用 MATLAB 表示这个状态空间系统，就简化成定义这四个系数矩阵。用 ss（A，B，C，D）定义状态空间模型。

线性定常系统的状态空间模型：

$A = [a_{11}, a_{12}, \cdots, a_{1n}; a_{21}, a_{22}, \cdots, a_{2n}; \cdots; a_{n1}, a_{n2}, \cdots, a_{nn}];$
$B = [b_{11}, b_{12}, \cdots, b_{1m}; b_{21}, b_{22}, \cdots, b_{2m}; \cdots; b_{n1}, b_{n2}, \cdots, b_{nm}];$
$C = [c_{11}, c_{12}, \cdots, c_{1m}; c_{21}, c_{22}, \cdots, c_{2m}; \cdots; c_{n1}, c_{n2}, \cdots, c_{nm}];$
$D = [d_{11}, d_{12}, \cdots, d_{1m}; d_{21}, d_{22}, \cdots, d_{2m}; \cdots; d_{n1}, d_{n2}, \cdots, d_{nm}];$
$Sys = ss(A, B, C, D);$

【例 2 - 1 - 7】　已知系统的状态空间的数学描述为 $\dot{x} = \begin{bmatrix} 0 & 2 \\ 1 & -3 \end{bmatrix} x + \begin{bmatrix} 2 \\ 0 \end{bmatrix} u$，$y = \begin{bmatrix} 0 & 2 \end{bmatrix} x$。试建立 MATLAB 状态空间模型。

解　在 MATLAB 的命令窗中输入："A＝[0 2；1 −3]；B＝[2；0]；C＝[0 2]；D＝[0]；G5＝ss（A，B，C，D）↙"，运行结果如图 2 - 1 - 8 所示。

五、二阶系统模型（ord2 函数）

标准形式的二阶系统的传递函数为

$$G(s) = \frac{\omega_n^2}{s^2 + 2\zeta\omega_n s + \omega_n^2}$$

常用于控制系统的分析，所以它的建立或生成是经常需要的。在 MATLAB 的控制系统工具箱中有专门的函数可用来生成标准形式的二阶系统。另一方面，有时为了测试控制系统性能的需要，也要建立任意阶的系统。在 MATLAB 中也有这样的专门函数。

利用 MATLAB 所提供的函数 ord2（）来建立模型，其调用格式为

```
[num,den] = ord2(wn,z);        %分子系数为 1；
Sys1 = wn^2 * tf(num,den);     % 标准二阶系统；
```

其中，wn 为无阻尼自然频率，z 为阻尼系数。

【例 2 - 1 - 8】　试建立 ζ 为 0.2 和 ω_n 为 3 的标准二阶系统。

解　在 MATLAB 的命令窗中输入："wn＝3；z＝0.2；[num，den]＝ord2（wn，z）；s1＝wn^2 * tf（num，den）↙"，可得如图 2 - 1 - 9 所示的结果。

```
a =

         x1   x2
   x1     0    2
   x2     1   -3
b =

         u1
   x1     2
   x2     0
c =

         x1   x2
   y1     0    2
d =

         u1
   y1     0
Continuous-time model.
```

图 2 - 1 - 8　［例 2 - 1 - 7］
运行结果

图 2 - 1 - 9　［例 2 - 1 - 8］
运行结果

六、稳定的 N 阶系统随机模型（rmodel 函数）

可用函数 rmodel（n，P）来建立稳定的 P 个 n 阶连续系统模型。其调用格式为

`[num,den] = rmodel(n,P)`

其中，变量 n 为系统阶数，P 为输出模型数量。所产生系

统的模型参数是随机变化的。

【例 2 - 1 - 9】　试随机建立两个二阶系统模型。

解　在 MATLAB 的命令窗中输入"[num,den]＝rmodel(3,2)↙",可得如图 2 - 1 - 10 所示的结果。

七、时滞系统的有理分式模型(pade 函数)

控制系统的分析和设计,有时会需要将延迟系统 $G(s) = G_1 e^{-T_0 s}$ 的传递函数近似为线性有理分式结构。MATLAB 中可用函数 pade(T0, n) 来实现。其调用格式为

```
num =
     0           -0.7648    -0.5677
     0  -1.4023  -0.5396    -1.1592
den =

  1.0000   4.1913   3.7367    0.8210
```

图 2 - 1 - 10　[例 2 - 1 - 9] 运行结果

$$[numy,deny] = pade(T0,n)$$

其中,T0 为延迟时间,n 为近似成有理分式形式的阶次。

【例 2 - 1 - 10】　试将 [例 2 - 1 - 3] 所示的单容时滞模型转换为 5 阶有理分式模型。

解　将原系统中包含的延迟环节转换为一个 4 阶有理分式。在 MATLAB 的命令窗中输入:"[numy, deny]＝pade (3, 4); num＝conv ([3], numy); den＝conv ([2 1], deny); G＝tf (num, den)↙"。可得结果:

```
Transfer function:
3 s^4 - 20 s^3 + 60 s^2 - 93.33 s + 62.22
-----------------------------------------------------
2 s^5 + 14.33 s^4 + 46.67 s^3 + 82.22 s^2 + 72.59 s + 20.74
```

2.1.2　系统数学模型间的转换

针对系统的特点和性能需求,控制系统的分析与设计常需要进行数学模型表示的相互转换,MATLAB 控制工具箱中提供了控制系统模型相互转换的函数,以满足不同的使用需要。

一、常用的模型转换函数

线性定常系统模型转换函数的基本格式见表 2 - 1 - 1。

表 2 - 1 - 1　　　　　　　　　　　　　常用模型转换函数表

序号	常用模型转换函数	说明
1	[z, p, k] ＝tf2zp (num, den)	传递函数由 tf 形式转换为 zpk 形式
2	[num, den] ＝residue (r, p, k)	由部分分式展开式形式转换为 tf 形式
3	[num, den] ＝zp2tf (z, p, k)	由 zpk 形式转化为 tf 形式
4	[A, B, C, D] ＝tf2ss (num, den)	多项式模型转换为状态空间 ss 模型
5	[num, den] ＝ss2tf (a, b, c, d, iu)	状态空间模型转换为多项式模型,其中 iu 为输入变量数,iu＝1, 2, …, r
6	[A, B, C, D] ＝zp2ss (z, p, k)	将 zpk 模型转换为状态空间 ss 模型
7	[z, p, k] ＝ss2zp (A, B, C, D, iu)	将状态空间模型转换为 zpk 模型

【例 2 - 1 - 11】 试用模型转换函数求取［例 2 - 1 - 1］所示系统的零极点。

解 方法 1 在 MATLAB 的命令窗中输入："num＝［2，6，4］；den＝［1，7，17，17，6］；［z，p，k］＝tf2zp（num，den）↙"，可得如图 2 - 1 - 11 所示的结果。

方法 2 "G＝tf（［2，6，4］，［1，7，17，17，6］）；G1＝zpk（G）"，可得到系统的零极点形式传递函数为

$$G(s) = \frac{2(s+2)(s+1)}{(s+3)(s+2)(s+1)^2}$$

说明：zp2tf 函数得到的函数形式，分母的最高幂次项的系数为 1。

【例 2 - 1 - 12】 已知系统的部分分式模型为 $G(s) = 2 + \frac{-0.25i}{s-2i} + \frac{0.25i}{s+2i} + \frac{-2}{s+1}$，试求多项式模型。

解 在 MATLAB 的命令窗中输入："p＝［2i，－2i，－1］；r＝［－0.25i，0.25i，－2］；k＝2；［num，den］＝residue（r，p，k）；g1＝tf（num，den）↙"。结果如下：

```
Transfer function:
  2 s^3 + 9 s + 1
- - - - - - - - - - - - - - - - -
  s^3 + s^2 + 4 s + 4
```

```
z =
    -2
    -1
p =
   -3.0000
   -2.0000
   -1.0000 + 0.0000i
   -1.0000 -0.0000i
k =
    2
```

图 2 - 1 - 11 ［例 2 - 1 - 11］运行结果

【例 2 - 1 - 13】 已知系统的状态空间描述如下：

$$\begin{bmatrix} \dot{x}_1 \\ \dot{x}_2 \end{bmatrix} = \begin{bmatrix} 5 & 1 \\ -4 & -2 \end{bmatrix} = \begin{bmatrix} x_1 \\ x_2 \end{bmatrix} + \begin{bmatrix} 1 \\ 5 \end{bmatrix} u, y = \begin{bmatrix} 1 & 1 \end{bmatrix} \begin{bmatrix} x_1 \\ x_2 \end{bmatrix}$$

试求系统的传递函数 $G(s)$。

解 在 MATLAB 的命令窗中输入："a＝［5 1；－4 －2］；b＝［1；5］；c＝［1 1］；d＝［0］；［num，den］＝ss2tf（a，b，c，d）；s1＝tf（num，den）↙"，可得如图 2 - 1 - 12 所示的结果。

```
Transfer function:
  6s-22
-------------
s^2-3 s -6
```

图 2 - 1 - 12 ［例 2 - 1 - 13］运行结果

【例 2 - 1 - 14】 已知系统的传递函数为 $\frac{Y(s)}{R(s)} = \frac{2s^2+8s+6}{s^3+8s^2+16s+6}$，试转换为状态空间模型。

解 在 MATLAB 的命令窗中输入："num＝［2 8 6］；den＝［1 8 16 6］；［a，b，c，d］＝tf2ss（num，den）↙"，可得如图 2 - 1 - 13 所示的结果。

二、线性定常系统（LTI）模型间的相互转换

在已知线性定常系统（LTI）模型的某种形式时，也可通过下列方法直接生成另外形式，其函数转换关系如图 2 - 1 - 14 所示。其中，sys 是已经被定义的系统模型。

【例 2 - 1 - 15】 已知系统的传递函数同［例 2 - 1

```
a =
        x1     2 x    x3
   x1   -8     -4    -1.5
   x2    4      0      0
   x3    0      1      0
b =
        u1
   x1    2
   x2    0
   x3    0
c =
        x1     x2     x3
   y1    1      1     0.75
d =
```

图 2 - 1 - 13 ［例 2 - 1 - 14］运行结果

-14]，试求其零极点模型。

解 在 MATLAB 的命令窗中输入："num＝［2 8 6］；den＝［1 8 16 6］；G＝tf（num，den）；G1＝zpk（G）↙"，可得如图 2-1-15 所示的结果。

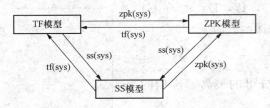

```
Zero/pole/gain:
        2 (s+3) (s+1)
-----------------------------
(s+5.086) (s+2.428) (s+0.4859)
Continuous-time model.
```

图 2-1-14　线性定常系统（LTI）模型间的转换关系　　图 2-1-15　［例 2-1-15］运行结果

三、线性定常系统（LTI）模型数据的提取

在 MATLAB 中，还提供了将 LTI 对象模型的不同形式的模型数据（输入参数）显示还原出来。这些函数的包括：

```
[num,den] = tfdata(sys,'v')
[z,p,k] = zpkdata(sys,'v')
[a,b,c,d] = ssdata(sys,'v')
```

【例 2-1-16】 已知系统 sys1＝tf（［1 2］，［1 3 2 8］），sys2＝ss（［1 2；2 5］，［1；1］，［1 0］，0），试提取系统 sys1 的零极点值及系统 sys2 的 tf 模型的分子分母系数矩阵。

解 在 MATLAB 的命令窗中输入："sys1＝tf（［1 2］，［1 3 2 8］）；［z1，p1，k1］＝zpkdata（sys1，'v'）↙ sys2＝ss（［1 2；2 5］，［1；1］，［1 0］，0）；［num2，den2］＝tfdata（sys2，'v'）↙"。运行结果如图 2-1-16 所示。

```
z1 =    -2
p1 =
  -3.1663
   0.0832+1.5874i
   0.0832-1.5874i
k1 =   1
num2 =   0    1.0000   -3.0000
den2 =1.0000  -6.0000    1.0000
```

图 2-1-16　［例 2-1-16］运行结果

四、线性系统状态空间模型的标准型变换

对于一个给定系统，可用不同的方法来定义状态变量，从而得到不同的状态空间表示，即得到不同的系数阵 **A**、**B**、**C** 和 **D**。标准型的状态空间描述，其系统的内部结构与基本特性可以从它的状态空间表达式一眼看出，有着很重要的作用和意义。所以常需要将任意型状态空间模型描述转换为某类标准型模型。MATLAB 已提供了这样的转换函数。

1. 转为对角标准型的转换函数

```
[v,diag] = eig(A)
```

其中，v 为变换矩阵，diag 为求得的对角标准型矩阵。

【例 2-1-17】 已知系统如下：

$$\begin{bmatrix} \dot{x}_1 \\ \dot{x}_2 \\ \dot{x}_3 \end{bmatrix} = \begin{bmatrix} 2 & -1 & -1 \\ 0 & -1 & 0 \\ 0 & 2 & 1 \end{bmatrix} \begin{bmatrix} x_1 \\ x_2 \\ x_3 \end{bmatrix} + \begin{bmatrix} 7 \\ 2 \\ 3 \end{bmatrix} u, \; y = \begin{bmatrix} 2 & 1 \end{bmatrix} \begin{bmatrix} x_1 \\ x_2 \\ x_3 \end{bmatrix}$$

试将其转换为对角标准型。

解　在MATLAB的命令窗中输入："a=［2 －1 －1；0 －1 0；0 2 1］；b=［7；2；3］；c=［1 2 1］；d=0；［v，aa］=eig（a）；bb=inv（v）＊b；cc=c＊v；v↙aa↙bb↙cc↙"，可得如图2-1-17所示的结果。

```
v =
    1.0000    0.7071         0
         0         0    0.7071
         0    0.7071   -0.7071
aa =
     2     0     0
     0     1     0
     0     0    -1
bb =
    2.0000
    7.0711
    2.8284
cc =
    1.0000    1.4142    0.7071
```

图2-1-17　［例2-1-17］运行结果

2. 转为约当标准型的转换函数

```
[v,j] = jordan(A)
```

其中，v为变换矩阵，j为求得的约当标准型矩阵。

【例2-1-18】　已知系统为

$$\begin{bmatrix}\dot{x}_1\\ \dot{x}_2\\ \dot{x}_3\end{bmatrix}=\begin{bmatrix}0&1&0\\0&0&1\\8&-12&6\end{bmatrix}\begin{bmatrix}x_1\\x_2\\x_3\end{bmatrix}+\begin{bmatrix}6\\1\\5\end{bmatrix}u$$

求约当标准型。

解　在MATLAB的命令窗中输入："a=［0 1 0；0 0 1；8 －12 6］；［v，aa］=Jordan（a）；v↙aa↙"，可得如图2-1-18所示结果。

```
v =
     4    -2     1
     8     0     0
    16     8     0
aa =
     2     1     0
     0     2     1
     0     0     2
```

图2-1-18　［例2-1-18］运行结果

3. 转为能控标准型（第一型）的转换方法

设有任意型状态空间系统（$\boldsymbol{A}$、$\boldsymbol{B}$、$\boldsymbol{C}$、$\boldsymbol{D}$），如果状态是完全能控的，必存在线性非奇异变换$\boldsymbol{T}_c$，则可求得能控标准型系数为$\hat{\boldsymbol{A}}=\boldsymbol{T}_C^{-1}\boldsymbol{A}\boldsymbol{T}_C$，$\hat{\boldsymbol{B}}=\boldsymbol{T}_C^{-1}\boldsymbol{B}$，$\boldsymbol{C}=\boldsymbol{C}\boldsymbol{T}_C$。其中变换阵$\boldsymbol{T}_c$可由函数ctrb（）求得。ctrb函数的调用格式为

```
tc = ctrb(a,b)
```

【例2-1-19】　已知系统 $\dot{x}=\begin{bmatrix}-1&-2&-7\\2&-6&-2\\7&3&5\end{bmatrix}x+\begin{bmatrix}1\\1\\4\end{bmatrix}u$，$y=[1\quad 2\quad 1]\,x$。试转换成能控标准型。

解　在MATLAB的命令窗中输入："a=［－1 －2 －7；2 －6 －2；7 3 5］；b=［1；1；4］；c=［1 2 1］；d=［0］；tc=ctrb（a，b）；itc=inv（tc）；ac1=itc＊a＊tc；bc1=itc＊b；cc1=c＊tc；tc↙ac1↙bc1↙cc1↙"，可得如图2-1-19所示的结果。

```
tc =
     1   -31  -155
     1   -12   -50
     4    30  -103
ac1 =
    0.0000   -0.0000 -264.0000
    1.0000    0.0000  -30.0000
    0.0000    1.0000   -2.0000
bc1 =
     1
     0
     0
cc1 =
     7   -25  -358
```

图2-1-19　［例2-1-19］运行结果

如上所示，用MATLAB软件转换出的能控标准型与参考文献［1］中定义的能控标准型不一样。原因是能控标准型有两种，参考文献［1］中定义的是第二种，而MATLAB软件转换出的是第一种。

4. 转为能观标准型（第一型）的转换方法

设有任意型状态空间系统（$\boldsymbol{A}$、$\boldsymbol{B}$、$\boldsymbol{C}$、$\boldsymbol{D}$），如果状态是完全能观测的，必存在线性非奇异变换$\boldsymbol{T}_o$，则可求得能观测标准型系数为$\hat{\boldsymbol{A}}=\boldsymbol{T}_0^{-1}\boldsymbol{A}\boldsymbol{T}_0$，$\hat{\boldsymbol{B}}=$

```
to =
    0.3490      0.0626     -0.0003
    0.4163     -0.0014      0.0054
   -0.1816     -0.0599     -0.0105
ao =
   -0.0000      1.0000     -0.0000
    0.0000      0.0000      1.0000
 -264.0000    -30.0000     -2.0000
bo =
        7
      -25
     -358
co =
  1.0000     -0.0000     -0.0000
```

图 2-1-20　[例 2-1-20] 运行结果

$T_0^{-1}B$，$\dot{C}=CT_0$。其中变换阵 T_0 可由函数 obsv（）求得。obsv 函数的调用格式为

$$ito = obsv(a,c)$$

【例 2-1-20】　已知系统如 [例 2-1-19]，试获取系统的能观测标准型。

解　在 MATLAB 的命令窗中输入："a=[−1 −2 −7；2 −6 −2；7 3 5]；b=[1；1；4]；c=[1 2 1]；d=[0]；ito=obsv（a，c）；to=inv（ito）；ao=ito * a * to；bo=ito * b；co=c * to；to↙ao↙bo↙co↙"，可得如图 2-1-20 所示的结果。

同样，用 MATLAB 软件转换出的能观标准型与参考文献 [1] 中定义的能观标准型不一样。原因是能观标准型有两种，参考文献 [1] 中定义的是第二种，而 MATLAB 软件转换出的是第一种。

2.1.3　环节模型间的连接

一、利用连接函数的方法

控制系统常常由若干个环节通过串联、并联和反馈连接的方式组合而成。MATLAB 中提供了对控制系统的环节模型进行连接的函数，如串联连接函数 series（）、并联连接函数 parallel（）、反馈连接函数 feedback（）。上述连接函数的调用格式见表 2-1-2。

表 2-1-2　　　　　　　　　　系统连接的常用函数

常用函数	调用格式	说明
串联连接	[num, den] =series (n1, d1, n1, d2)	环节（n1, d1）和环节（n2, d2）的串联
	sys1=tf (n1, d1)；sys2=tf (n2, d2)；sys=series (sys1, sys2)；or sys=sys1 * sys2	环节 sys1 和环节 sys2 的串联
并联连接	[num, den] = parallel (n1, d1, n1, d2)	环节（n1, d1）和环节（n2, d2）的并联
	sys1=tf (n1, d1)；sys2=tf (n2, d2)；sys= parallel (sys1, sys2)；or sys=sys1+sys2	环节 sys1 和环节 sys2 的并联
反馈连接	[num, den] =feedback (n1, d1, n1, d2, sign)	环节（n1, d1）为前向通道，和环节（n2, d2）为反馈通道。sign=−1 为负反馈；sign=1 为正反馈
	sys1=tf (n1, d1)；sys2=tf (n2, d2)；sys=feedback (sys1, sys2, sign)	环节 sys1 为前向通道，环节 sys2 为反馈通道。sign=−1 为负反馈；sign=1 为正反馈
单位反馈	[num, den] =cloop (n1, d1, sign)	环节（n1, d1）为前向通道的单位反馈系统

【例 2-1-21】　求取图 2-1-21 中系统的总传递函数。

解　在 MATLAB 的命令窗中输入程序：

```
n1 = [1 1];d1 = [1 1 2];
n2 = [1];d2 = [2 1];
n3 = [2 0];d3 = [0 1];
n4 = [2 0];d4 = [1 10];
G1 = tf(n1,d1);G2 = tf(n2,d2);G3 = tf
(n3,d3);G4 = tf(n4,d4);
GA = feedback(G1,G2,-1);
GB = series(G1,GA);
G = parallel(G4,GB)
```

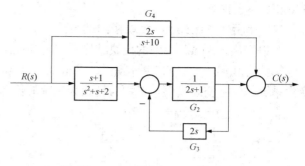

图 2-1-21　[例 2-1-21] 结构图

可得结果如下：

```
Transfer function:
4 s^6 + 10 s^5 + 28 s^4 + 55 s^3 + 84 s^2 + 53 s + 10
--------------------------------------------------------
2 s^6 + 25 s^5 + 63 s^4 + 145 s^3 + 165 s^2 + 156 s + 60
```

二、利用符号函数运算的方法

利用符号函数运算方法可以像人工推导化简方框图的模式来求取系统的总的传递函数。

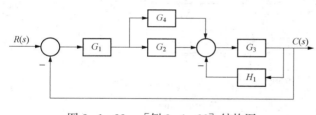

图 2-1-22　[例 2-1-22] 结构图

【例 2-1-22】　求取图 2-1-22 中系统的总传递函数。

解　当系统框图未给出具体参数时，也可通过定义符号变量的方式，求取总传递函数。求解程序如下：

```
clear
clc
syms G1 G2 G3 G4 H1;
GA = G3/(1 + G3 * H1);
GB = G1 * (G2 + G4);
GC = GA * GB;
GG = GC/(1 + GC);
pretty(GG)    %将 GG 转化为手写形式
```

结果如图 2-1-23 所示。

说明：图 2-1-23 中，pretty 函数显示的分式并非最简式，含义为

$$G(s) = \frac{G_1 G_3 (G_2 + G_4)}{(1 + G_3 H_1)\left(1 + \dfrac{G_1 G_3 (G_2 + G_4)}{1 + G_3 H_1}\right)}$$

若想得到最简式，可用 simple 函数或者

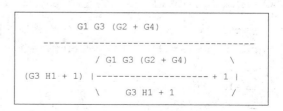

图 2-1-23　[例 2-1-22] 运行结果

simplify 函数得到。

三、利用 SIMULINK 模块搭建的方法

可以看出，Simulink 中的模块结构图与自动控制系统框图形式基本相同，是描述系统的内部结构的直观形式。MATLAB 提供了 linmod（ ）函数，可将利用 Simulink 模块搭建的系统转换为系统的状态空间模型，进而可转换为系统的传递函数多项式模型或零极点模型。

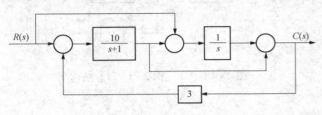

图 2-1-24　某复合控制系统

【例 2-1-23】　已知某复合控制系统的结构图见图 2-1-24，试求总系统的传递函数。

解　（1）在 Simulink 环境下搭建出如图 2-1-25 所示的系统模块图，输入用 In1 模块连接，输出用 Out1 模块接收。并保存在当前默认的路径下，模块文件名可取为 exm1. mdl。

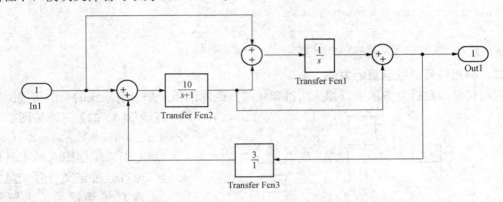

图 2-1-25　［例 2-1-23］的 Simulink

（2）在 MATLAB 命令窗中输入："［A，B，C，D］＝linmod（'exm1'）；［n1，d1］＝ss2tf（A，B，C，D）；s2＝tf（n1，d1）↙"，结果见图 2-1-26。

四、利用 MASON 公式计算的方法

利用控制理论中的 MASON 公式，可用 MAT-LAB 编程的方法计算总系统的传递函数。

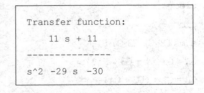

图 2-1-26　［例 2-1-23］运行结果

【例 2-1-24】　针对［例 2-1-23］的某复合控制系统（见图 2-1-24），可依据 MA-SON 公式编写计算总系统的传递函数的 MATLAB 程序：

```
s = tf('s');                    %建立符号函数
p1 = 10/(s * (s + 1));          %写出前向通道
p2 = 1/(s);
p3 = 10/(s + 1);
L1 = 30/(s * (s + 1));
L2 = 30/(s + 1);
dita = 1 - (L1 + L2);           %写出特征多项式
```

```
dita1 = 1;
dita2 = 1;
dita3 = 1;
phi = (p1 * dita1 + p2 * dita2 + p3 * dita3)/(dita);
H = minreal(phi)              %最小实现后的 LTI 对象
```

```
Transfer function:
11
------
s-30
```

图 2 - 1 - 27　[例 2 - 1 - 24]运行结果

其中，minreal（）是化简函数。运行结果见图 2 - 1 - 27。

2.1.4　阶跃响应实验建模

实际的被控过程的动态特性有很多影响因素，所以应用机理建模法来建立其数学模型常常是困难重重。因此，常用的建模方法是阶跃响应实验建模法。典型工业控制对象的阶跃响应曲线有三种情况：自平衡型、无自平衡型、衰减振荡型。由阶跃响应曲线建立被控过程的数学模型的步骤一般为五步：①进行阶跃响应实验并记录实验数据；②绘制响应曲线，根据曲线的形状，选定模型的结构，大多数工业控制对象的动态特性具有自平衡能力；③分析曲线并确定数学模型结构；④提取响应曲线特征参数并确定数学模型参数；⑤验证新建模型的准确性。下面举例说明利用 MATLAB 软件进行自平衡型过程的阶跃响应实验建模的方法。对于描述自平衡型过程一般可选用两种数学模型：单容时滞模型、多容惯性模型。

一、针对自平衡型过程阶跃响应的单容时滞模型实验建模

针对受控过程的呈 S 形的阶跃响应曲线，如图 2 - 1 - 28 所示，可选择带纯延迟的一阶惯性模型（单容时滞模型）为过程的数学模型结构，即取传递函数模型为

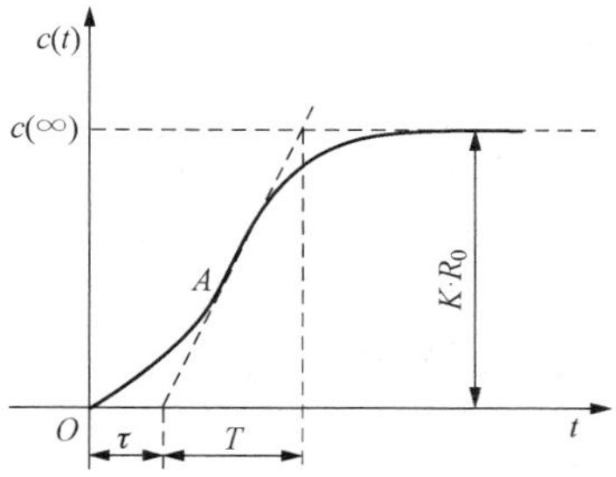

$$G(s) = \frac{K}{Ts+1} e^{-\tau s}$$

式中：K 为增益；T 为时间常数；τ 为延迟时间。

单容时滞模型的确定常用一种图解方法，即切线法。通过图中响应曲线的拐点 A 作切线；该切线在时间轴上的交点即为延迟时间 τ；而该切线与 $c(\infty)$ 线的交点在时间轴上的投影为等效时间常数 T；增益 $K = c(\infty) / R_0$。这个人工的图解方法可利用 MATLAB 工具高效率实现。利用 MATLAB 的技术细节可参见[例 2 - 1 - 25]。

图 2 - 1 - 28　S 形阶跃响应曲线

【**例 2 - 1 - 25**】　通过试验获得锅炉主汽温度 θ 在喷水量 W 的负阶跃扰动下的阶跃响应数据，见表 2 - 1 - 3，喷水阶跃幅值为 2t/h，试求相应的传递函数模型 $G(s)$；若选定为带延迟的一阶惯性模型 $G(s) = \dfrac{-K}{Ts+1} e^{-\tau s}$，确定传递函数参数，并校验准确性。

表 2 - 1 - 3　　　　　　　　　　主汽温度过程的阶跃响应数据

$t(s)$	26	50	80	100	130	150	180	200	250	275	300
$\theta(℃)$	0.289	1.17	2.49	3.25	4.03	4.38	4.69	4.81	4.95	4.97	4.99

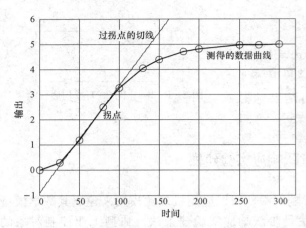

图 2-1-29 有延迟自平衡响应曲线与切线

解 （1）为用 plot 函数绘制响应曲线（见图 2-1-29），输入下列命令：

```
[0 26 50 80 100 130 150 180 200 250 275 300];
sita = [0 0.289 1.17 2.49 3.25 4.03 4.38 4.69 4.81 4.95 4.97 4.99];
plot(t,sita,'o')
hold on
plot(t,sita,'k');
```

（2）通过观察，人工确定拐点位置和拐点切线斜率。拐点横轴值"x=80;"，拐点的纵轴值"y=2.49;"，切线斜率"kl=0.0426;"，绘制切线"tl=0：300; plot（tl，kl ＊ （tl－x） ＋y，′r′）"。

（3）通过观察切线与 0 轴线和终值线的交点坐标，目测读出相关数据，并进行建模计算，确定出各模型参数（T、K、tao）。

（4）运行以下命令进行校验：

```
num = K;
den = [T 1];
g = tf(num,den);
hold on
[y,t] = step(g);
plot(t + tao,y,'r')
```

通过重复步骤（3）和（4），可找到准确度较高的传递函数模型为 $G(s) = \dfrac{-5}{107s+1}e^{-25s}$。

校验结果见图 2-1-30。

二、针对自平衡型过程阶跃响应的多容惯性模型实验建模

当受控对象在输入 $r(t) = R_0 \cdot 1(t)$ 下，所测响应曲线为 S 形曲线，可选择高阶惯性模型为过程的数学模型结构，既取传递函数模型为

$$G(s) = \frac{-K}{(1 + T_0 s)^n}$$

式中：T_0 为时间常数；n 为系统阶数。

利用阶跃响应曲线确定高阶惯性模型参数的常用方法有切线法和两点

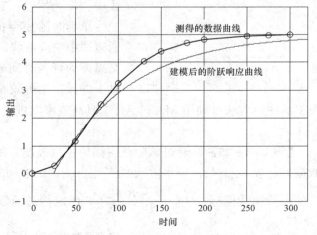

图 2-1-30 有延迟自平衡实验响应与校验曲线

法。若采用切线法，则可通过图 2-1-28 中响应曲线的拐点 A 作切线，从该切线在时间轴上的交点获得参数 τ，从该切线与 $c(\infty)$ 线的交点在时间轴上的投影获得参数 T，$K = c$

$(\infty)/R_0$。然后求出 τ/T 的比值，利用文献［1］中的表 2-4 可求出相对应的阶数 n 和 τ/T 的值，进而算出参数 T_0。至此，利用 MATLAB 软件进行自平衡型过程的高阶惯性模型阶跃响应实验建模的方法可归纳如下：

（1）用 plot 函数绘制响应曲线。

（2）通过观察，人工试探拐点位置，确定拐点切线斜率并绘制切线。

（3）通过观察切线与 0 轴线和终值线的交点坐标，读出相关数据，并进行建模计算，确定各模型参数（T、K、tao）。

（4）计算 τ/T，确定模型参数 T_0、n。

（5）校验并修正。

可以看出，和前述模型的实验建模过程相比，仅仅多了一步 T_0、n 的计算。读者可按上述步骤自行编写 MATLAB 程序解出［例 2-1-25］的高阶惯性模型。

三、无自平衡型过程阶跃响应实验建模

无自平衡型跃响应曲线的特点是，输出信号（输出响应曲线）开始时并不立即有显著变化，而经一段时间以后才以一定的上升速度 $\varepsilon\left(\varepsilon=\dfrac{1}{T}\right)$ 增加，不会达到新的平衡状态。它也可分为含有迟延函数和不含有延迟函数两种情况。下面介绍它们的实验建模方法（应用切线法）。

1. 含有延迟函数的过程传递函数模型

设在输入为 $r(t)=R_0 * 1(t)$，含有迟延函数的阶跃响应曲线如图 2-1-31 所示。变化的特点是在开始阶段因有迟延函数而使 $c(t)$ 不变，过了延迟时间后，便以一定的速度增加。其传递函数数学模型可以近似为由一个积分环节和一个延迟环节串联而成，即

$$G(s)=\frac{1}{Ts}\mathrm{e}^{-\tau s}$$

式中：T 为积分环节的时间常数；τ 为延迟环节的迟延时间。

两个参数 T（或 ε）和 τ 可以从图 2-1-31 的阶跃响应曲线上用图解法求得。具体求法如下：

（1）作阶跃响应曲线的渐近线，渐近线与时间坐标轴的交点与坐标原点的时间间隔即为延迟时间 τ。

（2）时间常数 T 也可由作图法求得。方法是将阶跃响应曲线 $c(t)$ 上升到阶跃输入的幅值 R_0 时，引一条与时间

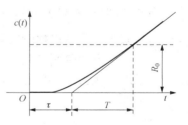

图 2-1-31　含有延迟函数的无自平衡型阶跃响应曲线

轴相垂直的线与时间坐标轴（横轴）相交。交点与原点的距离即为 $\tau+T$，如图 2-1-31 所示，即可求出 T。

2. 不含延迟函数的过程传递函数模型

设系统的阶跃响应曲线如图 2-1-32 所示，其传递函数假设为

$$G(s)=\frac{1}{T_a s(1+T_0 s)^n}$$

式中：T_a、T_0 为有关的时间常数；n 为惯性环节的阶数。

T_a、T_0、n 均都可由阶跃响应曲线确定。作阶跃响应曲线的渐近线并与横坐标轴交于 D 点，见图 2-1-32，与纵坐标轴交于 H 点。设阶跃响应曲线的起点为 0，则可由图 2-1-32

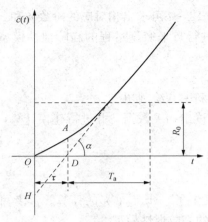

图 2 - 1 - 32　无自平衡能力受控对象的
阶跃响应曲线

的阶跃响应曲线得到 T_a、T_0 和 n 的值。

（1）时间常数 T_a。

$$T_a = \frac{\tau}{0H} R_0$$

式中：R_0 为阶跃输入信号的幅值；α 为阶跃响应曲线的渐近线和横坐标轴的交角。

（2）时间常数 T_0。可由式 $nT_0 = 0D = \tau$ 计算，即 $T_0 = \dfrac{\tau}{n}$。

（3）阶数 n。可由图 2 - 1 - 32 的 DA 和 $0H$ 的比值 $\dfrac{DA}{0H}$ 来确定 n。可利用表 2 - 1 - 4 由 $\dfrac{DA}{0H}$ 值求出阶数 n。

表 2 - 1 - 4　　　　　　　　　　　　　　　$n = f\ (DA/0H)$

n	1	2	3	4	5	6
$\dfrac{DA}{0H}$	0.368	0.271	0.224	0.195	0.176	0.161

如果由 $\dfrac{DA}{0H}$ 的数值查到的 n 值不是整数时，可以把传递函数的形式略加改变。令 $n = n_1 + \alpha$，其中，n_1 为整数部分，α 为小数部分，则传递函数变为

$$G(s) = \frac{1}{T_a s (1 + T_0 s)^n} \approx \frac{1}{T_a s (1 + T_0 s)^{n_1} (1 + \alpha T_0 s)}$$

当 $n \geqslant 6$ 时，无自平衡能力对象的传递函数可以简化为 $G(s) = \dfrac{1}{T_a s} e^{-\tau s}$，其中，$\tau = 0D$。

四、衰减振荡型过程阶跃响应实验建模

设实验得出的阶跃响应曲线为图 2 - 1 - 33 所示的带有延迟函数的衰减振荡曲线，其传递函数可近似地认为由一个延迟环节和一个二阶振荡环节串联而成，即

$$G(s) = \frac{k}{T^2 s^2 + 2\zeta T s + 1} e^{-\tau s}$$

式中：k 为放大系数；T 为时间常数；$\omega_n = \dfrac{1}{T}$ 为系统的无阻尼自然振荡频率；ζ 为阻尼系数，且 $0 < \zeta < 1$；τ 为迟延时间。

由图 2 - 1 - 33 曲线可求得 $y(\infty)$、σ_p、t_r、t_p 和 τ 五个参数值。σ_p、t_r 和 t_p 的含义在第 2 章中详细介绍。由上述五个参数便可求出数学模型式的四个参数 k、T、ζ 和 τ。其计算公式如下：

$$k = \frac{y(\infty)}{R_0}$$

$$m = -\ln \sigma_p$$

$$\zeta = \frac{m}{\sqrt{\pi^2 + m^2}}$$

$$T = \frac{(t_\mathrm{p} - t_\mathrm{r})\sqrt{1-\zeta^2}}{\arctan\dfrac{\sqrt{1-\zeta^2}}{\zeta}}$$

$$\tau = t_\mathrm{p} - \frac{\pi T}{\sqrt{1-\zeta^2}}$$

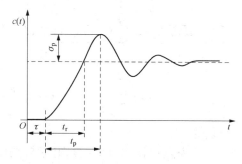

图 2-1-33 具有延迟函数二阶振荡环节的阶跃响应曲线

2.1.5 课 内 实 验

课内题 2-1-1 已知同步发电机励磁控制系统的结构如图 2-1-34 所示。

(1) 计算 $G_\mathrm{c} = 1$ 时，系统总的传递函数多项式模型、零极点模型及状态 扫码查看答案 空间模型。

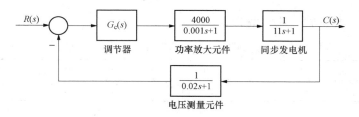

图 2-1-34 励磁调节系统

(2) 若控制器分别采用下列控制器，计算系统的总传递函数模型：

$$\text{A. } G_\mathrm{c1}(s) = 2 \qquad \text{B. } G_\mathrm{c2}(s) = 2\left(1 + \frac{0.2}{s}\right) \qquad \text{C. } G_\mathrm{c3} = 2\left(1 + 0.02s + \frac{0.2}{s}\right)$$

课内题 2-1-2 测得某被控过程的阶跃响应实验数据记录见表 2-1-5，该对象可以用带延迟的一阶惯性环节近似，其传递函数为 $\dfrac{K}{Ts+1}\mathrm{e}^{-\tau s}$。试用阶跃响应实验建模法，确定参数 T、τ、K，并校验所建模型的准确性。

表 2-1-5 　　　　　　　　　　　**被控对象阶跃响应实验数据**

时间	0	10	20	30	40	60	80	100	120	140	160
响应	0	0.12	0.77	1.61	2.38	3.17	3.52	3.72	3.82	3.89	3.92

2.1.6 课 外 实 验

课外题 2-1-1 已知系统框图如图 2-1-35 所示。

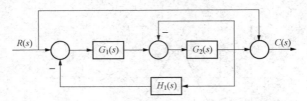

图 2-1-35 课外题 2-1-1 系统框图

（1）试编程计算系统的总传递函数。

（2）若图 2-1-35 中，$G_2(s)$ 为阻尼比为 0.5，无阻尼自然频率为 2 的标准二阶系统，$G_1(s) = \dfrac{2s-1}{(s+1)(s^2+2s+1)}$，$H_1(s)$ 的状态空间描述为

$$\boldsymbol{A} = \begin{bmatrix} -1 & 0 \\ 2 & 3 \end{bmatrix}, \boldsymbol{B} = \begin{bmatrix} 2 \\ 1 \end{bmatrix}, \boldsymbol{C} = \begin{bmatrix} 1 & 1 \end{bmatrix}, \boldsymbol{D} = 0$$

求系统总的传递函数多项式模型、零极点模型。

课外题 2-1-2   测得某被控对象的阶跃响应实验数据记录见表 2-1-6，该对象可以用带延迟的一阶惯性环节近似，其传递函数表达为 $\dfrac{K}{Ts+1}\mathrm{e}^{-\tau s}$。试用阶跃响应实验建模法，确定参数 T、τ、K，并校验所建模型的准确性。

表 2-1-6   被控对象阶跃响应实验数据

时间	0	10	20	30	40	60	80	100	120	140	160
响应	0	0.12	0.77	1.61	2.38	3.17	3.52	3.72	3.82	3.89	3.92

第 2 章　控制系统的时域分析

在建立了系统的数学模型后，便可以用几种不同的方法来分析控制系统的动态性能和稳态性能。在经典控制理论中，用来分析线性控制系统性能的常用方法是时域分析、根轨迹法和频域分析法。不同的方法有不同的特点和适用范围。其中，时域分析的方法能直接在时间域中对系统进行分析，可以提供系统时间响应的全部信息，具有直观、准确的特点。

通过本章的学习，能够掌握利用 MATLAB 获得系统的时域响应，并确定系统的各项性能指标，实现对系统的动态性能和稳态性能的分析。

2.2.1　控制系统时域响应的仿真及分析

一、典型输入信号生成

时域分析是对系统加入典型输入信号后，记录和观察其输出响应特性，进而分析其动态性能和稳态性能。控制系统中常用的典型输入信号有单位阶跃函数、单位斜坡函数、单位加速度函数、单位脉冲函数及正弦函数。MATLAB 2009a 中提供如下函数可以产生输入信号。

1. 利用 gensig 函数

gensig 函数用于产生周期为 T_a 的类型为正弦、方波、脉冲序列的输入信号，其调用格式为

$$[u,t] = gensig(type,Ta);or[u,t] = gensig(type,Ta,Tf,T);$$

该函数表示产生一个类型为 type 的信号序列 $u(t)$，周期为 T_a。其中，type 为以下标识字符串之一：sin（正弦波），square（方波），pulse（脉冲序列）。此外，还可定义 $u(t)$ 的持续时间 T_f 和采样时间 T。

【例 2 - 2 - 1】　试生成一个周期为 1s、持续时间为 10s、采样时间为 0.01s 的正弦信号，以及一个周期为 3s、持续时间为 20s、采样时间为 0.01s 脉冲信号。

解　MATLAB 程序如下：

```
[u1,t1] = gensig('sin',1,10,0.01);
[u2,t2] = gensig('pulse',2,20,0.01);
subplot(211);plot(t1,u1);grid on;axis
([0 10 -1.1 1.1]);title('sin')
subplot(212);plot(t2,u2);grid on;axis
([0 20 -0.1 1.1]);title('pulse')
```

程序运行结果见图 2 - 2 - 1。

2. 利用典型信号定义计算

在进行时域分析和稳态误差的计算

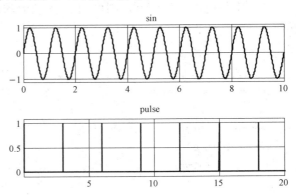

图 2 - 2 - 1　应用 gensig 函数实例

上，阶跃、斜坡、加速度信号为最主要使用的信号，在 MATLAB 软件中并没有独立的函数定义三种信号，可以用 t 函数定义的方法来实现。

【例 2 - 2 - 2】　编程实现 $1(t)$、$2t$ 和 $\frac{1}{2}t^2$ 三种信号。

解　MATLAB 程序如下：

```
Ts = 0.02;T = 10;% Ts 为采样时间,T 为持续时间
t = 0:Ts:T;
u1 = ones(length(t));
u2 = 2 * t;
u3 = 0.5 * t.^2;
plot(t,u1,'k',t,u2,'. -',t,u3,'. :');
axis([0 5 0 10]);
gtext('单位阶跃信号');
gtext('2t');
gtext('单位加速度信号')
```

运行结果见图 2 - 2 - 2。

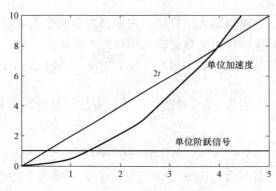

图 2 - 2 - 2　典型输入信号的编程实现

二、典型输入函数下的系统时域响应

1. 单位阶跃响应函数（step 函数）

若给定系统的数学模型，则可用 step 函数求取系统的单位阶跃响应。调用格式有如下五种：

```
step(sys)                              % 绘制系统 sys 的单位阶跃响应曲线
step(sys,t)                            % 时间可以由人工给定(如 t = 0:0.1:1)
step(sys1,sys2,…,sysN)                 % 在一个图形窗口中同时绘制 N 个系统的单位阶跃响
                                         应曲线
step(sys,PlotStylel,…,sysN,PlotStyleN) % 定义响应曲线的属性
[y,t] = step(sys)                      % 返回变量 y 为单位阶跃响应的数据,t 为时间向量
[y,t,x] = step(sys)                    % 求状态空间模型 sys 单位阶跃响应的数据值,包括输
                                         出向量 y、状态向量 x 及相应的时间向量 t
```

其中，sys 为线性定常系统，可以为 tf、zpk、ss 模型。

【例 2 - 2 - 3】 已知系统结构如图 2 - 2 - 3 所示，试绘制系统的单位阶跃响应。

解 在 MATLAB 的命令窗中输入："G0＝tf（2，[1 3 0]）；GG＝feedback（G0，1）；t＝0：0.01：15；step（GG，t）；gridonaxis（[0 15 0 1.1]）；xlabel（'t'）ylabel（'例 2 - 2 - 3 单位阶跃响应'）"，可得如图 2 - 2 - 4 所示的结果。

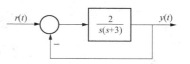

图 2 - 2 - 3 ［例 2 - 2 - 3］系统图

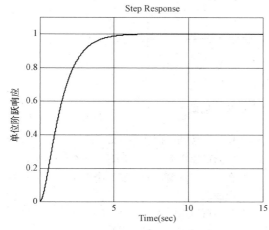

图 2 - 2 - 4 ［例 2 - 2 - 3］系统阶跃响应

【例 2 - 2 - 4】 已知系统为的传递函数为 $G(s) = \dfrac{25}{s^2 + as + 25}$，针对 $a = 0，1.5，2.5，3.5，4$ 五种情况，将对应的单位阶跃响应绘制在同一张图形上，响应时间取 4s，并对曲线的 a 做出对应标识。

解 可编制程序见图 2 - 2 - 5，运行结果见图 2 - 2 - 6。其中，legend 函数用来标记图线。

【例 2 - 2 - 5】 已知系统的状态空间模型为 $\dot{\boldsymbol{x}} = \begin{bmatrix} 0 & 1 \\ -2 & -3 \end{bmatrix} x + \begin{bmatrix} 1 \\ 1 \end{bmatrix} u，\ \boldsymbol{y} = \begin{bmatrix} 2 & 3 \end{bmatrix} x$，绘制系统的单位阶跃响应曲线。

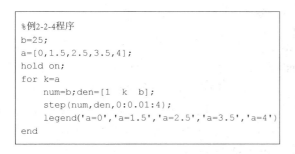

```
%例2-2-4程序
b=25;
a=[0,1.5,2.5,3.5,4];
hold on;
for k=a
    num=b;den=[1 k b];
    step(num,den,0:0.01:4);
    legend('a=0','a=1.5','a=2.5','a=3.5','a=4')
end
```

图 2 - 2 - 5 ［例 2 - 2 - 4］程序

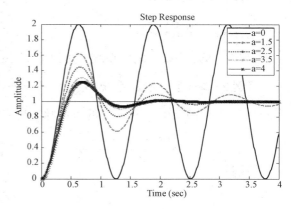

图 2 - 2 - 6 ［例 2 - 2 - 4］运行结果

解 在 MATLAB 中输入如下程序：

a＝[0 1；-3 -2]；b＝[1；1]；c＝[2 3]；d＝0；

sys1＝ss(a,b,c,d)；

step(sys1)；grid on

运行结果见图 2 - 2 - 7。

2．单位脉冲响应函数（impulse 函数）

用 impulse 函数可求取给定系统的单位脉冲响应。impulse 函数的调用格式主要有如下几种：

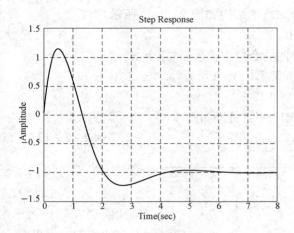

图 2 - 2 - 7　［例 2 - 2 - 5］的单位阶跃响应

impulse(sys)	%绘制系统的单位脉冲响应
impulse(sys,t)	%时间可以由人工给定(例如 t = 0：0.1：1)
impulse(sys1,sys2,…,sysN)	%在一个图形窗口中绘制 N 个系统的单位脉冲响应曲线
impulse(sys1,sys2,…,sysN,t)	%时间可以由人工给定(例如 t = 0：0.1：1)
impulse(sys,PlotStylel,…,sysN,PlotStyleN)	%定义脉冲响应曲线的属性
[y,t] = impulse(sys)	%返回变量 y 为单位脉冲响应的数据,t 为时间向量
[y,t,x] = impulse(sys)	%状态空间模型 sys 的单位脉冲响应,返回 y,t,x

其中，sys 为线性定常系统，可以为 tf、zpk、ss 模型。

【**例 2 - 2 - 6**】　绘制系统 $G_1(s) = \dfrac{1}{s^2 + 0.4s + 1}$ 及系统 $\{a = \begin{bmatrix} 0 & 1; & -3 & -4 \end{bmatrix}; b = \begin{bmatrix} 0; & 1 \end{bmatrix}; c = \begin{bmatrix} 1 & 0 \end{bmatrix}; d = 0\}$ 的单位脉冲响应曲线。

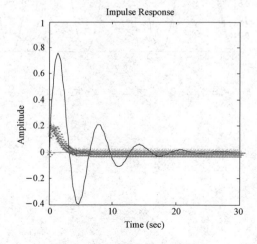

图 2 - 2 - 8　单位脉冲响应例

解　在 MATLAB 的命令窗中输入："g1 = tf (1, [1 0.4 1]); a = [0 1; -3 -4]; b = [0; 1]; c = [1 0]; d = 0; g2 = ss (a, b, c, d); impulse (g1, ′r—′, g2, ′g * ′) ↙"，运行结果如图 2 - 2 - 8 所示。图中 $G_1(s)$ 的脉冲曲线为红色，横杠线 ('r—')，$G_2(s)$ 的脉冲曲线为绿色，* 线 ('g * ')。

3. 单位斜坡响应及单位加速度响应

在 MATLAB 中并未提供获取单位斜坡响应和单位加速度响应的独立函数，但可以借用 step 函数和 lsim 函数来获得斜坡响应和加速度响应。

根据 step 函数计算单位斜坡响应和单位加速度响应的原理在于，单位斜坡信号是单位阶跃信号的积分，单位加速度信号是单位斜坡信号积分，其拉氏变换相差 $1/s$。

【例 2 - 2 - 7】　　某单输入单输出系统的开环模型为 $G_0(s) = \dfrac{2}{s\,(s+1)}$，试求单位反馈闭环系统的单位斜坡响应及单位加速度响应。

解　（1）计算系统的闭环传递函数。

```
num = [2];
den = [1 1 0];
s0 = tf(num,den);
sys1 = feedback(s0,1)
```

可得系统的闭环传递函数为

```
Transfer function:
2
-----------
s^2 + s + 2
```

（2）单位斜坡响应。对于单位斜坡信号有

$$r(t) = t \cdot 1(t) \rightarrow R(s) = \frac{1}{s^2}$$

$$C(s) = \frac{2}{s(s+1)+2} \times \frac{1}{s^2} = \frac{2}{[s(s+1)+2]s} \times \frac{1}{s}$$

求系统单位斜坡响应，相当于求原系统乘一个积分环节后的系统的阶跃响应。于是输入程序：

```
t = 0:0.1:8;
g1 = sys1 * tf(1,[1 0])
y = step(g1,t);
plot(t,t,'k.',t,y,'r'),grid;legend('t','单位斜坡响应')
```

运行结果见图 2 - 2 - 9。

（3）单位加速度响应。对于单位加速度信号有

$$r(t) = \frac{1}{2}t^2 \cdot 1(t) \rightarrow R(s) = \frac{1}{s^3}$$

$$C(s) = \frac{2}{s(s+1)+2} \times \frac{1}{s^3} = \frac{2}{[s(s+1)+2]s^2} \times \frac{1}{s}$$

求系统的单位加速度输入响应，相当于求原系统与两个积分环节串联后系统的阶跃响应。于是输入程序：

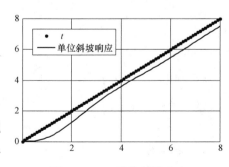

图 2 - 2 - 9　单位斜坡响应

```
g2 = sys1 * tf(1,[1 0 0]);
y1 = step(g2,t);
r0 = 0.5 * t.^2;
plot(t,r0,'k.',t,y1,'r'),grid;legend('0.5t^2','单位加速度响应'')
```

运行结果见图 2 - 2 - 10。

三、系统时域性能指标计算

1. 单位阶跃响应指标（t_r，t_p，t_s，$\sigma_p \%$）

在 MATLAB 中可以用四种方法求取系统的阶跃响应指标。

（1）滑动鼠标直接在 step 响应曲线上读取指标参数。例如［例2-2-3］，当鼠标左键单击 step 曲线上任一点时，系统会自动显示一个小方框，方框内显示这一点的坐标（横坐标为时间，纵坐标为幅值）。按鼠标左键并在曲线上滑动，根据阶跃动态指标参数的定义即可确定所有性能指标参数。例如［例2-2-3］单位阶跃响应为一个单调上升的曲线，想获得误差带为 2% 的过渡过程时间，观察到稳态值是 1，故鼠标滑动到稳态值为 0.98，如图 2-2-11 所示，可知 $t_s = 4.6$（$\Delta = \pm 2\%$）。

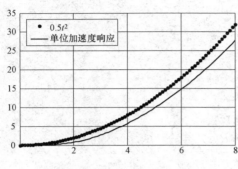

图 2-2-10　单位加速度响应

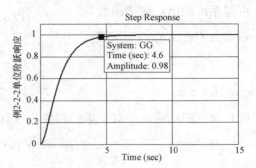

图 2-2-11　［例2-2-2］的时域
　　　　　　　性能指标

注意：这种方法不适用于 plot（）命令画出的图形。

（2）编程计算指标参数。编程计算系统的各性能指标参数的程序可列写如下：

1）上升时间（t_r）计算。

```
yss = dcgain(y);            % 获得单位阶跃响应的稳态值
while y(m)<yss              % 寻找第一次到达稳态值的时间点
m = m + 1;
end
risetime = t(m);
```

2）峰值时间（t_p）计算。

```
[y1,k] = max(y);           % 寻找最大 y 值
tpeak = t(k);
```

3）超调量（$\sigma_p \%$）计算。

```
Overshoot = 100 * (y1 - yss)/yss;    % 超调量的基本定义
```

4）过渡过程时间［t_s（$\Delta = 2\%$ or 5%）］计算。

```
while(y(i)>0.98 * yss)&(y(i)<1.02 * yss)    % 若 5% 误差带过渡时间,参数为 0.95,1.05
i = i - 1;
end
setllingtime = t(i)                          % 过渡过程时间
```

【例 2-2-8】　已知控制系统如图 2-2-12 所示，试绘制系统的单位阶跃响应曲线，确定系统的 t_r、t_p、t_s、$\sigma_p\%$。

解　在 MATLAB 中输入如下程序：

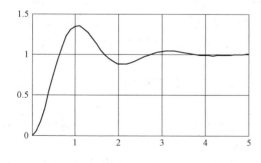

图 2-2-12　[例 2-2-8] 的时域性能指标

```
%例 2-2-8 程序
G = zpk([],[0,-1],[1 0]);
H = TF([0.1 1],[0 1]);
GG = feedback(G,H)
[y,t] = step(GG);
plot(t,y);grid
yss = dcgain(GG)
n = 1;
while y(n)<yss
n = n+1;
end
risetime = t(n)                            % 上升时间
[y1,k] = max(y);
tpeak = t(k)                               % 峰值时间
percentovershoot = 100*(y1-yss)/yss        % 超调量
i = length(t);
while(y(i)>0.98*yss)&(y(i)<1.02*yss)
i = i-1;
end
setllingtime = t(i)                        % 过渡过程时间
```

运行结果见图 2-2-13。

图表区：单位阶跃响应曲线（略）

图 2-2-13　[例 2-2-8] 单位阶跃响应曲线

在 MATLAB 命令窗中看到运行程序计算的参数结果：

```
Zero/pole/gain:
     10
- - - - - - - -
(s^2 + 2s + 10)
yss = 1.0000
risetime = 0.6954
tpeak = 1.0928
percentovershoot = 34.7385
setllingtime = 3.4771
```

（3）利用 Step 曲线的属性选项。MATLAB 提供了快捷分析系统动态性能指标的图解功能。

步骤 1：直接运行 step（GG）。

步骤 2：单击 step 曲线窗选中图片，单击鼠标右键会拉出一个下拉菜单，如图 2-2-14 所示。

属性说明如下：

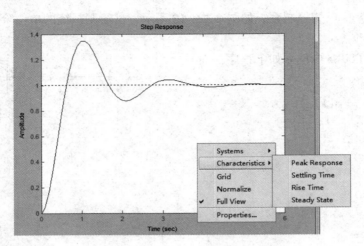

图 2 - 2 - 14　step 曲线属性页

Systems：仿真的系统。

Characteristics：系统性能指标选项。该选项的下拉菜单对应的分别为：

Peak Response：峰值响应。

Settling Time：过渡过程时间（默认为 2％的误差带）。

Rise Time：上升时间（默认定义为从稳态值 10％上升到 90％）。

Steady State：稳态值。

Grid：显示和关闭网格。

Normalize：正常显示模式。

Full View：满界面显示模式。

Properties：性能编辑器选项。单击此选项，将会弹出如图 2 - 2 - 15 所示的性能编辑器界面。在此界面中，可以设置显示画面的标题、坐标标志（Labels）、坐标范围限制（Limits）、单位和刻度（Units）、线型、颜色（Style）、性能指标设置（Options）等，过渡时间和上升时间的定义可以在 Options 中修改。

【例 2 - 2 - 9】　利用 step 属性确定 [例 2 - 2 - 8] 系统的阶跃响应指标 $[t_r (0\sim100\%)$，$t_s (\Delta=\pm2\%)]$。

　　解　（1）在 MATLAB 的命令窗中输入："G＝zpk（[]，[0，-1]，[10]）；H＝tf（[0.1 1]，[0 1]）；GG＝feedback（G，H）；step（GG，'k'）；"。

　　（2）在弹出的 step 曲线页选择 Properties 选项，在 Option 页修改上升时间和过渡过程时间的参数范围，见图 2 - 2 - 16。

　　（3）单击 Characteristics 选项，选中 Peak Response、Settling Time 和 Rise Time，在黑色实心圆点处单击左键可显示数据，结果如图 2 - 2 - 17 所示。

　　图 2 - 2 - 17 显示 [例 2 - 2 - 9] 所对应的上升时间为 0.633、超调量为 34.7％、峰值时间为 1.09s，调整时间为 3.54s（±2％）。

图 2-2-15 性能编辑器页面   图 2-2-16 上升时间参数修改界面

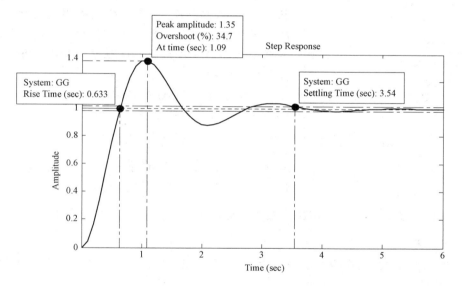

图 2-2-17 ［例 2-2-9］单位阶跃响应的动态指标显示

（4）利用 stepinfo 函数。在 MATLAB 中，提供了 stepinfo 函数用于计算系统的上升时间、稳定时间和其他的阶跃响应动态指标，函数的调用格式如下：

```
S = stepinfo(sys)
```

计算 LTI 系统的各项性能指标，返回一个结构体，包含以下性能指标。

- RiseTime：上升时间。
- SettingTime：设置时间。
- SettingMin：响应已经上升的最小 y 值。
- SettingMax：响应已经上升的最大 y 值。
- Overshoot：超调百分数。
- Undershoot：欠调百分数。

- Peak：峰值。
- PeakTime：峰值时间。

注意：上升时间默认为 $10\%\sim90\%$ 的上升时间，过渡过程时间默认为 2% 误差带所花的时间，若读取指标的要求不同，则可用下列形式定义：

```
S = stepinfo(sys,'RiseTimeLimits',RT)        % RT 对应上升时间计算的上下限
S = stepinfo(sys,'SettlingTimeThreshold',ST) % ST 对应过渡过程时间的阈值
```

【例 2 - 2 - 10】　利用 stepinfo 函数确定 [例 2 - 2 - 8] 系统的阶跃响应指标 [t_r（0～100%），t_s（$\Delta=\pm2\%$）]。

解　（1）在 MATLAB 的命令窗中输入："G=zpk（[]，[0，−1]，[10]）；H=tf（[0.1 1]，[0 1]）；GG=feedback（G，H）；S=stepinfo（GG，'RiseTimeLimits'，[0 1]）"运行之后，在 MATLAB 命令窗口可得到如图 2 - 2 - 18 所示结果。

```
S =

       RiseTime: 0.6332

    SettlingTime: 3.5356

     SettlingMin: 0.8769

     SettlingMax: 1.3474

       Overshoot: 34.7385

      Undershoot: 0

           Peak: 1.3474

       PeakTime: 1.0928
```

图 2 - 2 - 18　[例 2 - 2 - 10] 运行结果

2. 系统极点的自然振荡频率和阻尼比

二阶系统的阻尼比 ζ 影响了系统的稳定性、超调量和系统的衰减特性。二阶系统的无阻尼自然频率 ω_n 将决定了系统的响应速度。MATLAB 中提供了基于给定的系统特征多项式系数，计算系统的闭环根、阻尼比，无阻尼自然频率的函数。

函数 1　已知系统传递函数的分母系数，计算系统的自然振荡频率和阻尼比

damp(den)

其中，Eigenvalue 为闭环极点，Damping 为阻尼比，Freq.（rad/sec）为无阻尼自然频率。

【例 2 - 2 - 11】　已知系统传递函数为 $G(s)=\dfrac{4}{s^2+2s+4}$，求系统的阻尼比、无阻尼自然频率和闭环极点。

解　在 MATLAB 的命令窗中输入 "den= [1 2 4]；demp（den）✓"，可得如图 2 - 2 - 19 所示结果。

函数 2　已知系统极点，计算系统的自然振荡频率和阻尼比

[ω_n,z] = damp(p)

```
    Eigenvalue           Damping        Freq.(rad/s)

-1.00e+000+1.73e+000i   5.00e-001      2.00e+000

-1.00e+000-1.73e+000i   5.00e-001      2.00e+000
```

图 2 - 2 - 19　[例 2 - 2 - 11] 运行结果

其中，p 为闭环极点，Damping 为阻尼比，Freq.（rad/sec）为无阻尼自然频率。

【例 2 - 2 - 12】　已知二阶系统的 p= −0.5±0.8j，求系统的阻尼比，无阻尼自然频率。

```
    Eigenvalue           Damping        Freq.(rad/s)

4.38e-001 -8.99e-001i   -4.38e-001     1.00e+000
```

图 2 - 2 - 20　[例 2 - 2 - 12] 运行结果

解　在 MATLAB 的命令窗中输入 "p= [−0.5+0.8j，−0.5−0.8j]；demp（p）✓"，可得如图 2 - 2 - 20 所示的结果。

四、系统的零输入响应

若给定系统的模型为 ss 模型，MATLAB 中，可通过 initial 函数得到系统的零输入响应。其主要调用格式包括以下几种：

```
initial(sys,x0)                              %绘制系统 sys 在初始条件 x0 作用下的零输入响应
                                               曲线
initial(sys,x0,t)                            %时间可以由人工给定(例如 t = 0：0.1：1)
initial(sys1,sys2,…,sysN,x0)                 %同时绘制 N 个系统的零输入响应曲线
initial(sys,PlotStylel,…,sysN,PlotStyleN,x0) %定义零输入响应曲线的属性
[y,t,x] = initial(sys,x0)                    %返回的 y 为零输入响应数据,t 为时间向量,x 为状
                                               态变量
```

【**例 2 - 2 - 13**】　某单输入单输出系统的状态空间模型为 $a = \begin{bmatrix} 0 & 1; & -3 & -4 \end{bmatrix}$；$b = \begin{bmatrix} 0; & 1 \end{bmatrix}$；$c = \begin{bmatrix} 1 & 0 \end{bmatrix}$；$d = 0$，设系统的初始条件为 $x_0 = \begin{bmatrix} 0.3; & 1.4 \end{bmatrix}$，输入为 $u(t) = 1(t)$。试利用 MATLAB 仿真绘制系统的非零初始状态下的零输入响应曲线、零初始状态下的阶跃输入响应曲线和非零初始状态下的阶跃输入响应曲线。

解　在 MATLAB 的命令窗中输入：

```
a = [0 1；- 3 - 4];b = [0；1];c = [1 0];d
= 0;sys1 = ss(a,b,c,d);x0 = [0.3；1.4];t =
0；0.1；12;
   yx = initial(sys1,x0,t);plot(t,yx,'k.
');grid on
   yf = step(sys1,t);
   hold on;plot(t,yf,'b * ');grid on;
   y = yx + yf; hold on; plot(t,y,'r');
grid on;
```

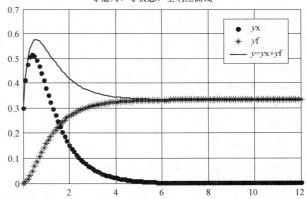

图 2 - 2 - 21　零输入、零状态及全响应例

可得如图 2 - 2 - 21 所示的系统零输入、零状态及全响应曲线。

五、任意输入信号下的系统时域响应

求任意输入信号时给定系统时域响应的 MATLAB 函数为 lsim，其调用格式如下：

```
lsim(num,den,u,t)                            %给制 num,den 为系统参数的系统的响应
lsin(sys,u,t)                                %绘制系统 sys 的时间响应曲线,输入信号由 u,时间
                                               由 t 定义
lsim(sys,u,t,x0)                             %绘制系统 sys 在给定信号和初始条件 x0 同时作用
                                               下的响应曲线
lsim(sys1,sys2,…,sysN,u,t)                   %同时绘制 N 个系统的响应曲线
lsim(sys,PlotStylel,…,sysN,PlotStyleN,u,t)   %定义响应曲线的属性
y = lsim(num,den,u,t)  or y = lsim(sys,u,t)  or y = lsim(A,B,C,D,u,t)
[y,t] = lsim(sys,u,t)                        %计算系统 sys 在 t 时间内输入为 u 下的响应 y
[y,t,x] = lsim(sys,u,t,x0)                   %sys 为状态空间模型,y 为响应数据,t 为时间向量,
                                               x 为状态变量
```

【例 2 - 2 - 14】   某系统的传递函数为 $G(s) = \dfrac{6s+2}{s^2+3s+4}$。假设系统的初始条件为 0，用 lsim 函数计算下列输入信号下的系统响应并绘制曲线。

（1）$u(t)$ 为周期为 2s，持续时间 10s，每 0.1s 采样一次的方波。

（2）$u(t)$ 为单位阶跃信号。

（3）$u = e^{-1}\sqrt{t}$。

解   输入程序：

```
sys = tf([6 2],[1 3 4]);
[u1,t1] = gensig('square',2,10,0.1);        %输入信号 1
subplot(311)
lsim(sys,'r',u1,t1);
hold on
plot(t1,u1,'.');
t2 = 0:0.1:10;
u2 = ones(length(t2),1);                     %输入信号 2
subplot(312)
lsim(sys,'r',u2,t2);
hold on
plot(t2,u2,'.');
t3 = 0:0.1:5;
u3 = exp(-t3).*sqrt(t3);                      %输入信号 3
subplot(313)
lsim(sys,'r',u3,t3);
hold on
plot(t3,u3,'.');
```

运行结果见图 2 - 2 - 22。

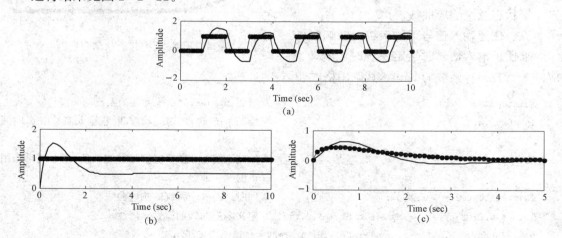

图 2 - 2 - 22   任意输入下的系统响应

（a）方波输入下的系统响应；（b）单位阶跃响应；（c）$r(t) = e^{-1} * (t0.5)$ 的响应

2.2.2　控制系统的稳定性分析

系统的闭环极点在 s 平面上的分布决定了控制系统的稳定性。如果闭环极点的实部为负，则系统是稳定的；如果实部为零，则系统是临界稳定的；一旦闭环极点位于虚轴右边，则系统不稳定。因此，要判断系统的稳定性，只需要确定系统闭环极点在 s 平面上的分布情况。

MATLAB 中包含丰富的函数可计算闭环系统零极点并绘制零极点图，以下将介绍相关命令并给出程序实例。因为 Routh 判据是一种最常用系统判稳方法，本节还给出了 Routh 表的自动生成程序和应用方法。

一、利用求极点的方法判别系统稳定性

MATLAB 中，函数 pzmap（）可绘制系统的零极点图，函数 zpkdata（）可求出系统传递函数的零点和极点。同时，函数 roots（）可求得闭环特征方程的根（系统的极点），从而判断系统是否稳定。对于复合系统，函数 eig（）可获得系统的特征值。下面介绍主要的几个函数格式：

```
pzmap(sys)                    %绘制线性定常系统 sys 的零极点图
[p,z] = pzmap(sys)            %赋值系统的极点、零点值
[z,p,k] = zpkdata(sys1,'v')   %得到系统的零点、极点值及增益
roots(sys.den{1})             %已知系统特征多项式系数矩阵 den,求根
pole(sys)                     %计算系统闭环极点
eig(sys)                      %计算系统闭环极点
```

其中，sys 系统模型的定义，可以为 tf 模型及 ss 模型。

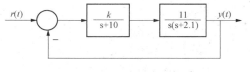

【例 2-2-15】　已知某横滚角度控制系统的框图如图 2-2-23 所示。

试判断 $k=1$，5，15 时的系统稳定性。

图 2-2-23　横滚角度控制系统

解　方法 1　绘制零极点图，判定系统的稳定性。MATLAB 程序如下：

```
k = [1,5,15];
j = 0;
for i = k
    G1 = tf(i,[1 10]);
    G2 = tf(11,[1 1 2.1]);
    GG = feedback(G1 * G2,1)
    j = j + 1;
    subplot(1,3,j)
    pzmap(GG);
end
```

运行结果见图 2-2-24。

若将上述三种 k 对应的阶跃响应曲线绘制出来，则如图 2-2-25 所示，$k=15$ 时系统是不稳定的，单位阶跃响应发散，其他两种 k 极点都在左半平面，单位阶跃响应趋于稳定。

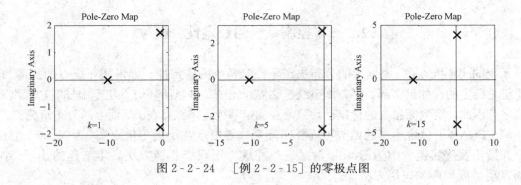

图 2 - 2 - 24   〔例 2 - 2 - 15〕的零极点图

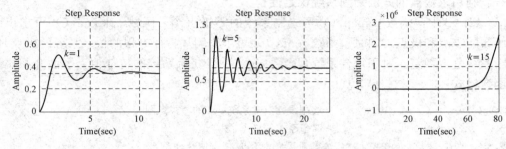

图 2 - 2 - 25   〔例 2 - 2 - 15〕的单位阶跃响应曲线

方法 2   计算系统特征根（即闭环极点），判定系统的稳定性。MATLAB 程序如下：

```
k = [1,5,15];
for i = k
    G1 = tf(i,[1 10]);
    G2 = tf(11,[1 1 2.1]);
    GG = feedback(G1 * G2,1)
    p = eig(GG)     % 求特征根
end
```

程序计算结果见表 2 - 2 - 1。可以看出当 k 等于 1 或 5 时，系统的特征根均在左平面，$k = 15$ 时，系统存在右平面的根，不稳定。

方法 3   获取系统的特征式，求特征式的根。MATLAB 程序如下：

```
dc = GG.den{1}
p = roots(dc)
```

运行结果的闭环极点根见表 2 - 2 - 1 中的极点 p 值相同。

表 2 - 2 - 1   **〔例 2 - 2 - 15〕的闭环极点根**

$k = 1$	$k = 5$	$k = 15$
Transfer function:	Transfer function:	Transfer function:
11	55	165
————————————	————————————	————————————
$s^3 + 11 s^2 + 12.1 s + 32$	$s^3 + 11 s^2 + 12.1 s + 76$	$s^3 + 11 s^2 + 12.1 s + 186$

续表

k＝1	k＝5	k＝15
p＝	p＝	p＝
－10.1166	－10.5362	－11.3739
－0.4417＋1.7228i	－0.2319＋2.6757i	0.1870＋4.0396i
－0.4417－1.7228i	－0.2319－2.6757i	0.1870－4.0396i

二、利用 Routh 表判别系统稳定性

Routh 判据的判定主要依据 Routh（劳斯）表的特征。可通过 MATLAB 编程实现线性定常系统的 Routh 表的计算。自动生成 routh 表的程序见图 2-2-26。用该程序可重做［例 2-2-9］，方法 3 计算出 dc 的语句下面输入命令"routh（dc）"。运行结果见图 2-2-27。可见，$k＝15$ 时劳斯表第一列存在负值，变号两次，系统不稳定，有两个右平面的根。

```
%routh程序
function a=routh(x)
n=length(x)-1;          %系统为n阶
if mod(n,2)==0,          %劳斯表行列确定
  col=(n/2)+1;
else
  col=(n+1)/2;
end
a=zeros(n+1,col);
fori=1:col               %生成劳斯表第一行系数
  a(1,i)=x(2*i-1);
end
fori=1:col-1             %第2行
  a(2,i)=x(2*i);
end
ifmod=(n,2)==1,
  a(2,col)=x(n+1);
end
fori=3:n+1               %其余行系数计算
forj=1:col-1
a(i,j)=(a(i-1,1)*a(i-2,j+1)-a
(i-1,j+1)*a(i-2,1))/a(i-1,1);
end
end
end
```

图 2-2-26　Routh 判据程序

```
k=1
ans=
   1.0000  12.1000
  11.0000  32.0000
   9.1909       0
  32.0000       0

k=5
ans=
   1.0000  12.1000
  11.0000  76.0000
   5.1909       0
  76.0000       0

k=15
ans=
   1.0000  12.1000
  11.0000 186.0000
  -4.8091       0
 186.0000       0
```

图 2-2-27　［例 2-2-15］的 Routh 表

2.2.3　控制系统的稳态误差计算

控制系统的稳态误差是系统控制准确度的一种度量，是控制系统的设计中的一项重要技术指标。对于如图 2-2-28 所示的反馈控制系统，按输入端 $e(t)$ 来定义误差，稳态误差可通过下式计算：

$$e_{ss} = \lim_{t \to \infty} e(t) = \lim_{t \to \infty} (r(t) - b(t)) = \lim_{s \to 0} sE(s)$$

应用 MATLAB 软件，求取稳态误差可通过如下两种方法。

方法 1　先基于定义求出误差，再求误差的稳态值。见［例 2-2-16］。

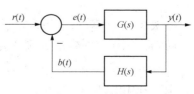

图 2-2-28　反馈控制系统

【例 2 - 2 - 16】　某单位反馈系统的开环传递函数为 $G_0(s)=\dfrac{4}{s\ (s+1)\ (s+2)}$，试计算输入分别为 $r_1(t)=1(t)+2t$，$r_2(t)=t^2$ 时的系统稳态误差。

解　先求误差函数，再绘制误差响应曲线，通过图像观察稳态误差。

```
% 输入为 1 + 2t 的程序
t = 0:0.1:100;
u = ones(length(t),1) + 2 * t';
y1 = lsim(GG,u,t);
e = u - y1;
subplot(121)
plot(t,u,'k',t,y1,'b');grid on
subplot(122);plot(t,e,'r')
```

输入为 t^2 时，仅需要将 u 的赋值句替换 u=t.^2'，其他语句同上。

程序运行结果见图 2 - 2 - 29 （a）、（b）。如图所示，输入 $r_1(t)$ 时，系统的稳态误差＝1；输入 $r_2(t)$ 时，系统的稳态误差持续增加，即稳态误差为无穷大。

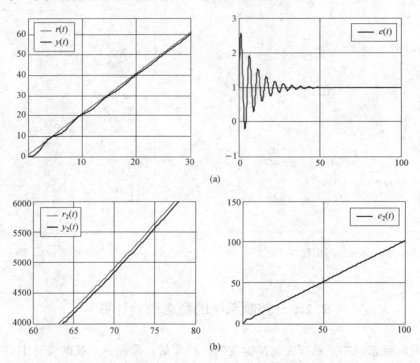

图 2 - 2 - 29　［例 2 - 2 - 16］系统响应曲线

（a）输入 $r_1(t)$ 时的系统响应曲线及误差曲线；（b）输入 $r_2(t)$ 时的系统响应曲线及误差曲线

方法 2　先计算系统的误差系数，再求稳态误差。

已知稳态误差系数的定义式为

$$Kp = \lim_{s\to0}G_0(s),\ Kv = \lim_{s\to0}sG_0(s),\ Ka = \lim_{s\to0}s^2G_0(s)$$

则可利用 MATLAB 中的 dcgain 函数可求取传递函数的稳态增益，调用格式为

```
Kp = dcgain(G₀);
Kv = dcgain(G₀ * tf([1 0],[0 1]));
Ka = dcgain(G₀ * tf([1 0 0],[0 0 1]));
```

其中，G_0 对应系统的开环传递函数。

当输入为阶跃、斜坡及加速度信号的时候，根据其稳态误差与稳态误差系数的关系，可通过下列函数来完成稳态误差的计算。

当为阶跃输入时　　　　　　　　　Ess＝Rp/（1＋Kp）；（Rp 为阶跃信号的幅值）

当为斜坡信号输入时　　　　　　　Ess＝Rv/Kv；（Rv 为斜坡信号的比例）

当为加速度信号输入时　　　　　　Ess＝Ra/Ka；（Ra 为加速度信号的比例）

【例 2 - 2 - 17】　设系统的闭环传递函数同 ［例 2 - 2 - 16］，求 K_p、K_v、K_a 及输入分别为 $r_1(t)=1(t)+2(t)$，$r_2(t)=t^2$ 时系统的稳态误差。

解　（1）判断系统稳定性：根据 ［例 2 - 2 - 10］ 的步骤 1，可知系统稳定。

（2）计算误差系数及稳态误差。输入命令：

```
z = [];p = [0, -1, -2];k = 4;
G0 = zpk(z,p,k);
kp = dcgain(G0)
kv = dcgain(G0 * tf([1 0],[0 1]))
ka = dcgain(G0 * tf([1 0 0],[0 0 1]))
Rp = 1;Rv = 2;Ra = 2;
ess1 = Rp/(1 + kp) + RV/kv     % r1(t)
ess2 = Ra/ka                   % r2(t)
```

运行结果见图 2 - 2 - 30。

```
kp=Inf
kv=2
ka=0
%输入为r1下的稳态误差
ess1=1
%输入为r2下的稳态误差
ess2=Inf
```

图 2 - 2 - 30　［例 2 - 2 - 17]稳态误差

2.2.4　Simulink 模型系统的时域仿真及性能分析

Simulink 提供了一个动态系统建模、仿真和综合分析的集成环境。在该环境中，无需大量书写程序，而只需要通过简单直观的鼠标操作，就可构造出复杂的系统。因此在控制系统时域分析与设计中，Simulink 也是重要的实验平台。

本节主要介绍 Simulink 环境下进行时域响应仿真及稳态误差响应仿真。

一、Simulink 环境下的时域响应仿真

1. Simulink 建立动态结构图＋linmod 交互＋MATLAB 编程

基本思路：先在 Simulink 中建立控制系统结构框图，利用 MATLAB 提供的 linmod（）或 linmod2（）两个函数，从 Simulink 中提取得到一个用 ［A，B，C，D］ 表达的状态空间模型；然后就可以对这个状态空间模型来进行各种仿真，如利用 step（sys）或 step（A，B，C，D）自动绘制系统单位阶跃响应曲线。

【例 2 - 2 - 18】　某直流电动机速度控制系统如图 2 - 2 - 31 所示，设转速调节器的传递函数 $G_c=10$，试确定：

（1）系统的传递函数模型。

（2）单位脉冲响应、单位阶跃响应，$t=10s$。

（3）$r(t) = \sin(2t)$ 的时域响应，$t = 10\text{s}$。

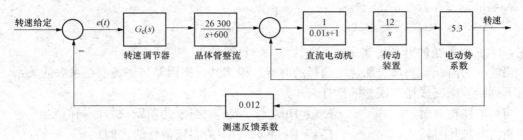

图 2-2-31　直流电动机调速系统

解　（1）搭建 Simulink 框图模型如图 2-2-32 所示，保存为 u1。

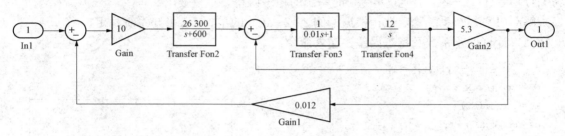

图 2-2-32　电动机的 Simulink 模型

（2）根据题目要求编程，程序如图 2-2-33 所示。

```
[a,b,c,d]=linmod('ul');
sys=ss(a,b,c,d);
g=tf(sys)
subplot(311);step(sys)
subplot(312);impulse(sys)
t=0:0.001:10;
u=sin(2*t)';
y=lsim(sys,u,t);
subplot(313);plot(t,y);
```

图 2-2-33　［例 2-2-18］程序

运行程序，在 MATLAB 命令窗中可得到系统的传递函数模型。

Transfer function:

$$\frac{1.673e009}{s^3 + 700\ s^2 + 6.12e004\ s + 2.079e007}$$

系统的单位脉冲、阶跃、正弦响应见图 2-2-34。

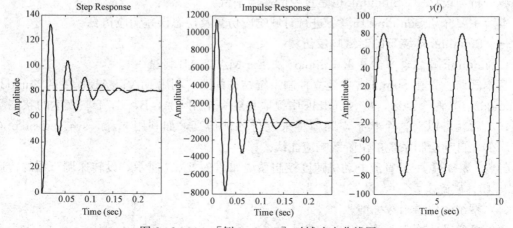

图 2-2-34　［例 2-2-18］时域响应曲线图

2. 利用 Simulink 系统模型图仿真

Simulink 的 Source 组件库中包 Step 模块（阶跃）、Ramp 模块（斜坡）、Sine Wave 模块（正弦），可以完成阶跃响应、斜坡响应及正弦响应的直接仿真。如果需要获得单位脉冲响应和单位加速度响应，则可以利用单位脉冲、单位加速度信号与阶跃及斜坡信号的微积分关系，利用 Continuous 组件库中的 Derivative 模块（微分）、Integrator 模块（积分）完成信号的转换。

【例 2 - 2 - 19】　试用 Simulink 直接完成对于［例 2 - 2 - 18］中的电动机转速系统的单位脉冲响应的仿真分析。

解　（1）搭建系统如图 2 - 2 - 35 所示。

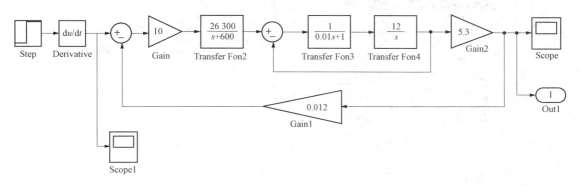

图 2 - 2 - 35　利用 Simulink 的单位脉冲响应仿真

（2）仿真曲线。当以默认的阶跃信号模块起步时间 step time（默认值为 1）。故 Scope1 模块显示的是单位脉冲信号见图 2 - 2 - 36，从 1s 开始产生一个巨大值的冲激量。单位脉冲响应也从 1s 开始，见图 2 - 2 - 37。

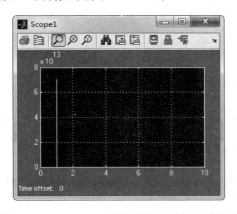

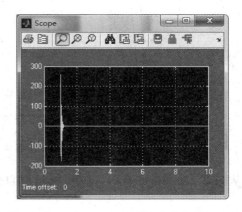

图 2 - 2 - 36　Scope1 模块显示的单位脉冲信号　　图 2 - 2 - 37　Scope 模块显示的单位脉冲响应

【例 2 - 2 - 20】　试用 Simulink 建模仿真法完成二阶系统的自然振荡频率 ω_n 对系统阶跃响应的影响试验。设二阶系统 $G(s) = \dfrac{\omega_n^2}{s^2 + 2\zeta\omega_n s + \omega_n^2}$，$\zeta = 0.5$。

解　选择 $\omega_n = 1, 2, 3$ 进行系统试验。

（1）在 Simulink 框架下搭建如图 2 - 2 - 38 所示的框图，利用 Mux 模块便于在同一平台下对比系统响应，其参数设置如图 2-2-38 中提示。

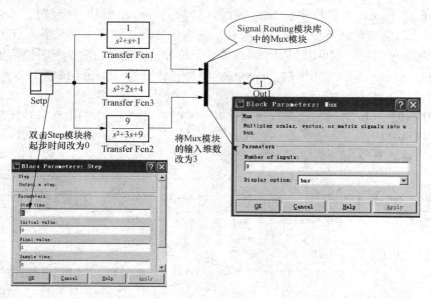

图 2-2-38 ［例 2-2-20］建模及参数设定

（2）单击 Simulink 运行键。

（3）在 MATLAB 命令窗口输入命令"plot（tout，yout）↙"，运行结果见图 2-2-39。

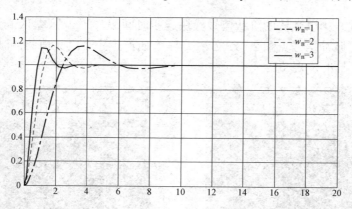

图 2-2-39 ［例 2-2-20］的仿真运行结果

从图 2-2-39 可看出，随着无阻尼自然频率的增加，系统的超调量不变，过渡时间变短。

3. 零输入响应的 Simulink 仿真实现

因为零输入响应要求输入信号为零，因此用 Simulink 仿真时可使得系统的输入信号为零（悬空）。在 Simulink 的连续模块库中选用状态空间模型模块。状态空间模型参数的设定与 MATLAB 矩阵元素赋值方法相同。试将［例 2-2-13］改用 Simulink 仿真法完成。从图 2-2-40 可见其 Simulink 模型和状态空间模型模块参数设置窗，以及所完成的零输入响应示波器图，结果与［例 2-2-13］的相同。

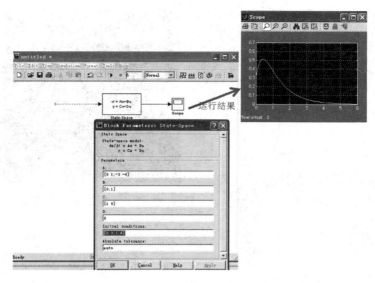

图 2 - 2 - 40　　［例 2 - 2 - 13］的零输入响应 Simulink 仿真及运行结果

二、Simulink 环境下的误差及稳态误差

下面利用实例来说明 Simulink 环境中的误差及稳态误差的仿真。

【**例 2 - 2 - 21**】　　试用 Simulink 直接完成对于［例 2 - 2 - 19］的电动机转速系统的单位阶跃输入下系统误差及稳态误差的仿真分析。

解　搭建如图 2 - 2 - 41 所示框图，Scope1 的引出点为系统的误差信号，即可以直接读取误差曲线，而 Simulink 中的 Display 模块，可以获取引出变量的终值，若系统是稳定的，则 Display 模块中即能显示系统的稳态误差。

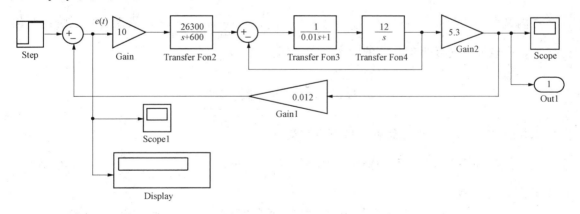

图 2 - 2 - 41　　［例 2 - 2 - 21］的误差分析的 Simulink 框图

运行后，可以看到 Display 模块中显示如图 2 - 2 - 42 所示，可知稳态误差为 0.03463。也可通过 Scope1 得到误差响应曲线，如图 2 - 2 - 43 所示。

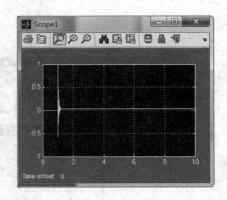

图 2 - 2 - 42　［例 2 - 2 - 21］　　图 2 - 2 - 43　［例 2 - 2 - 21］误差响应曲线
的 Display 执行结果

扫码查看答案

2.2.5　课　内　实　验

课内题 2 - 2 - 1　对于下列典型系统，用 MATLAB 软件编程，绘制系统的单位阶跃响应，分析参数对于系统性能的影响。

(1) $G_1(s) = \dfrac{K}{Ts+1}$，$T=2$，$K=3$。

(2) $G_2(s) = \dfrac{\omega_n^2}{s^2 + 2\zeta\omega_n s + \omega_n^2}$，$\omega_n = 10$，$\zeta = 0, 0.2, 0.5, 1$。

(3) $G_3(s) = \dfrac{K(\tau s+1)}{s^2 + 2s + 2}$，$K=2$，$\tau = 0, 0.6, 2$。

课内题 2 - 2 - 2　已知系统 $G(s) = \dfrac{20.4(s+5)}{(s^2+2s+2)(s+5.1)(s+10)}$，求系统的二阶近似传递函数，比较原系统及近似系统的动态性能指标。

2.2.6　课　外　实　验

课外题 2 - 2 - 1　控制系统的时域分析实验。

设单位反馈系统的开环传递函数为，$G_0(s) = \dfrac{K}{s(1+0.1s)(1+0.25s)}$。试用 MAT-LAB 软件编程完成：

(1) 分别取 $K=0.8, 2, 4, 5$，绘制闭环系统的零极点图，判定稳定性，并绘制对应的阶跃响应曲线。

(2) 令 $K=0.8, 2, 4, 5$，编程得到劳斯表，确定系统稳定性。

(3) $K=0.8$，确定系统的阶跃响应动态性能指标，计算系统的阻尼比，求系统输入为 $r(t) = 1(t)$，$4t$，t^2 时系统的静态误差系数及稳态误差。

课外题 2 - 2 - 2　已知系统结构见图 2 - 2 - 44，用 Simulink 建立结构框图并进行系统仿真。要求：

（1）在 MATLAB 中搭建系统框图，调节 K，确定系统稳定的 K 的取值范围。

（2）确定 $K=5$ 时系统的单位阶跃响应，并确定系统的动态性能指标。

（3）如果定义系统的误差 $e(t) = r(t) - y(t)$，在 Simulink 环境下，确定 $K=5$ 时系统输入 $r(t) = t^2$ 下，系统的误差响应曲线及稳态误差。

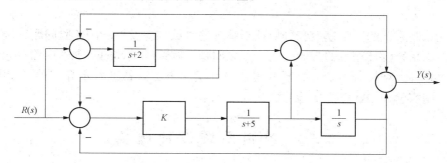

图 2 - 2 - 44　课外题 2 - 2 - 2 图

第 3 章　控制系统的时域设计

在建立控制系统的数学模型和分析控制系统的时域响应及性能的实验问题解决后，本章将讨论和控制系统设计相关的实验问题。首先回顾控制系统设计的基本理论和概念，然后分四节给出了几种典型控制系统的时域分析与设计实验方法。特别着重介绍的是 PID 控制系统的控制作用实验和参数整定实验方法。

2.3.1　控制系统设计概要

控制系统的设计就是根据受控过程的动态特性和控制要求确定控制器与受控过程的连接形式与结构，以及控制器本身的结构与参数。控制系统设计是控制工程师经常要面临的重要工作。控制系统设计可简单地分为 4 个步骤：根据需要制定技术指标；根据技术指标设计若干解决方案；根据验证结果选择解决方案；对所选择方案做细节设计。控制系统的设计过程还可仔细地分为如文献［1］图 4-1 所示的 9 个步骤。其中，核心的三个步骤是：第 5 个步骤（为受控过程、传感器和执行器建立数学模型）、第 6 个步骤（进行控制器本身的结构设计）、第 7 个步骤（进行控制器参数仿真试验整定）。假定，控制系统的建立数学模型工作已经完成，那么控制器的结构设计和控制器参数整定就成为设计关键所在。

首先，应当确定控制系统的基本结构。典型的控制系统的基本结构有单回路反馈控制、前馈反馈复合控制、串级控制、多回路控制、迟延补偿控制等。控制系统的基本结构确定往往取决于多种因素的综合，例如传统的设计或实现的现场条件。

其次，需要确定控制器本身的结构。控制器结构的确定也就是控制器的规律选择。最常见的控制规律是 PID 控制规律。还有用根轨迹法或频率特性法设计的超前－滞后控制规律、状态反馈控制规律等。若是选定了 PID 控制规律，也就是确定控制器的结构为 PID 结构。接下来还需要具体确定控制器的结构细节——P、PI、PD、PID，或某种 PID 的变形方案。若是选定控制器为超前－滞后结构，则还需确定具体为哪一种。典型的超前－滞后控制器有超前校正型、滞后校正型或超前滞后校正型。

在控制器结构确定后，控制器的参数整定就成为需要解决的问题。控制器的参数整定具体方法随控制器结构而定。选用 PID 控制器就要用 PID 控制器的参数整定方法。选用超前－滞后控制器就要用超前－滞后控制器的参数整定方法。无论如何，控制器参数整定并非通过简单计算一蹴而就，往往需要经过初步计算、仿真试验调整和实际试验调整三个步骤的多次重复才能完成。所以控制器的参数整定是一项有技术难度的工作，也是每一个控制工程师应掌握的基本技能之一。

2.3.2　PID 控制系统

PID 控制器是在工业过程控制中最常见的一种控制装置。在工业过程控制中，95％以上的控制回路具有 PID 结构。PID 控制器可以是 P、PI、PD 或 PID 的组成形式。PID 控制器的控制作用无非是比例作用、积分作用和微分作用。比例作用可加快系统的动态过程，减小稳态误差，但牺牲动态偏差；积分作用用于消除稳态误差；微分作用可预测误差变化以减小动态偏差。为使得闭环系统达到希望的动态、稳态性能，PID 控制器的设计包括选择合理的控制器结构和合理的控制器参数。

一、PID 控制器的数学模型

PID 控制器在控制系统中所处的位置如图 2-3-1 所示。

PID 控制器的标准传递函数为

$$G_c(s) = K_p\left(1 + \frac{1}{T_i s} + T_d s\right)$$

其中，K_p 为比例系数，T_i 为积分时间常数，T_d 为微分时间常数。

PID 控制器的方框图如图 2-3-2 所示。

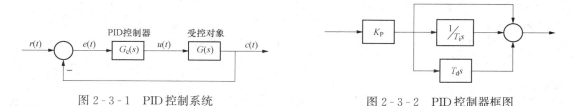

图 2-3-1 PID 控制系统　　　　图 2-3-2 PID 控制器框图

工业控制中，微分环节也会采用实际微分函数，其 PID 控制器传递函数为

$$G_c(s) = K_p\left(1 + \frac{1}{T_i s} + \frac{T_d s}{\frac{1}{N}T_d s + 1}\right)$$

其中，N 采用一个较大的数值，常用数值为 10。

二、PID 控制器的 MATLAB/Simulink 模型

1. PID 控制器的 TF 模型（见表 2-3-1）

表 2-3-1　　　　　　　　PID 控制器的 TF 模型

序号	控制器	传递函数	程序代码
1	P 控制器	$G_c(s) = K_p$	$G_c(s) = K_p$
2	PI 控制器	$G_c(s) = K_p\left(1 + \frac{1}{T_i s}\right)$	$G_c(s) = K_p * tf([Ti\ 1],[Ti\ 0])$
3	PD 控制器	$G_c(s) = K_p(1 + T_d s)$	$G_c(s) = K_p * tf([Td\ 1],[0\ 1])$
4	PID 控制器	$G_c(s) = K_p\left(1 + T_d s + \frac{1}{T_i s}\right)$	$G_c(s) = K_p * tf([T_d * T_i, T_i, 1],[T_i\ \ 0])$

2. PID 控制器的 Simulink 模型

可按图 2-3-3 所示组成 PID 控制器。

三、PID 控制作用实验分析

PID 控制器三个环节的可调系数的大小，决定了 PID 控制器的比例、积分、微分控制

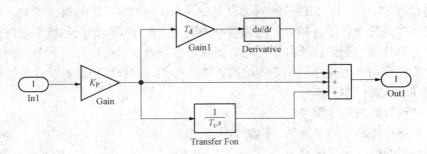

图 2 - 3 - 3　PID 控制器的 Simulink 模型

```
G=tf(1,conv(conv([0.2 1],[0.7 1]),[1 1]));
t=0:0.1:10;
Kp=[0.4,0.8,2,4,6];
fori=1:length(Kp)
GGc=feedback(Kp(i)*G,1);
    holdon
    step(GGc,t) ;
    gridon;
end
gtext('Kp=0.4');
gtext('Kp=0.8');
gtext('Kp=2');
gtext('Kp=4');
gtext('Kp=6');
```

图 2 - 3 - 4　[例 2 - 3 - 1] 程序

作用的强弱。下面通过 MATLAB 仿真试验，用实例说明比例、积分、微分控制各自的作用。

【例 2 - 3 - 1】　已知 PID 控制系统中的受控对象的传递函数为 $\dfrac{1}{(0.2s+1)(0.7s+1)(s+1)}$，试分析比例、积分、微分控制对系统特性的影响。

解　(1) P 控制试验。取五个大小不等的比例 K_p 值，做控制系统的阶跃响应，分析比较控制增益值变化的影响。

输入程序见图 2 - 3 - 4，执行结果见图 2 - 3 - 5。可见，比例作用增大时，闭环系统稳态误差变小，响应振荡加剧，响应速度变快。

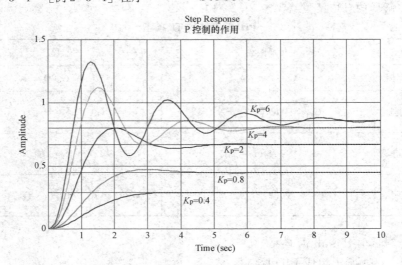

图 2 - 3 - 5　比例控制作用试验响应

试验表明，当 $K_p > 13.12$ 后，系统响应将变得不稳定。

（2）PI 控制试验。设 $K_p = 1$，$T_d = 0$，$T_i = 0.4 \sim 4$，观察积分时间变化对系统性能的影响。将图 2-3-4 中的程序第四行，改为 20s，第五至第九行的控制器结构及参数部分修改为如下命令：

```
Kp = 1;
Ti = [0.4,1,2,3,4];
for i = 1:length(Ti)
      Gc = tf(Kp * [Ti(i) 1],[Ti(i) 0]);
      GGc = feedback(Gc * G,1);
```

其他程序行语句与图 2-3-4 相同，执行结果如图 2-3-6 所示。由图可知，PI 控制可使得系统由有差系统变为无差系统。

观察图 2-3-6 响应曲线可知，当增加积分参数 T_i 时，上升时间变长，系统的超调量减小。注意，积分系数 T_i 不能太小，系统有可能变得不稳定；积分系数 T_i 不能太大，系统的过渡过程时间会过长。

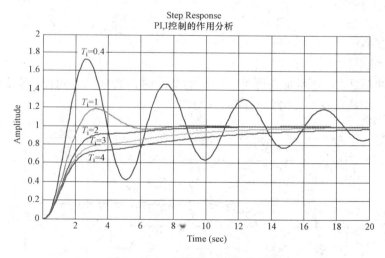

图 2-3-6　积分控制的性能分析

（3）PD 控制试验。设 $K_p = 1$，$T_d = 0.1 \sim 2$，将图 2-3-4 的程序中的第六至第十行替换为如下代码：

```
Kp = 1;Td = [0.1 0.3 0.6 1];
for i = 1:length(Td)
    Gc = tf(Kp * [Td(i) 1],[0 1]);
    GGc = feedback(Gc * G,1);
```

程序执行后，可得如图 2-3-7 所示响应曲线。可以看出，T_d 增加时，系统的超调量下降、响应速度也加快。

（4）微分时间变化的 PID 控制试验。设 $K_p = 1$，$T_i = 0.5$，$T_d = 0.1 \sim 1.5$，将图 2-3-4 中的程序第六至第十行改为如下命令：

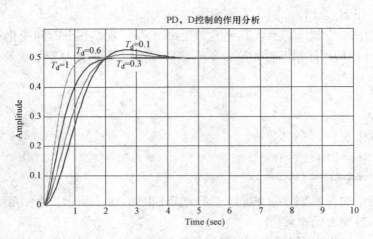

图 2 - 3 - 7　D 控制加入微分作用后的性能分析

```
Kp = 1;Ti = 0.5;
Td = [0.1 0.6 1 1.4];
for i = 1:length(Td)
Gc = tf(Kp * [Td(i) * Ti Ti 1],[Ti 0]);
GGc = feedback(Gc * G,1);
```

　　执行结果如图 2 - 3 - 8 所示。可见，一定的范围内，微分作用的加强会使得系统的动态偏差得到改善，超调量减小，峰值时间略有增加。

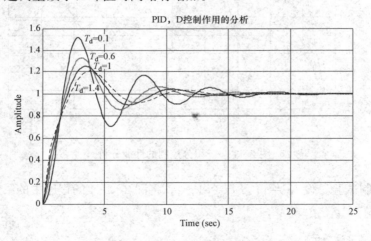

图 2 - 3 - 8　PI 控制加入微分作用后的性能分析

四、PID 控制器的参数整定方法

　　PID 控制器的整定，是指针对具体的控制对象和控制要求调整控制器参数求取控制质量最好的控制器参数值。具体而言，就是确定最合适的比例系数 K_p、积分时间 T_i 和微分时间 T_d。由于 PID 各参数和系统性能指标之间的关系是不确定的，还存在相互影响，因此 PID 控制器的整定通常比较困难。很多情况下，是采用经验公式和实践相结合的方法来整定。下面介绍常用的 Ziegler - Nichols 法和衰减振荡法。

1. Ziegler‐Nichols 整定方法

Ziegler—Nichols 经验整定法是基于受控对象是带有延迟的一阶惯性模型（单容时滞模型）提出的。如果控制对象既不包含积分器，又不包括主导共轭复数极点，则其阶跃响应曲线宛如 S 形。通过实验建模法（参看第 2 章有自平衡系统实验建模）可以根据 S 形阶跃响应曲线计算得到单容时滞模型。设受控对象近似模型的表达式为

$$G(s) = \frac{K}{Ts+1} e^{-\tau s}$$

则该传递函数的参数为 K_p、T_i、T_d。

Ziegler‐Nichols 法则给出了 PID 控制器的 K_p、T_i、T_d 整定参数表，见表 2‐3‐2。

表 2‐3‐2　　　　　　　　　　　**Z‐N 法整定参数表**

控制器类型	PID 控制器参数		
	K_p	T_i	T_d
P	$T/K\tau$	∞	0
PI	$0.9T/K\tau$	3τ	0
PID	$1.2T/K\tau$	2τ	0.5τ

【例 2‐3‐2】　已知 PID 控制系统中的受控对象的传递函数为 $\frac{4}{36s+1}e^{-10s}$，试用 Z‐N 整定方法整定计算 P、PI、PID 控制器的参数，并绘制其控制参数整定后的系统响应。

解　（1）绘制受控对象的阶跃响应曲线，如图 2‐3‐9 所示。

（2）根据 $K=4$，$T=36$，$\tau=10$，利用表 2‐3‐2，整理计算结果可得各控制器参数。

P 控制器　$K_p=0.9$

PI 控制器　$K_p=0.81$，$T_i=30$

PID 控制器　$K_p=1.08$，$T_i=20$，$T_d=5$

（3）比较分析 PID 控制器的作用。编写程序，分析比较 P、PI 及 PID 控制器的作用。其中，P 控制器的程序如下：

```
K = 4;T = 36;tao = 10;
Kp = 0.9;Gc1 = Kp;
G01 = tf(K,[T,1]);
[n2,d2] = pade(tao,2);
G02 = tf(n2,d2);
GG1 = feedback(G01 * Gc1,G02);
GG1.iodelay = tao;
t = 0:0.01:150;
step(GG1,t);gtext('P controller');
```

PI 及 PID 控制器的程序只需要修改第二行即可。

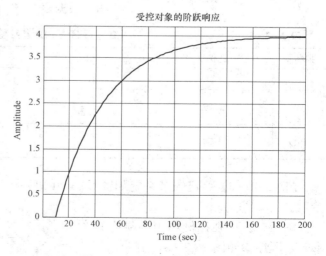

图 2‐3‐9　受控对象响应曲线

图 2-3-10 所示为 P、PI、PID 控制器的运行结果。可以看出，P 控制为有差控制，PI 及 PID 控制为无差控制。PID 控制的响应速度虽然快，但是超调量偏大。

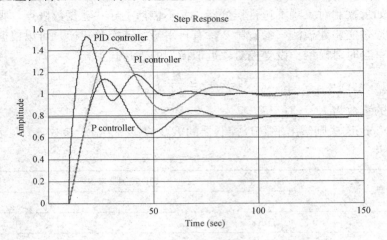

图 2-3-10 Z-N 法的控制系统的性能比较

2. 衰减曲线经验公式法

衰减曲线法是通过使控制系统产生衰减振荡来整定控制器的参数值的，具体作法如下：

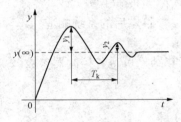

图 2-3-11 衰减曲线

（1）使积分环节和微分环节的不工作，调整比例增益 K_p 从一个小数值开始，逐次增大，直到使衰减振荡响应的衰减比为 4：1（即图 2-3-11 中的 $\frac{y_1}{y_2}$=4：1）；记录此时的比例系数 K_1，振荡周期 T_k。

（2）计算此时的比例带 δ_k，$\delta_k = \dfrac{1}{K_1}$。

（3）根据表 2-3-3 计算控制器的参数值。

表 2-3-3 衰减振荡法 PID 参数整定表

控制器	比例度	比例	积分时间 T_i	微分时间 T_d
P	δ_k	K_1	∞	0
PI	$1.2\delta_k$	$\dfrac{K_1}{1.2}$	$0.5T_k$	0
PID	$0.8\delta_k$	$\dfrac{K_1}{0.8}$	$0.3T_k$	$0.1T_k$

【例 2-3-3】 已知某系统如图 2-3-12 所示，试采用衰减振荡法整定其 PID 控制器参数。

解 （1）单独比例作用，调整 P 参数，程序参照图 2-3-3。

步骤 1：记录单位阶跃响应的第一次波峰（Peak amplitude），稳态值

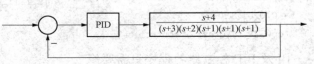

图 2-3-12 PID 控制器参数整定

（Final Value）（在 Step 曲线的图片上单击鼠标右键，通过 Step 的峰值响应及稳态值属性获得），第二次波峰（通过滑动鼠标至第二个波峰获得）。

步骤 2：计算衰减比

$$\phi = \frac{y_{1max} - y_{final}}{y_{2max} - y_{final}}$$

直到使衰减振荡响应的衰减比为 4：1（即图 2 - 3 - 11 中的 $\frac{y_1}{y_2} = 4 : 1$），确定 4：1 的 P 系数。

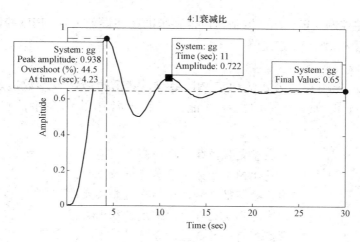

图 2 - 3 - 13 4：1 的衰减振荡比曲线

本例中，当 $K_p = 2.78$ 的单位阶跃曲线如图 2 - 3 - 13 所示，其衰减比为

$$\phi = \frac{y_1}{y_2} = \frac{0.938 - 0.65}{0.722 - 0.65} = 4$$

记录此时的振荡周期

$$T_k = 6.8s$$

（2）测取和换算相关数据：δ_k = 1/2.78；T_k = 6.8（s）。根据经验公式表换算 PID 参数。

P 控制系数 $K_p = 2.78$

PI 控制系数 $K_p = 2.3167$，$T_i = 3.4$

PID 控制系数 $K_p = 3.475$，$T_i = 2.04$，$T_d = 0.68$

P、PI、PID 控制效果见图 2 - 3 - 14。

利用 stepinfo 函数获取三种控制方式的系统响应性能主要参数，见表 2 - 3 - 4。

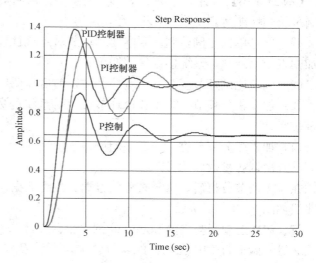

图 2 - 3 - 14 三种控制方式的响应比较

表 2-3-4 三种控制方式的系统性能指标

控制方式	峰值时间（s）	超调量	过渡过程时间（s）	稳态值及稳态误差
P	4.3017	44.37%	18.64	0.65，0.35
PI	5.0395	28.98%	21.35	1，0
PID	3.828	38.1%	11.78	1，0

P 控制为有差控制。PI、PID 控制均使得系统的稳态误差为 0。PID 控制有更快的响应速度，但其超调量相对于 PI 控制略大。

3. 实践整定法

实践整定法：先用经验公式法初定 PID 参数，然后边微调各参数边观察控制系统响应性能变化，直至得到较理想的控制性能。工程上常用的调整手法已整理成如下的口诀：

参数整定找最佳，从小到大顺序查；
先是比例后积分，最后再把微分加；
曲线振荡很频繁，比例度盘要放大；
曲线漂浮绕大弯，比例度盘往小扳；
曲线偏离回复慢，积分时间往下降；
曲线波动周期长，积分时间再加长；
曲线振荡频率快，先把微分降下来；
动差大来波动慢，微分时间应加长；
理想曲线两个波，前高后低4比1；
一看二调多分析，调节质量不会低。

【例 2-3-4】 针对［例 2-3-3］的系统，试用实践整定法确定 PID 控制器参数，使得控制系统的性能达到 $\sigma\% \leqslant 10\%$，$t_s < 8s$。

解 （1）单独比例控制。观察比例环节对系统性能影响，注意到在 0～6 期间，振荡逐渐加剧直至 $K_p = 6$，系统接近等幅振荡。

（2）调节比例环节至基本出现两个波，前后高低比接近 4:1。

（3）加入积分环节，观察积分环节参数对系统的影响，保证系统稳定，稳态误差为零，振荡较小。

（4）加入微分环节进一步减小超调量。

（5）微调各参数。

在反复调节分析后，选择较好的数据为最终数据，$K_p = 3$，$T_i = 3$，$T_d = 1$，其对应的响应曲线如图 2-3-15 所示。

五、PID 控制器整定的 Simulink 试验平台设计

通过实验进行 PID 控制器的参数整定，常利用 Simulink 平台直接完成。搭建带有 PID 控制系统的框图，调节 P、PI 及 PID 控制器的相关系数，完成调试和比较。

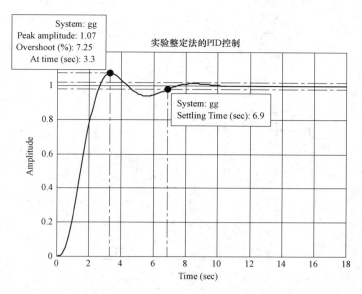

图 2 - 3 - 15　［例 2 - 3 - 4］的控制整定结果

【**例 2 - 3 - 5**】　针对［例 2 - 3 - 3］的系统，分别采用 Z - N 法整定 P、PI 及 PID 控制器参数并利用 Simulink 平台分析控制效果。

解　（1）在 Simulink 平台上搭建控制系统如图 2 - 3 - 16 所示。

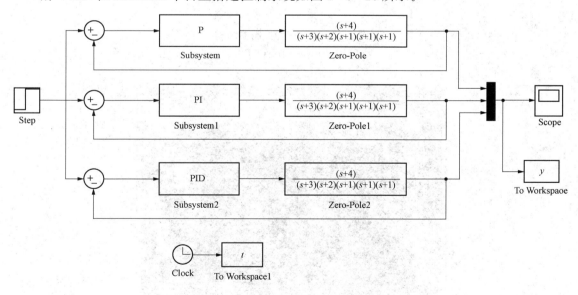

图 2 - 3 - 16　Simulink 平台下的三种控制

其中，P、PI、PID 子系统的内部结构如图 2 - 3 - 17 所示。

（2）运行 Simulink 模型，观察响应曲线（见图 2 - 3 - 18），适当调整仿真时间。本例选择仿真时长 40s。单击 Scope，获取三种控制器的输出响应。其中，Scope 默认的颜色顺序（Yellow 黄色，Magenta 紫色，Cyan 青色，Red 红色，Green 绿色，Dark Blue 深蓝色）与信号组合模块的输入信号顺序相匹配。

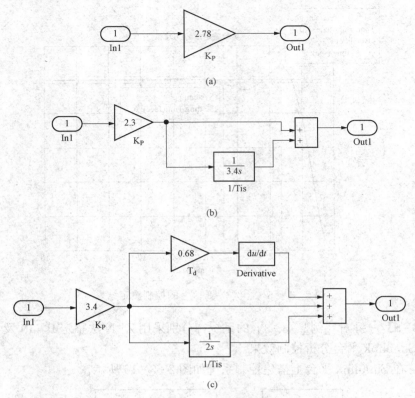

图 2-3-17 三种控制器结构
(a) P；(b) PI；(c) PID

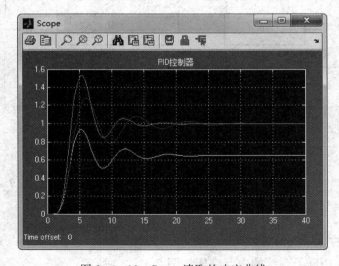

图 2-3-18 Scope 读取的响应曲线

也可以在 MATLAB 命令窗中输入命令：

plot(t,y); legend('P','PI','PID');

得到相应的响应曲线，并根据需要适当修改线型，见图 2 - 3 - 19。

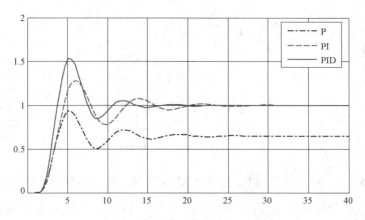

图 2 - 3 - 19 利用 plot 函数绘制的响应曲线

2.3.3 串级控制系统

所谓串级控制系统是将两个或多个控制器串起来构成的控制系统。串级控制系统被认为是一种能明显改善控制品质的复杂控制系统，因此在工业控制中被广泛应用。只要受控过程可以拆分为几个环节的串联，其中间变量可以测取，就可采用串级控制的方法来提高控制品质。

图 2 - 3 - 20 所示为一种电站锅炉过热汽温控制系统。在这个系统中，减温水流量由减温阀控制，减温器出口汽温为 θ_1，过热器出口汽温为 θ_2。过热器出口蒸汽温度调节器 I 的输出信号，不是用来控制调节阀而是用来改变调节器 II 的给定值，起着校正的作用。这个串级控制系统是一个双回路系统，实质上就是把两个调节器串联起来，通过它们的协调工作，使被控量准确地保持为给定值。

图 2 - 3 - 20 所示的系统可用方框图表示，见图 2 - 3 - 21。由图可见，温度变送器测量元件为 H_1 和 H_2；控制对象被拆为 G_1 和 G_2 两个环节；控制器也有 R_1 和 R_2 两个。其中，R_1 为外回路的调节器，常称为主调节器；R_2 为内回路的调节器，常称为副调节器。外回路调节目标是定值调节，而内回路的设定变量是外回路调节器的输出，所以内回路属于随动跟踪系统。采用串级控制最明显的优点是快速地抑制了内回路的扰动，而使整个系统的动态误差大为减小。

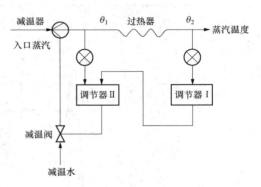

图 2 - 3 - 20 过热器蒸汽温度串级控制系统

在串级汽温控制系统中，由于两个回路的任务及动态特性不同，可以选用不同的调节器；主回路及主调节器的任务是维持主汽温恒定，一般选用 PID 调节器。副回路及副调节器的任务是快速消除内扰，要求控制过程的持续时间较短及不要求无差，故一般可选用 P 或 PI 调节器。

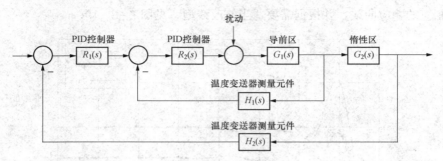

图 2 - 3 - 21　汽温串级控制系统

【例 2 - 3 - 6】　参考图 2 - 3 - 21，已知电站锅炉汽温控制对象的导前区传递函数为 $G_1(s) = \dfrac{-0.815}{(18s+1)^2}$，惰性区传递函数为 $G_2(s) = \dfrac{1.276}{(18.4s+1)^6}$，试设计串级控制器 R_1 和 R_2。假定主回路调节器选用 PID 型调节器，副调节器选用 P 型调节器，温度变送器测量元件为 $H_1 = H_2 = 1$。

解　根据已知条件可搭建 Simulink 试验模型如图 2 - 3 - 22 所示。先整定副调节器。只看副回路，应用衰减曲线法，可得 K_{p2}。再把副回路和惰性区一起看成新的控制对象，应用衰减曲线法整定主回路调节器，可得各 PID 参数。最后可得在设定值扰动和内回路扰动下都有较好控制质量的控制响应，见图 2 - 3 - 23。

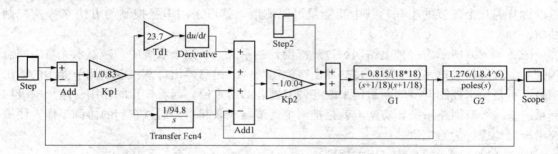

图 2 - 3 - 22　汽温串级控制 Simulink 试验模型

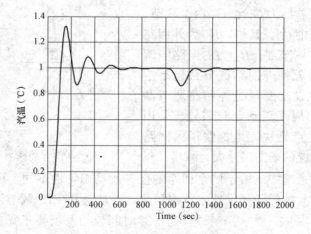

图 2 - 3 - 23　汽温串级控制 Simulink 试验响应

2.3.4　前馈控制系统

前馈控制是针对扰动量及其变化进行控制的，其原理图如图 2-3-24 所示。

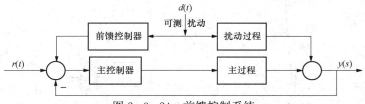

图 2-3-24　前馈控制系统

对图 2-3-24 所示的扰动前馈控制系统，设前馈控制器为 $G_D(s)$，主控制器为 $G_c(s)$，主过程为 $G(s)$，扰动过程为 $G_d(s)$。当系统输出为 $y(t)$，设定值为 $r(t)$，扰动量为 $d(t)$，可导出系统的输入输出关系为

$$Y(s) = \frac{G_d(s) + G_D(s)G_c(s)G(s)}{1 + G(s)G_c(s)}D(s) + \frac{G_c(s)G(s)}{1 + G(s)G_c(s)}R(s)$$

根据全补偿前馈设计原则可得扰动前馈控制器的设计公式为

$$G_D(s) = -\frac{G_d(s)}{G_c(s)G(s)}$$

【例 2-3-7】　已知控制系统中的受控对象（电站锅炉给水过程）的主过程传递函数为 $G(s) = \dfrac{\varepsilon}{s(1 + T_1 s)} = \dfrac{0.037}{s(30s + 1)}$，扰动过程传递函数为 $G_d(s) = \dfrac{K_2}{1 + T_2 s} - \dfrac{\varepsilon}{s} = \dfrac{3.6}{15s + 1} - \dfrac{0.037}{s}$，水位传感器的传递函数为 $G_f(s) = 0.033$，主控制器为 $G_c(s) = 80 \times \dfrac{s + 5}{s + 8}$。试设计扰动前馈控制器，并与无前馈的控制系统做比较。

解　根据前馈控制器的设计公式可得

$$G_D(s) = -\frac{3.045s - 0.037}{15s + 1} \times \frac{30s + 1}{2.96s + 14.8} \times (s + 8)$$

可搭建扰动前馈控制系统的 Simulink 模型如图 2-3-25 所示。仿真试验结果见图 2-3-26。可见，在 400s 时加入的负荷扰动被前馈控制器完全补偿，水位无波动（见实线曲线），而无前馈时，水位波动明显（见虚线曲线）。

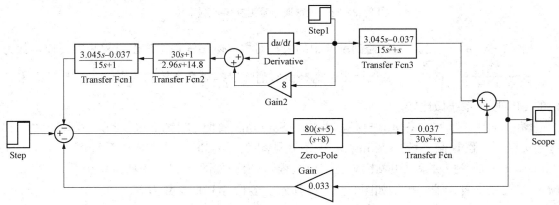

图 2-3-25　汽鼓锅炉给水调节系统

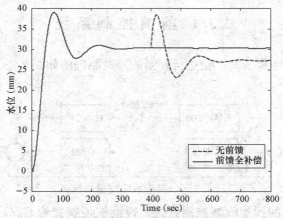

图 2 - 3 - 26   汽鼓锅炉给水调节系统的前馈控制响应

2.3.5   延迟补偿控制系统

工业受控过程常含有纯延迟特性。有延迟特性的受控过程可表示为 $G_0(s) = G_p(s)e^{-\tau s}$。$e^{-\tau s}$ 的存在使过程变得难以控制。因此若能消除延迟的影响，或者说若能补偿或校正 $e^{-\tau s}$ 的特性，则肯定能使控制品质得到提高。图 2 - 3 - 27 所示为带有纯延迟特性的受控对象的反馈控制系统。为消除延迟的影响，史密斯提出了如图 2 - 3 - 28 所示的纯延迟补偿系统。其中，$D(s)$ 为控制器；$G_p(s)(1-e)^{-\tau s}$ 为史密斯补偿器或史密斯预测器。

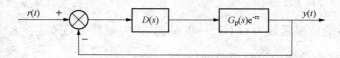

图 2 - 3 - 27   对带有延迟特性过程的反馈控制系统

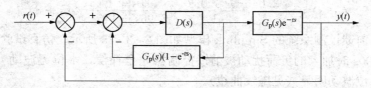

图 2 - 3 - 28   史密斯纯延迟补偿控制系统

【例 2 - 3 - 8】   已知 PID 控制系统中的受控对象（电站锅炉主汽温过程）的传递函数为 $\dfrac{-0.3517}{(1+43s)(1+30s)^4}e^{-107s}$，试设计史密斯补偿器消除迟延对系统控制的影响，并与延迟未补偿的 PID 控制系统做比较。

解   按图 2 - 3 - 27 搭建 PID 控制系统的 Simulink 模型（见图 2 - 3 - 29）。按图 2 - 3 - 28 搭建史密斯补偿控制系统的 Simulink 模型（见图 2 - 3 - 30）。其中，子系统 Subsystem 和 Subsystem1 是受控对象（电站锅炉主汽温过程），模型如图 2 - 3 - 31 所示；子系统 Subsystem2 是史密斯补偿器，模型如图 2 - 3 - 32 所示。若设置 PID 参数为 $K_p=3.1$，$T_i=0.0034$；

$T_d = 45$，则可得两个系统的控制响应如图 2-3-33 所示。可见，史密斯补偿控制后，超调量明显减小。

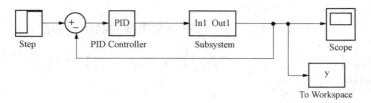

图 2-3-29　PID 控制

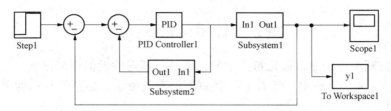

图 2-3-30　锅炉汽温的 Smith 预估控制系统

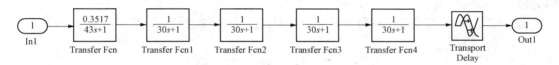

图 2-3-31　子系统 Subsystem1 或 Subsystem

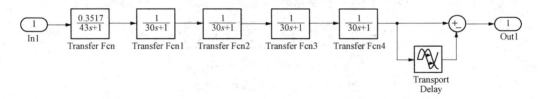

图 2-3-32　子系统 Subsystem2

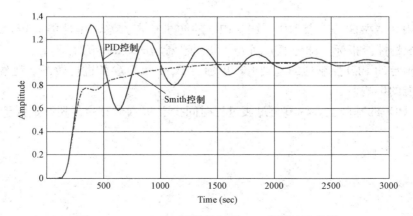

图 2-3-33　Smith 预估控制和 PID 控制响应曲线

扫码查看答案

2.3.6 课 内 实 验

课内题 2 - 3 - 1   已知控制系统的结构图如图 2 - 3 - 34 所示，其中
$$G(s) = \frac{4}{(0.25s+1)(4s+1)(0.01s+1)}, \quad G_c(s) \text{ 为控制器。试完成}$$
以下仿真试验研究。

图 2 - 3 - 34   课内题 2 - 3 - 1 图

（1）利用阶跃响应图解法确定被控对象的惯性＋延迟的近似模型参数。

（2）利用 Z - N 法进行 P、PI 及 PID 控制器的参数整定，绘制校正后的单位阶跃响应并记录其性能指标。

（3）在确定的 PID 控制器的基础上，单独对 P、I 和 D 参数进行微调，观察 P、I、D 控制对系统性能的影响。

（4）在（3）的基础上，调节至过渡过程时间少于 3s（±2%），超调量低于 10%。

2.3.7 课 外 实 验

课外题 2 - 3 - 1   设转子绕线机控制系统如图 2 - 3 - 35 所示，试完成以下设计要求。

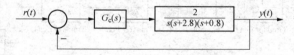

图 2 - 3 - 35   转子绕线机控制系统

（1）当控制器为 1 时，记录系统的性能指标，即峰值时间 t_p、最大超调量 $\sigma\%$ 和调节时间 t_s。

（2）利用衰减振荡法，获取 P、PI、PID 的初步整定方案，做性能分析，记录 P、PI、PID 控制系统的性能指标，即峰值时间 t_p、最大超调量 $\sigma\%$ 和调节时间 t_s。

（3）在确定的 PID 控制器的基础上，单独对 P、I 和 D 参数进行微调，观察 P、I、D 控制对系统性能的影响。

（4）在（3）的基础上，调节至过渡过程时间少于 9s（±2%），超调量低于 15%。

第 4 章　控制系统的根轨迹分析与设计

　　根轨迹法就是利用参数与特征根的关系的分析和设计控制系统的一种非常简便的图解方法。在自动控制原理的理论课程中，主要讲述的是手工绘制根轨迹和人工计算分析的方法，在本章将主要介绍如何利用 MATLAB 软件高效率地发挥根轨迹法的分析和设计作用。

2.4.1　根轨迹的绘制及分析

一、根轨迹的绘制与分析需求

　　已知系统如图 2-4-1 所示，系统的闭环传递函数为 $\dfrac{G(s)}{1+G(s)H(s)}$，则系统的闭环特征方程为

$$1+G(s)H(s)=0$$

可将系统闭环特征方程整理成标准根轨迹方程

$$1+K\,\frac{\text{num}(s)}{\text{den}(s)}=0$$

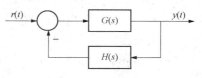

图 2-4-1　闭环控制系统

式中：K 为根轨迹增益；$\text{num}(s)$ 为系统开环传递函数 $G_0(s)$ 的首 1 分子多项式；$\text{den}(s)$ 为开环传递函数 $G_0(s)$ 的首 1 分母多项式。首 1 多项式指最高幂次项系数为 1。

　　开环传递函数 $G_0(s)$ 可表达为

$$G_0(s)=G(s)H(s)=K\,\frac{\text{num}(s)}{\text{den}(s)}$$

　　根轨迹指增益 K 由零到无穷大时根轨迹方程的根（即闭环特征方程的根）在 S 平面上的变化轨迹。绘制根轨迹，需要先求得 K 由零变化到无穷大时的各点根坐标，然后再在 S 平面上的绘出根变化轨迹。

　　完成根轨迹绘制后，常需要根据根轨迹的特征分析系统的特性。下列几点则是根轨迹特征参数和特征线的计算和绘制要点：①根轨迹的起点、终点；②根轨迹渐近线；③根轨迹的分离点；④根轨迹与虚轴的交点；⑤根轨迹在复数极点处的出射角或入射角。

　　利用 MATLAB 软件，可以方便地调用 rlocus（）函数绘制根轨迹图并从图中直接读取特征参数，或者通过下述方法进行根轨迹特征参数计算和特征线的绘制。

二、常规根轨迹的 MATLAB 绘制与分析

1. rlocus 函数调用

　　绘制系统根轨迹图的 MATLAB 函数是 rlocus（），其调用格式见表 2-4-1。

表 2 - 4 - 1   rlocus 函数调用格式表

序号	MATLAB绘制函数	说　　明
1	rlocus (num, den) [r, k] ＝rlocus (num, den) rlocus (num, den, k) r＝rlocus (num, den, k)	多项式传递函数模型，k 从零到无穷大，直接绘制根轨迹 多项式传递函数模型，k 从零到无穷大，提取轨迹数据 多项式传递函数模型，指定 k 值数组，直接绘制根轨迹 多项式传递函数模型，指定 k 值数组，提取轨迹数据
2	rlocus (a, b, c, d)	状态空间模型，k 从零到无穷大，直接绘制根轨迹
3	rlocus (sys)	由 sys 定义的开环模型，直接绘制根轨迹
4	rlocus (sys1, …, sysN) rlocus (sys1, 'r', sys2, 'y: ', sys3, 'gx')	多模型 sys1, …, sysN, 直绘轨迹，默认轨迹线颜色 多模型 sys1, …, sysN, 直绘根轨迹，指定轨迹线颜色

　　调用 rlocus ( ) 函数直接绘制根轨迹后，可用鼠标点在轨迹曲线上某一点，然后在曲线上滑动，就会出现该点根轨迹的具体参数的显示窗。显示参数的含义可说明如下：

System：　　　　对应的系统

Gain：　　　　　根轨迹增益 k 的值；

Pole：　　　　　当前点的坐标值；

Damping：　　　阻尼系数；

Overshoot：　　超调量；

Frequency：　　该条根轨迹分支当前点对应的频率值。

　　提示：在 MATLAB 运行出来的图形当中的空白处双击鼠标左键，可编辑纵横坐标名称和数轴范畴，标题名称、字体样式、是否添加网格线等。单击鼠标右键，可添加或取消网格线、全图显示、特征参数修改等。为获取曲线关键位置处的精确值，可连续单击图形放大图标，滑动鼠标读取相关信息。

【例 2 - 4 - 1】　已知系统的开环传递函数 $G(s) ＝K \dfrac{s+6}{s^3+3s^2+6s}$，试绘制 K 在 (0，10) 的根轨迹图。

　　解　**解法 1**　先算轨迹数据（指定 k 值数组），再用 plot 命令绘制根轨迹图。程序如下：

```
num = [1 6];den = [1 3 6 0];
pzmap(num,den);
hold on
k = 0:0.3:10;
r = rlocus(num,den,k);
plot(r,'*');
axis([-7 2 -5 5]);
title('Root - locus plot of K(1 + 6)/(s^3 + 3s^2 + 6s)');
```

　　运行程序后，结果如图 2 - 4 - 2 所示。

　　解法 2　直接调用 rlocus ( ) 函数，输入命令"num＝ [1 6]；den＝ [1 3 6 0]；k＝ [0.1：0.1：10]；rlocus (num, den, k) ↙"，可得如图 2 - 4 - 3 所示结果。

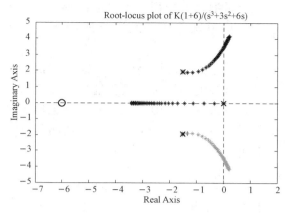

图 2 - 4 - 2　［例 2 - 4 - 1］根轨迹绘制解法 1　　　　图 2 - 4 - 3　［例 2 - 4 - 1］根轨迹绘制解法 2

【例 2 - 4 - 2】　已知系统的开环传递函数 $G(s) = K \dfrac{(s+1)}{s^3 + 4s^2 + 2s + 9}$，试绘制系统的常规根轨迹。

解　在 MATLAB 的命令窗中输入"num＝［1 1］；den＝［1 4 2 9］；rlocus（num，den）↙"，可得如图 2 - 4 - 4 所示结果。

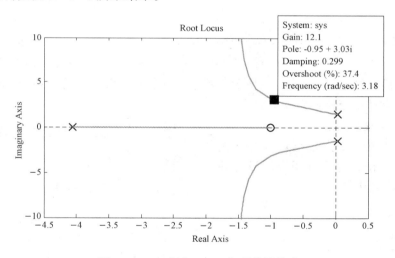

图 2 - 4 - 4　［例 2 - 4 - 2］系统根轨迹

【例 2 - 4 - 3】　已知某系统的状态空间模型如下，试绘制系统的常规根轨迹。

$$\boldsymbol{A} = \begin{bmatrix} 0 & 1 & 0 \\ 0 & 0 & 1 \\ -23 & -34 & -11 \end{bmatrix}, \boldsymbol{B} = \begin{bmatrix} 0 \\ 1 \\ -2 \end{bmatrix}, \boldsymbol{C} = \begin{bmatrix} 1 & 0 & 0 \end{bmatrix}, \boldsymbol{D} = \begin{bmatrix} 0 \end{bmatrix}$$

解　输入命令"a＝［0 1 0；0 0 1；−23 −34 −11］；b＝［0；1；−2］；c＝［1 0 0］；d＝0；rlocus（a，b，c，d）↙"，可得图 2 - 4 - 5 所示根轨迹图。

2. 根轨迹的渐近线绘制

手工绘制根轨迹时，常常要先画渐近线。虽然计算机绘制根轨迹时不需要画渐近线，但

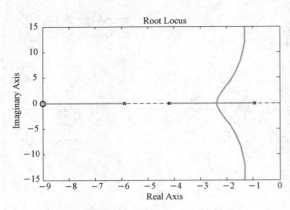

图 2-4-5　〔例 2-4-3〕根轨迹图

是分析根轨迹特征时需要绘制渐近线，且需要将根轨迹和它的渐近线绘制在一张图中。

实际上，根轨迹的渐近线可以认为是特定系统的根轨迹，只要把这个特定系统确定下来就可调用 rlocus（ ）函数绘制根轨迹。研究表明，这个特定系统的传递函数可表示为

$$G_s(s) = \frac{k}{(s+\sigma)^{n-m}}$$

其中，σ 为渐近线与实轴交点的坐标负值。

【例 2-4-4】　已知系统的开环传递函数 $G(s) = \dfrac{k(s+3)}{s(s+5)(s+6)}$，试绘制系统的常规根轨迹及渐近线。

解　设计 MATLAB 程序如下：

```
n = [1 3];d = conv([1 11 30],[1 0]);
g0 = tf(n,d)
rlocus(g0);
hold on
s2 = tf(1,conv([1 4],[1 4])); % segma = -4,n - m = 2;
rlocus(s2,'k:');
```

执行程序后，结果如图 2-4-6 所示。程序中特定系统为 s2，特定系统的极点值是用渐近线与实轴交点计算公式事先算出的。

3. 根轨迹与虚轴的交点

根轨迹与虚轴的交点数据可用劳斯判据等方法人工算出，也可利用专门设计的 MATLAB 函数来计算：

```
function [k,w] = critical(g0)
g0 = tf(g0);
num = g0. num{1};
den = g0. den{1};
ka = allmargin(g0);
w = ka. GMFrequency;
k = ka. GainMargin;
```

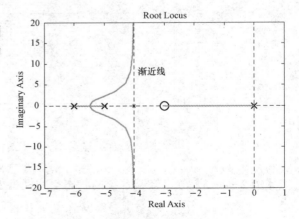

图 2-4-6　根轨迹与渐近线实例

【例 2-4-5】　已知系统的开环传递函数 $G(s) = \dfrac{k}{s(s+2)(s+3)}$，试绘制系统的常规根轨迹及渐近线，并计算根轨迹与虚轴的交点。

解　设计 MATLAB 程序如下：

```
n = [1];d = [1 5 6 0];
g0 = tf(n,d)
rlocus(g0);
[k,w] = critical(g0) % 与虚轴交点的计算
n1 = [1];d1 = conv([1 5/3],conv([1 5/3],[1 5/3])); % 渐近线
hold on
rlocus(n1,d1,'k;');
```

程序执行后，在 MATLAB 命令窗口，显示有根轨迹与虚轴的交点数据："k＝30.0000，w＝2.4495"。根轨迹图如图 2‐4‐7 所示。

4. 根轨迹的分离点

在用 MATLAB 的 rlocus（）函数绘制根轨迹后，可以非常方便地用鼠标滑动在根轨迹图的分离点直接读取分离点数据，如［例 2‐4‐6］所示。

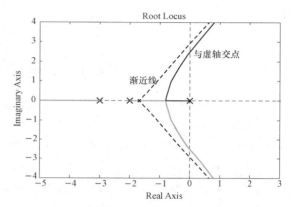

图 2‐4‐7　［例 2‐4‐5］根轨迹图

【例 2‐4‐6】　已知系统的开环传递函数 $G(s) = \dfrac{k(s+3)}{(s-1)(s+2)}$，试绘制系统的常规根轨迹及确定根轨迹的分离点。

解　（1）输入命令："s1＝tf（［1 3］，conv（［1 −1］，［1 2］））;rlocus（s1）"。执行结果如图 2‐4‐8 所示。

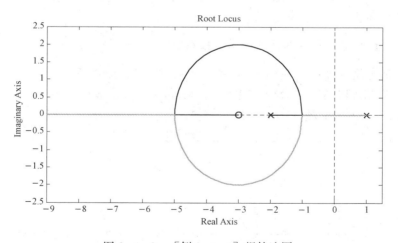

图 2‐4‐8　［例 2‐4‐6］根轨迹图

（2）滑动鼠标，单击图中的分离点，即得到该根轨迹的分离点数据，如图 2‐4‐9 所示。该系统的分离点为｛−1，0｝和｛−5，0｝。

5. rlocfind 函数

MATLAB 提供的 rlocfind 函数可借助动态十字光标选定根轨迹图上的点，求出选定点的增益值 k 和闭环根 r（向量）的值。该函数的调用格式：

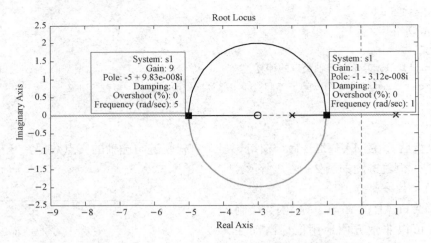

图 2-4-9　　〔例 2-4-6〕的根轨迹的分离点

[k,poles] = rlocfind(num,den)　　　光标选定闭环极点,获取增益及所有闭环极点

[k,poles] = rlocfind(sys)　　　　　　光标选定闭环极点,获取增益及所有闭环极点

[k,poles] = rlocfind(num,den,p)　　计算给定一组根的根轨迹增益及所有闭环极点

　　说明:先执行命令 rlocus (num,den),作出根轨迹图,再执行 rlocfind 命令,然后可直接在根轨迹图上选取感兴趣的点。若为前两种调用格式,MATLAB 命令窗口将出现提示语句"Select a point in the graphics window",即要求在根轨迹图上选定闭环根点。将鼠标移至根轨迹图选定位置,单击左键确定,图上出现"＋"标记,即得到了该点的增益 k 和闭环根 r 的返回变量值。

　　【例 2-4-7】　　已知系统的开环传递函数 $G(s) = \dfrac{K\ (s^2+6s+8)}{s\ (s+1)\ (s+8)}$。试求:(1) 系统的根轨迹;(2) 确定闭环极点位于 −3 处,系统的 K 值及其他的闭环极点。

　　解　(1) 在 MATLAB 的命令窗中输入"num＝〔1 6 8〕;den＝〔1 9 8 0〕;rlocus (num,den) ↙",可得如图 2-4-10 所示结果。

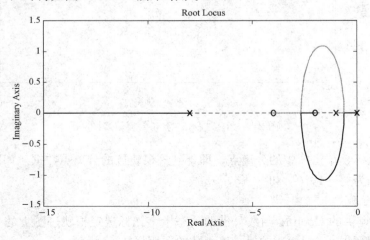

图 2-4-10　　〔例 2-4-7〕根轨迹

（2）在命令窗口中输入："［k，poles］=rlocfind（num，den，−3）↙"，运行结果如图2-4-11所示。可知当系统一个闭环根落于−3处时，系统根增益为30，另外两个根为−2.3795、−33.6205。

```
k = 30
poles =
   -33.6205
   -3.0000
   -2.3795
```

图2-4-11 ［例2-4-7］的 K 值和极点

6. 绘制阻尼比和无阻尼自然频率的网格线

当对系统的阻尼比ζ和无阻尼振荡频率 ω_n 有要求时，就希望在已绘制的根轨迹图上叠加上等ζ或等 ω_n 线，以便对照分析。MATLAB提供有绘制阻尼比ζ和无阻尼振荡频率 ω_n 网格线的函数sgrid，其调用格式如下：

sgrid   在已作出的根轨迹图上或者零极点位置图上作出等ζ和等 ω_n 网格线

sgrid（ζ，ω_n） 自指定ζ和 ω_n 值，作出指定参数下的网格线

sgrid（'new'）   在空白图上作等间隔分布的等ζ和等 ω_n 网格线

说明：sgrid函数绘制的阻尼线系数范围是从0到1。

【例2-4-8】 已知系统 $G(s)=\dfrac{s^2+5s+1}{2s^2+3s+5}$。试绘制根轨迹及等ζ=0.5、0.707和等 ω_n=1、2、3网格线图。

解 在MATLAB的命令窗中输入："num=［1 5 1］；den=［2 3 5］；rlocus（num，den）；sgrid（［0.5，0.707］，［1，2，3］）↙"，可得如图2-4-12所示结果。

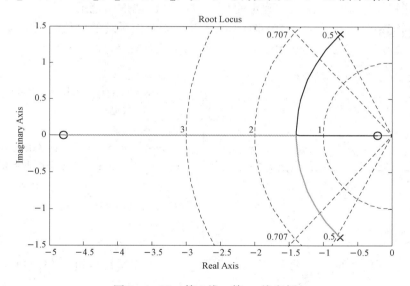

图2-4-12 等ζ线、等 ω_n 线实例

当希望获取系统根轨迹图上ζ=0.707时的点的 K 值，则输入命令："rlocfind（num，den）"，将移动的光标单击在根轨迹与阻尼线0.707的交点位置，运行结果见图2-4-13。在命令窗口会显示结果，所选点为−1.0588 + 1.0450i时，K=0.437。

当然，也可以通过滑动鼠标到交点位置，记录其参数，得到 K 值。

7. 常规根轨迹的 MATLAB 绘制与分析综合例

上述关于常规根轨迹的绘制与分析的几种应用MATLAB的技术方法可以集中展示在下

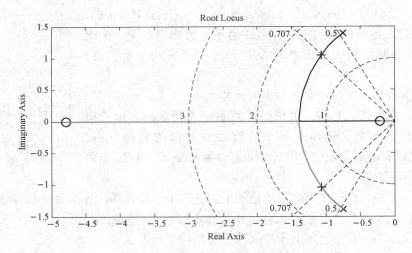

图 2 - 4 - 13　等阻尼线的 K 值确定实例

面的［例 2 - 4 - 9］中。

【**例 2 - 4 - 9**】　已知系统开环传递函数为 $G(s) = K \dfrac{s+4}{s\,(s+2)\,(s+5)\,(s+6)}$。

（1）试绘制系统根轨迹并标注根轨迹的渐近线、分离点。

（2）计算根轨迹与虚轴交点，确定使系统稳定的 K 的取值范围。

（3）试确定系统阻尼比为 0.707 时的 K 值并绘制对应系统的单位阶跃响应。

解　（1）绘制系统的根轨迹和渐近线。设计 MATLAB 程序如下：

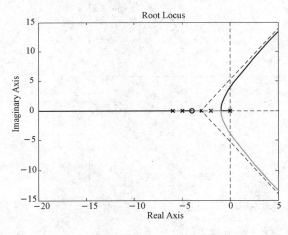

图 2 - 4 - 14　［例 2 - 4 - 9］根轨迹图

```
num =［1 4］;
den = conv（［1 2 0］,［1 11 30］）;
g0 = tf（num,den）;
rlocus（g0）;
segma = ( sum ( roots ( den）) - sum ( roots
(num))）)/(4-1）; %有 4 个极点为 4 和 1 个零点
g1 = tf（1,conv（［1 - segma］,conv（［1 - seg-
ma］,［1 - segma］）））;
hold on
rlocus（g1,'k:'）
```

程序执行后可得根轨迹及渐近线如图 2 - 4 - 14 所示。

滑动鼠标至分离点处，单击鼠标左键，可得分离点处参数，如图 2 - 4 - 15 所示。

（2）为计算根轨迹与虚轴的交点，输入命令："［k，w］=critical （g0）"，可得参数：k =141.3866，w=3.9359。进而得系统稳定的 K 值范围：0＜K＜141.3866。

（3）为计算阻尼比为 0.707 的 K 值，输入命令："sgrid （0.707，［ ］）;"在根轨迹图上添加上等阻尼线，见图 2 - 4 - 16。为求得根轨迹与等阻尼线 ζ=0.707 的交点参数，输入 "rlocfind （g0）"后单击根轨迹交点。单击结果显示在命令窗口，即 selected _ point =

$-0.8922-0.8932$i，ans＝12.11。

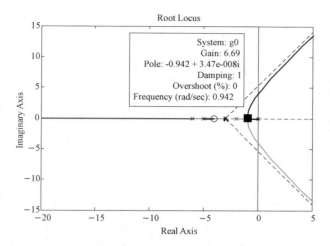

图 2-4-15　根轨迹的分离点

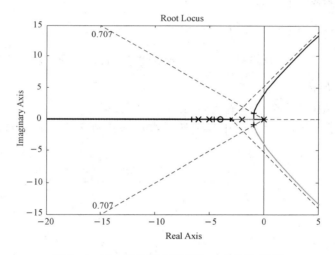

图 2-4-16　根轨迹上阻尼比 0.707 的 K 值

（4）为绘制此时 K 值的系统阶跃响应，输入命令："gg＝feedback(g0 ＊ 12.11，1)；
step(gg)"，执行结果如图 2-4-17 所示，可见超调量 overshoot％为 4.32。

三、零度根轨迹的 MATLAB 绘制

若已知正反馈系统的开环传递函数为 $G(s) = K \dfrac{\text{num}(s)}{\text{den}(s)}$，其系统的闭环特征方程
应为

$$1-G(s)=0,\ 1-K\frac{\text{num}(s)}{\text{den}(s)}=0$$

将方程整理为

$$K\frac{-\text{num}(s)}{\text{den}(s)}=-1,\ K\frac{\text{num}(s)}{-\text{den}(s)}=-1$$

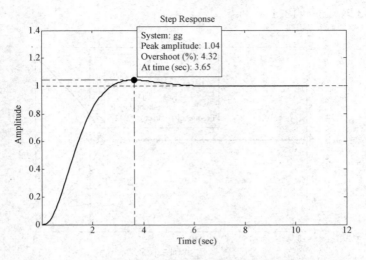

图 2 - 4 - 17　根轨迹上阻尼比 0.707 的 K 值的阶跃响应曲线

则零度根轨迹的 MATLAB 绘制命令为

`rlocus(-num,den)` 或 `rlocus(num,-den)`

【**例 2 - 4 - 10**】　已知正反馈系统开环传递函数为 $G(s) = K \dfrac{s+2}{s^2+4}$。试绘制根轨迹并判断系统稳定 K 的取值范围。

　　解　在 MATLAB 的命令窗中输入："n= [1 2]；d= [1 0 4]；rlocus（-n，d） ↙"，可得如图 2 - 4 - 18 所示的结果。由于系统始终存在有根轨迹位于右平面，无满足系统稳定的 K 值。

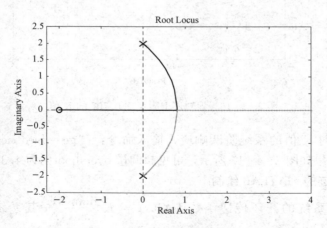

图 2 - 4 - 18　零度根轨迹绘制实例

2.4.2　控制器的根轨迹法设计

当系统性能指标给定的形式是时域形式（如超调量、调整时间、阻尼系数等）时，用根轨迹法对控制器进行设计较为方便。因为系统的动态性能取决于它的闭环极点和零点在 s 平面上的分布。因此，用根轨迹法设计控制器，就是通过选择控制器的零点和极点来满足预定的系统性能指标。

　　用根轨迹进行串联控制器的设计方法主要有超前校正法和滞后校正法。若期望的主导极点在原根轨迹的左侧，通常加超前校正装置（一对零极点，零点位于极点右侧），选择零极点位置，以使系统根轨迹通过期望主导极点。若在主导极点位置的静态特性不满足要求，则通过增加一对靠近原点的偶极子（滞后校正，零点位于极点右边），基本保证系统根轨迹形状不变，而使得期望主导极点处得稳态增益增加。

　　以下介绍在 MATLAB 环境下如何进行超前校正控制器和滞后校正控制器的根轨迹设计。

一、串联超前校正控制器的根轨迹法设计

根轨迹法设计超前校正控制器的步骤：

　　(1) 根据期望的动态性能指标要求与二阶系统参量 ζ 和 ω_n 的关系，确定系统主导极点的允许区域或具体位置 $s_{1,2}$。

　　(2) 已知被控对象的传递函数 $G_0(s)$，初选串联校正装置 $G_c(s) = K_c$，根据 $K_c G_0$ 绘制系统根轨迹。

　　(3) 若根轨迹通过主导极点的允许区域或具体位置，则判定已可满足要求。然后根据幅值条件 $|K_c G_0| = 1$ 确定出 K_c 取值，设计过程结束；否则继续下一步。

　　(4) 如果原系统根轨迹位于期望极点的右侧，则应该加入超前校正装置，$G_c = K_c \dfrac{s+z_c}{s+p_c}(z_c < p_c)$，使根轨迹向左侧且靠近实轴的方向移动，从而达到改善动态性能的目的。

　　(5) 计算超前校正装置应提供的超前相角，$\angle G_c(s_1) = (2k+1)\pi - \angle G_0(s_1)$。

　　(6) 根据三角形图解法确定参数 z_c、p_c 的取值。常用的三角形图解法为直角三角形图解法，即将 z_c 位于主导极点的正下方。

　　(7) 根据幅值条件 $|G_0 G_c| = 1 \Rightarrow K_c$。

　　(8) 检验校正后系统的性能指标，如果系统不满足要求，适当调整零、极点的位置。

　　【例 2 - 4 - 11】　已知某单位反馈系统的系统结构如图 2 - 4 - 19 所示，试设计一个串联校正装置 $K\dfrac{s+z_c}{s+p_c}$，使得闭环系统的 $t_s(\Delta=2\%) \leqslant 2\text{s}$，阻尼比为 0.5。

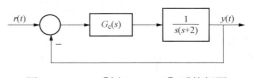

图 2 - 4 - 19　　［例 2 - 4 - 11］系统框图

　　解　(1) 确定期望主导极点位置。输入如下的 MATLAB 命令：

```
kesi = 0.5;ts = 2;        %题目已知条件
wn = 4/(kesi * ts);       %计算无阻尼自然频率
d = [1 2 * kesi wn^2];
roots(d)                  %计算期望主导极点
```

可以确定系统的预期主导极点为 $-2.0000+3.4641\text{i}$ 和 $-2.0000-3.4641\text{i}$。

（2）绘制原来系统的根轨迹。用 rlocus 函数可得根轨迹图如图 2-4-20 所示。由图可知未校正系统的根轨迹位于 s 平面的虚轴左侧。不通过期望主导极点。由于主导极点位于原根轨迹左侧，故应选择超前校正。

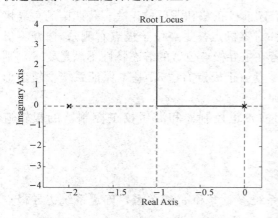

图 2-4-20   ［例 2-4-11］原系统根轨迹图

点负值 $z=X$。

在此例中，将零点配置在期望极点下方，取为 $z_c=2$；再考虑超前校正装置的极点位置。如图 2-4-21 所示，期望极点与校正装置极点的相角应该满足：

$$\angle\alpha-\angle\beta=30°, \angle\alpha=\angle 90°, \angle\beta=\angle(s+p_c)$$

即 p_c 可通过如下算式解得

$$p_c=|\mathrm{Re}(s(1))|+\mathrm{Im}(s(1))/\tan(\beta)$$

利用 MATLAB 实现校正装置极点配置的程序如下：

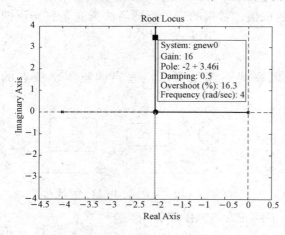

图 2-4-22   ［例 2-4-11］校正后的根轨迹示意

（3）计算超前校正装置应产生的超前相角。输入如下的 MATLAB 命令：

```
p = [-2,0];
faiS1 = -[angle(s(1) - p(1)) + angle(s(1) - p(2))] * 180/pi    % 原系统在期望极点的幅角
faiGC = -180 - faiS1    % 超前校正装置提供的补偿角
```

结果可得应产生的超前相角为 faiGC=30。

（4）超前校正装置的零点、极点配置。采用简便又实用直角三角形解法。

假设已知主导极点为 $s_{1,2}=-X+\mathrm{j}Y$，令零

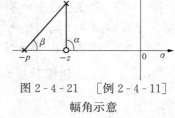

图 2-4-21   ［例 2-4-11］
幅角示意

```
Zc = 2;
alpha = angle(s(1) + Zc) * 180/pi;
beta = alpha - faiGC;
Pc = imag(s(1))/tan(beta * pi/180) + abs(real(s(1)))
```

可以得到超前校正网络的极点为 $P_c=4.7273$，则系统的超前校正网络为 $G_c=K\dfrac{s+2.5}{s+4.7273}$。

（5）校正后的系统的开环传递函数为 $G(s)=\dfrac{K(s+2.5)}{s(s+2)(s+4.7273)}$。绘制校正后系统根轨迹（见图 2-4-22）。通过滑动鼠标，获取期望主导极点处得幅值 K，近似得到 $K=16$。

（6）校验校正后系统的动态性能指标。编写 MATLAB 程序如下：

```
gc = tf([1 Zc],[1 Pc]);
```

```
g0 = tf(1,[1 2 0]);
gnew0 = gc * g0;
gg = feedback(16 * gnew0,1);
step(gg);
```

　　绘制系统校正后的阶跃响应（见图 2 - 4 - 23）。可知调整时间符合设计要求，t_s（$\Delta = 2\%$）$\approx 2\mathrm{s}$，超调量与期望阻尼比匹配。

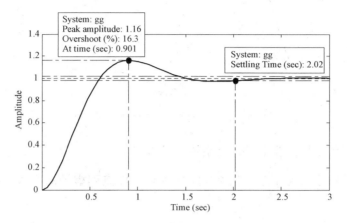

图 2 - 4 - 23　系统校正后的阶跃响应

　　若需要适当的提高快速性，可将程序中的 ts 修改为期望的调整时间。

　　例如令 $t_s = 1.8\mathrm{s}$ 时，期望闭环极点为 $-2.2222 + 3.8490\mathrm{i}$ 和 $-2.2222 - 3.8490\mathrm{i}$。

　　依据上述步骤，$P_c = 4.7510$，加入校正装置后的根轨迹图如图 2 - 4 - 24 所示，期望闭环极点的 $K = 28.3$。

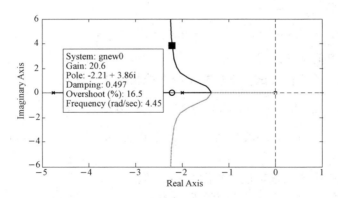

图 2 - 4 - 24　系统校正后的根轨迹图

　　由图 2 - 4 - 25 绘制校正后的阶跃响应，可得校正后系统的过渡过程时间 t_s（$\Delta = 2\%$）$\approx 1.82\mathrm{s}$，提高了快速性。

二、串联滞后校正控制器的根轨迹法设计

　　设典型滞后控制器为 $G_c(s) = K_c \dfrac{s+z}{s+p} = K_c \dfrac{s+\beta p}{s+p}$，$\beta > 1$。根轨迹法设计滞后校正控制器的步骤如下：

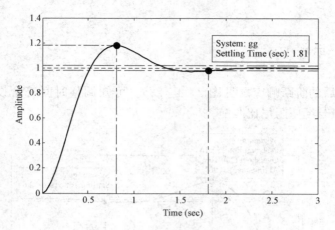

图 2 - 4 - 25　系统校正后的单位阶跃响应

（1）根据动态品质指标要求，计算系统主导极点 $s_{1,2}$。

（2）取控制器的零点到原点的距离为闭环主导复极点到虚轴的距离 $|\sigma|$ 的 $\frac{1}{10} \sim \frac{1}{5}$，即 $z = \left(\frac{1}{10} \sim \frac{1}{5}\right) |\sigma|$。

（3）设零极比 β 值。

（4）计算 $p = \frac{z}{\beta}$。

（5）根据幅值条件来确定 K_c，$K_c = \dfrac{|s_1 + p|}{|G_0(s_1)||s_1 + z|}$。

（6）校核是否满足 K_v 要求：

$$K_v = \lim_{s \to 0} s G_c(s) G_0(s) = \lim_{s \to 0} \beta K_c s G_0(s) = \beta K_c \lim_{s \to 0} s G_0(s)$$

若不满足，则重设 β 值再试。

（7）通过实际试验或仿真试验来校核系统性能指标是否满足。

【例 2 - 4 - 12】　已知某单位反馈系统的开环传递函数为 $\dfrac{1}{s(s+2.5)}$，试设计滞后校正控制器，使其校正后的单位斜坡信号下的稳态误差 $e_{ssv} \leqslant 0.1$，使得闭环系统的超调量 $\leqslant 30\%$。

解　（1）绘制原系统的根轨迹，见图 2 - 4 - 26。

（2）计算期望的阻尼比，确定期望主导极点。

```
sigma = 0.3;zeta = (((log(1/sigma))^2)/((pi)^2 + (log(1/sigma))^2))^0.5;
```

阻尼比 zeta $\geqslant 0.3579$，取 zeta $= 0.5$；取 $\omega_n = 2$，则期望极点 $s_{1,2} = -\zeta\omega_n \pm \omega_n \sqrt{\zeta^2 - 1} = -1 \pm \sqrt{3} j$ 期望主导极点在根轨迹的右端，选择滞后校正。

（3）确定控制器的零点。根据（2），取 $z = \left(\dfrac{1}{10}\right) |-1| = 0.1$。

（4）设定 $\beta = 10$，确定控制器的极点。

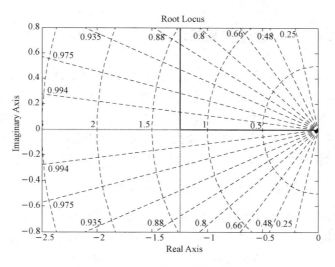

图 2 - 4 - 26 未校正系统根轨迹图

$$p = \frac{z}{\beta} = \frac{0.1}{10} = 0.01$$

（5）根据幅值条件来确定 K_c，$K_c =$

$$\frac{|s_1 + p|}{|G_0(s_1)||s_1 + z|} = 4.684。$$

（6）校核是否满足 K_v 要求。

$$K_v = \lim_{s \to 0} s G_c(s) G_0(s) = \lim_{s \to 0} \beta K_c s G_0(s)$$
$$= \beta K_c \lim_{s \to 0} s G_0(s) = 18.75$$

题目要求单位斜坡信号下的 $e_{ssv} \leqslant 0.1$，即 $K_v \geqslant 10$，即满足要求。校正后系统的根轨迹图如图 2 - 4 - 27 所示。

（7）通过实际试验或仿真试验来校核系统性能指标是否满足。通过绘制校正后的阶跃响应（见图 2 - 4 - 28）及单位斜坡响应（见图 2 - 4 - 29），可知稳态误差及超调量的需求均满足。

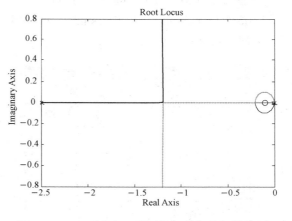

图 2 - 4 - 27 系统加入滞后校正装置的根轨迹图

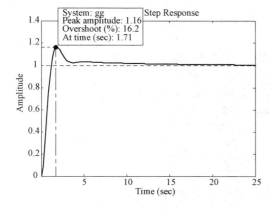

图 2 - 4 - 28 校正后的阶跃响应曲线

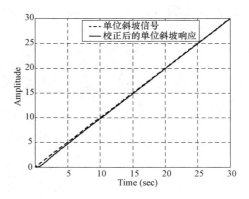

图 2 - 4 - 29 校正后的单位斜坡响应曲线

2.4.3　根轨迹控制器设计工具——rltool 设计平台

控制系统工具箱提供了一个控制器辅助设计的图形界面工具 rltool。用 rltool 设计平台，可方便地进行控制系统的时域分析、频域分析和根轨迹分析，可直接用鼠标拖曳控制器的零点或极点，一扫以往试凑式设计特有的大工作量的烦琐计算带来的乏味和沉闷。当计算和分析都不成问题时，控制器设计只需要清晰的思路、敏锐的观察和巧妙的操作了。

下面，通过实例演示介绍利用 rltool 工具进行基于根轨迹方法的控制器设计方法。

【例 2 - 4 - 13】　已知某单位反馈系统的开环传递函数为 $\dfrac{6}{s(s+3)}$，试利用 rltool 设计平台进行控制器设计，使其闭环系统的超调量 $\sigma \leqslant 16.3\%$。调整时间 t_s（2%）$\leqslant 1.5s$。

解　（1）导入被控对象（方法 1，进入 rltool 时设置；方法 2，进入 rltool 后设置）。

方法 1　在 MATLAB 命令窗口输入"s0＝tf（6，[1 3 0]）；rltool（s0）↙"，弹出界面见图 2 - 4 - 30。

方法 2　在 MATLAB 的命令窗口输入"rltool↙"命令，弹出如图 2 - 4 - 30 所示的 rltool 的 SISO Design for SISO Design Task 窗和图 2 - 4 - 31 所示的 Control and Estimation Tools Manager 窗。

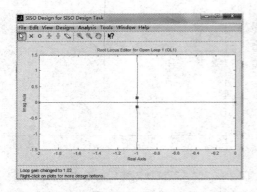
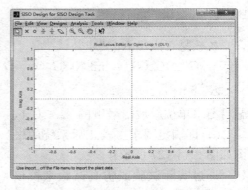

图 2 - 4 - 30　C 参数与对应的闭环极点示意　　图 2 - 4 - 31　rltool 仿真环境根轨迹显示界面

图 2 - 4 - 32 右边结构图中，F 为前置滤波器、G 为被控对象、H 为测量装置、C 为控制器模块的参数的可通过 SISO Design for SISO Design Task 窗中 File 菜单的 Import 完成设置。步骤如下：

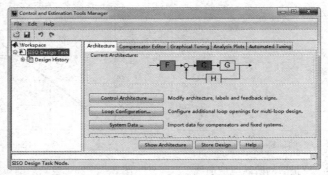

图 2 - 4 - 32　rltool 仿真环境下的控制与估计工具管理器

1）选中 Import，进入模块导入窗。

2）在 Import Model 下的单选项中选中需要导入的模块，单击界面下方的"Browse…"键，将 G 选择为工作空间中的 s1＝1/s（s＋2），F＝C＝H＝1，如图 2‑4‑33 所示。选好后，单击右下角的"Import"按钮即完成。此时，SISO Design for SISO Design Task 界面会显示当前系统的根轨迹图，如图 2‑4‑34 所示。

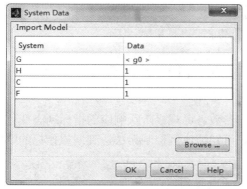

图 2‑4‑33　System Data 界面

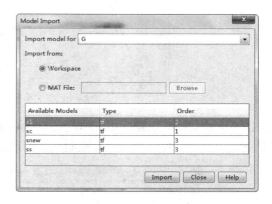

图 2‑4‑34　模型导入界面

梅红色■标识的含义是将控制器 C 看作一个简单的比例控制器，默认值为 1。当鼠标左键单击根轨迹其他位置，梅红色标识将会移动至选中位置，下方的说明框内会显示比例控制器 C 对应的参数取值。图 2‑4‑35 显示当前闭环极点位置处，对应比例控制器的 C＝1.02（显示在图片下方——Loop gain changed to 1.02）。

（2）确定控制器 C 为单独比例控制器，系统阶跃响应的性能指标是否能达到期望指标 $[$超调量 $\sigma \leqslant 16.3\%$。调整时间 t_s（2%）$\leqslant 1.5s]$。

单击 SISO Design for SISO Design Task 中 Analysis 菜单中的"Response to Step Command"，弹出界面如图 2‑4‑36 所示。

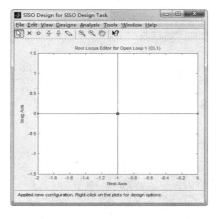

图 2‑4‑35　原始系统的根轨迹图

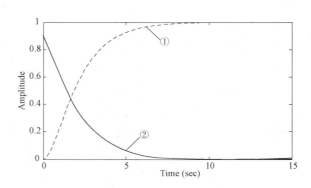

图 2‑4‑36　系统的阶跃响应观测器

其中，虚线①表示输出（b－y），实线②表示输入（g－u）。单击鼠标右键，在弹出菜单上选择取消绿色曲线②的显示，如图 2‑4‑37 所示。

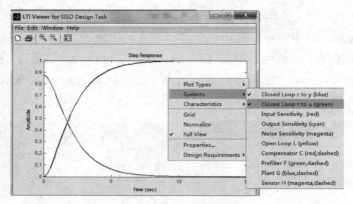

图 2 - 4 - 37 系统的阶跃响应显示选择

按左键移动梅红色■标识，即改变控制器 C 的参数，可观察阶跃响应的指标动态变化。如图 2 - 4 - 38 所示，反复尝试改变控制器比例系数，可知纯比例控制无法达到期望指标的要求。

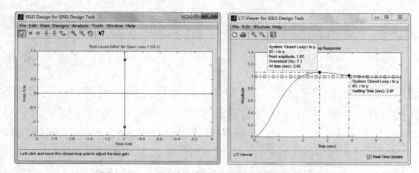

图 2 - 4 - 38 单比例控制器的参数调节示意

（3）根据性能指标计算期望主导极点大概位置。阻尼比≥0.5，若 t_s（2％）≤1.5s，推知 $\zeta\omega_n$≥2，确定符合要求的期望主导极点区域如图 2 - 4 - 39 所示。期望极点位于根轨迹左边，应选择超前校正。

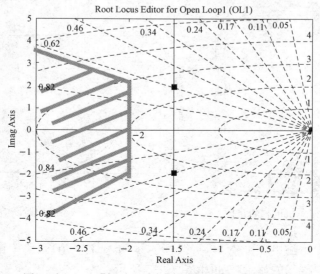

图 2 - 4 - 39 ［例 2 - 4 - 13］期望闭环极点区域示意

（4）超前校正控制器的结构为 $G_c(s) = k_c \dfrac{(s+z_c)}{(s+p_c)} (0 < z_c < p_c)$。

在 SISO Design for SISO Design Task 中工具栏提供快捷键 （从左至右分别对应"单实极点""单实零点""共轭复极点""共轭复零点"），可完成零、极点类型的增加及设置。

选择 、 在负实轴上单击位置确认（红色标注），极点在左，零点在右。零点位置根据 $\zeta\omega_n \geq 2$，将零点移动到"-2"左方。极点始终在零点左边，如图 2-4-40 所示。图片中的等阻尼、等 ω_n 线可通过单击右键的 grid 属性实现显示。

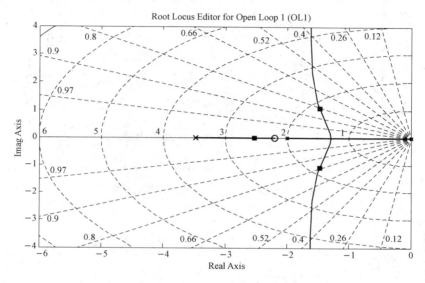

图 2-4-40　［例 2-4-13］期望闭环极点区域示意

可先单独调节极点位置（有必要的时候再适当移动控制器零点位置），滑动梅红色 ■ 标识，选择闭环极点位置在图 2-4-39 的范围内，同时观察闭环系统的单位阶跃响应。根据规则反复尝试，直至获得满意的指标值。图 2-4-41 所示为校正后根轨迹图（左图）及闭环系统的单位阶跃响应曲线（右图）。

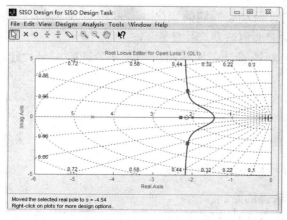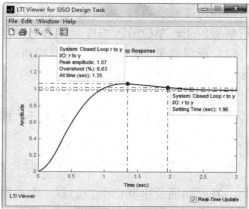

图 2-4-41　［例 2-4-13］校正后的根轨迹及阶跃响应

（5）获取控制器传递函数模型。

单击 Control and Estimation Tools Manager 窗中的 Compendator Editor 页面，如图2-4-42所示，可得到控制器的数学模型。（C 传递函数）

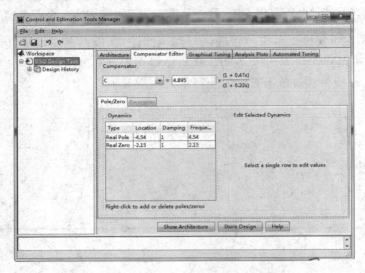

图2-4-42　［例2-4-13］控制器模型

2.4.4　课　内　实　验

扫码查看答案

课内题2-4-1　已知单位反馈系统的开环传递函数为 $G_0 = \dfrac{K(s+4)}{s(s+1)(s+2)}$，试利用 Matlab 环境，完成如下仿真设计任务：

（1）编程绘制系统根轨迹，图上标注关键参数（渐近线、分离点、与虚轴交点），确定系统稳定的 K 值范围。

（2）如果反馈通道的 $H(s) = \dfrac{s}{3} + 1$，编程绘制系统根轨迹，标注关键参数（渐近线、分离点、与虚轴交点），判断改变后系统稳定性及动态性能的变化（通过相同 K 值加入反馈通道前后的闭环单位阶跃响应曲线），分析反馈通道改变产生的影响。

（3）反馈通道 $H(s) = 1$，完成根轨迹控制器设计，使得系统满足：阶跃响应最大超调量 $\sigma\% \leqslant 35\%$，$t_s \leqslant 15s$（$\Delta = \pm 2\%$）。

2.4.5　课　外　实　验

课外题2-4-1　已知单位反馈系统的开环传递函数为 $G_0(s) = \dfrac{1}{s^2}$。

（1）前向通道串联比例控制器，完成根轨迹的绘制。

（2）串联控制器采用超前校正装置（参数自选）、滞后校正（参数自选），观察增加超前控制、滞后控制对于系统根轨迹的影响。

（3）试利用根轨迹校正，使得系统满足：阶跃响应最大超调量 $\sigma\% \leqslant 35\%$，$t_s \leqslant 1s$（$\Delta = \pm 5\%$）。

课外题 2-4-2 设单位负反馈系统的开环传递函数为 $G_0(s) = \dfrac{k(s+1)}{s^2(s+10)}$，试利用 rltool 环境，完成根轨迹串联滞后控制器的设计，要求性能指标为阻尼比 $\zeta = 0.75$，加速度误差系数 $K_a = 15$（$1/s^2$）。

第5章 控制系统的频域分析及设计

控制系统的频域分析与设计方法是经典控制理论中的一种主要分析与设计方法。它是通过研究系统对正弦输入信号下的稳态和动态响应特性来分析和设计控制系统的。用频域分析法不必直接求解系统的微分方程，而是间接地运用系统的开环频率特性曲线，分析闭环系统的响应，可以说是一种便于工程应用的图解法。特别是把这种传统的主要靠人工操作的常用分析和设计方法进化到利用 MATLAB/Simulink 环境后，频域分析与设计方法的固有魅力更是能发挥到淋漓尽致。

2.5.1 系统的频率响应计算

MATLAB 提供了直接获取频率响应数据的函数 freqresp ()，其调用格式为

```
F = freqresp(num,den,i * w)
F = freqresp(sys,w)
```

其中，F 为频率响应，w 为给定的角频率输入向量。w 的选取可用线性尺度，也可以用对数尺度。例如，按线性尺度有 "w=0.1：0.1：1；"；按对数尺度有 "w＝logspace （−1，0，10）"。

【例 2 - 5 - 1】 已知系统的传递函数为 $G(s) = \dfrac{s^2+3s+7}{s^3+2s^2+14s+3}$，求系统在频率为 0.1～1 的频率特性。

解 在 MATLAB 的命令窗中输入："w=0.1：0.1：1；num＝ ［1 3 7］；den＝ ［1 2 14 3］；F＝freqresp （num，den，i * w）"，则可得如图 2 - 5 - 1 所示的结果。可见，w=0.1 时，对应的系统频率特性为 F＝1.9608−0.8198i；w＝0.2 时，对应的系统频率特性为 F＝1.3478−1.0832i；其余以此类推。

```
F=
   1.9608-0.8198i
   1.3478-1.0832i
   0.9163-1.0367i
   0.6602-0.9160i
   0.5080-0.7971i
   0.4139-0.6960i
   0.3530-0.6130i
   0.3122-0.5448i
   0.2842-0.4884i
   0.2647-0.4412i
```

图 2 - 5 - 1 ［例 2 - 5 - 1］运行结果

【例 2 - 5 - 2】 已知系统的传递函数为 $G(s) = \dfrac{2}{s+1}$，求输入为 $\sin t$ 时系统的频率响应。

解 在 MATLAB 命令窗口输入："n=2；d＝ ［1 1］；s1＝tf （n，d）；w＝1；F＝freqresp （s1，w）；abs （F）✓，angle （F）✓"。结果可得，幅值为 1.4142，相角为−0.7854 弧度 （−45°）。根据频率响应概念可确定该系统对输入为 $\sin t$ 的频率响应时间函数为 $1.4142\sin(t-45°)$。

2.5.2　Nyquist 图的绘制及分析

当输入信号的频率从$-\infty$变化至$+\infty$，系统的频率特性 $G(j\omega)$ 的幅值和相位也随之变化，将其在复平面上移动的轨迹称为幅相曲线，又称 Nyquist 图。Nyquist 图具有对称性，故在理论分析中，常只绘制 ω 从 0 变化至$+\infty$的幅相曲线。因为是基于开环传递函数，又称为开环 Nyquist 图。结合开环 Nyquist 图，利用 Nyquist 判据，可迅速确定系统的稳定性。

MATLAB 中 nyquist 函数可以计算 LTI 系统的频域响应并直接绘制 Nyquist 图。nyquist 函数可用于单变量系统，也可用于多变量系统。nyquist 函数适用于传递函数和状态方程类型模型表述的系统。nyquist 函数调用格式见表 2-5-1。表中序号 2、3、4 行所示的调用格式都可按序号 1 行的调用格式扩展，即可以指定角频率 w 向量、计算系统的 Nyquist 曲线数据和设定曲线属性。

表 2-5-1　　　　　　　　　　　　　　**nyquist 函数的调用**

序号	命　　令	说　　明
1	nyquist（sys）	传递函数为 sys
	nyquist（sys，w）	传递函数为 sys，指定角频率 w 向量
	nyquist（sys1，sys2，…，sysN）	N 个传递函数：sys1，sys2，…，sysN
	nyquist（sys1，sys2，…，sysN，w）	N 个传递函数，指定角频率 w 向量
	[re，im，w]＝nyquist（sys）	计算 Nyquist 曲线数据（实部、虚部、频率）
	nyquist（sys1，' PlotStyle1'，…）	PlotStyle 设定曲线属性
2	nyquist（num，den）	多项式传递函数模型
3	nyquist（A，B，C，D）	状态空间模型，Nyquist 曲线将有 n*m 个
4	nyquist（A，B，C，D，iu）	状态空间模型，指定输入 iu

【例 2-5-3】　已知单位反馈系统的开环传递函数为

$$G_0(s) = \frac{2}{(s^2 + s + 1)(3s + 1)}$$

试绘制系统开环 Nyquist 图，并判断系统的稳定性。

解　（1）绘制开环 Nyquist 图。

输入命令："n＝[2]；d＝conv（[1 1 1]，[3 1]）；G0＝tf（n，d）；nyquist（G0）"；或 "n＝[2]；d＝conv（[1 1 1]，[3 1]）；nyquist（n，d）"，均可得如图 2-5-3 所示的结果。

（2）判定系统的稳定性。

方法 1（人工判别）：由图 2-5-2 可知，系统开环 Nyquist 图没有逆时针包围（-1，j0）点（红色十字标识），即 $N=0$。又因为系统无开环右根，$P=0$，所以根据奈奎斯特稳定判据闭环右根数 $Z=N-P=0$，故可判闭环系统稳定。

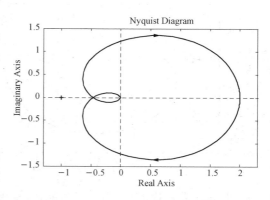

图 2-5-2　[例 2-5-3] 运行结果

　　方法 2（计算机软件判别）：在弹出的 Nyquist 图单击鼠标右键，选择菜单中的"Characteristics - All Stability Margins"，鼠标左键单击蓝色实心原点处，会显示如图 2 - 5 - 3 所示的结果。由弹出的信息可知，系统相位裕量为 62.6°，相位穿越频率为 0.693rad/sec，闭环系统稳定。

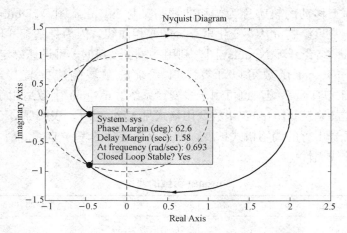

図 2 - 5 - 3　Nyquist 图的稳定裕量指标显示

　　默认情况下，用 nyquist（）函数处理的频率范围为 $-\infty$ 变化至 $+\infty$。有时，为了便于分析，常只需观察 0 变化至 $+\infty$ 频率段映象，这时只需用鼠标右键单击 Nyquist 图，将"show→Negative Frequencies"的菜单选项前面的"√"去掉即可，结果见图 2 - 5 - 4。

【例 2 - 5 - 4】　已知系统开环传递函数为 $G_0(s) = \dfrac{k}{s(2s+1)(s+1)}$，试求：

（1）$k = 0.5$，1，2，绘制系统开环 Nyquist 曲线，观察 k 值与系统稳定性的关系。

（2）确定临界稳定的 k 值，确定系统稳定的 k 值范围。

　　解　（1）通过如图 2 - 5 - 5 所示的程序完成绘制 $k = 0.5$，1，2 的开环 Nyquist 曲线，见图 2 - 5 - 6（已选择不绘制负频率曲线）。

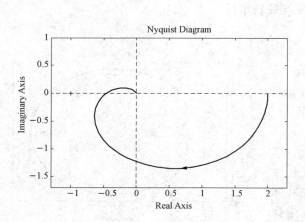

```
clc
clear
g1=tf(0.5,conv([2 1 0],[1 1]));
nyquist(g1);
g2=tf(1,conv([2 1 0],[1 1]));
holdon;nyquist(g2,'k:');
g3=tf(2,conv([2 1 0],[1 1]));
holdon;nyquist(g3,'r.-');
axis([-6 2-10 1]);
gtext('k=0.5')
gtext('k=1')
gtext('k=2')
```

図 2 - 5 - 4　ω 从 0 变化至 $+\infty$ 的 Nyquist 曲线　　　　図 2 - 5 - 5　［例 2 - 5 - 4］程序

利用 Nyquist 判据时，注意到系统虽无开环右极点，则开环 Nyquist 曲线穿越负实轴时，若在（－1，j0）右边，未产生有效穿越，系统稳定；反之，系统不稳定。从图 2-5-6 可知，k 值的增加时 Nyquist 曲线的幅频特性比例放大；$k=0.5$，1 时，系统稳定；$k=2$ 时，系统不稳定。

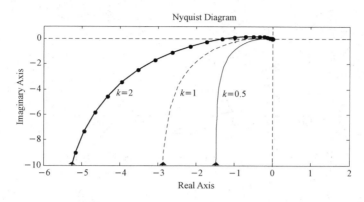

图 2-5-6　［例 2-5-4］Nyquist 曲线

（2）临界稳定的 k 值，即开环 Nyquist 曲线穿越（－1，j0）点的 k。根据（1）的结论，k 与幅值成比例变化。通过 $k=1$ 时开环 Nyquist 曲线与负实轴的交点，即可计算出临界的 k 值。

1）在 $k=1$ 的 Nyquist 图单击鼠标右键，选择菜单中的"Characteristics-All Stability Margins"，将鼠标左键点中与负实轴的实心交点，确定与负实轴的交点处的频率 $\omega=0.707\mathrm{rad/sec}$，见图 2-5-7。

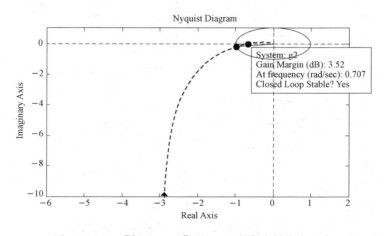

图 2-5-7　［例 2-5-4］的 $k=1$ 与负实轴交点示意

2）通过执行命令"［re，im，w1］＝nyquist（g2，0.707）％g2 对应 $k=1$；"，在 MATLAB 的命令窗口，可获得信息：re＝－0.6669；im＝－9.4952e-005；w1＝0.7070。

即 $k=1$ 时开环 Nyquist 曲线与负实轴的交点为－0.6669。根据比例关系，可知临界稳定的 k 值应等于：$k=1/0.6669=1.4995$；绘制临界稳定时 Nyquist 曲线见图 2-5-8，可以看出与负实轴的交点为（－1，j0）。

由于 k 越大，幅值越大，则系统稳定的取值范围为 $k(0, 1.4995)$。

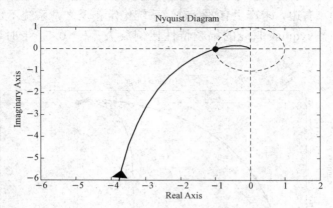

图 2-5-8　　［例 2-5-4］ $k=1.4995$ 的开环 Nyquist 曲线

【**例 2-5-5**】　绘制系统 $\dot{x} = \begin{bmatrix} -1 & -1 \\ 6.5 & 0 \end{bmatrix} x + \begin{bmatrix} 1 & 2 \\ 0 & 1 \end{bmatrix} u$，$\begin{bmatrix} y_1 \\ y_2 \end{bmatrix} = \begin{bmatrix} 1 & 0 \\ 0 & 1 \end{bmatrix}$ 的 Nyquist 图。

解　输入命令："a= ［−1 −1; 6.5 0］; b= ［1 2; 0 1］; c= ［1 0; 0 1］; d=0; nyquist （a，b，c，d）"，可得图 2-5-9 所示的 Nyquist 图。

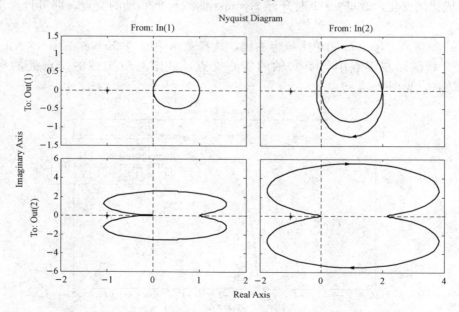

图 2-5-9　　［例 2-5-5］系统 Nyquist 曲线

2.5.3　Bode 图的绘制及分析

系统的 Bode 图又称为系统频率特性的对数坐标图。Bode 图有两张图：对数幅频特性曲线和对数相频特性曲线。两条曲线的横坐标相同，均按 $\lg\omega$ 均匀分度，对数幅频特性曲线的

纵坐标按照 $L(\omega) = 20\lg|G(j\omega)|$ 线性分度（单位为 dB），对数相频特性曲线的纵坐标按照 $\phi(\omega)$ 线性分度（单位为度）。

1. Bode 图的绘制函数

在 MATLAB 中，绘制 Bode 图的函数是 bode（），调用格式见表 2-5-2。

表 2-5-2　　　　　　　　　　　　bode 函数的调用

序号	命　　令	说　　明
1	bode（sys） bode（sys，w） bode（sys1，sys2，…，sysN） bode（sys1，sys2，…，sysN，w） [mag，phase，w] = bode（sys） bode（sys1，'PlotStyle1'，…）	传递函数为 sys 传递函数为 sys，指定角频率 w 向量 N 个传递函数：sys1，sys2，…，sysN N 个传递函数，指定角频率 w 向量 计算系统的 bode 曲线数据（幅值、相角、频率） PlotStyle 设定曲线属性
2	bode（num，den）	多项式传递函数模型
3	bode（A，B，C，D）	状态空间模型，bode 曲线将有 n＊m 个
4	bode（A，B，C，D，iu）	状态空间模型，指定输入 iu

【例 2-5-6】　已知系统的开环传递函数为 $G_0(s) = \dfrac{12(s+3)}{s(3s^2+4s+10)}$，试绘制系统的 Bode 图。

解　在 MATLAB 的窗中输入命令：“num＝12＊[1 3]；den＝[3 4 10 0]；s1＝tf（num，den）；bode（s1）；grid；”，可得如图 2-5-10 所示的结果。其中，上图为对数幅频特性曲线，下图为相频特性曲线。

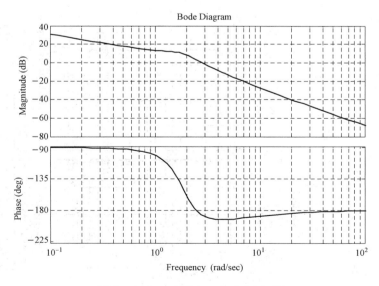

图 2-5-10　[例 2-5-6] Bode 图

若希望从 Bode 图上得到更多的信息，可单击鼠标右键选择相关项，如图 2-5-11 所示。

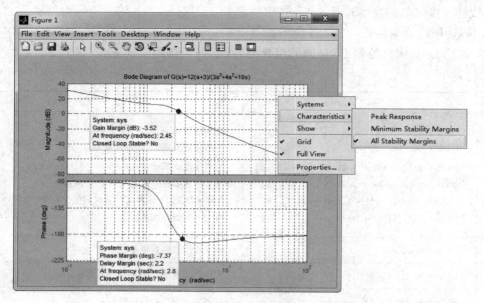

图 2-5-11   选择显示网格分度线及显示稳定裕量

【例 2-5-7】   典型二阶系统的传递函数为 $G(s) = \dfrac{\omega_n^2}{s^2 + 2\zeta\omega_n + \omega_n^2}$，若 $\omega_n = 2$，将阻尼比取为 $\zeta = 0.1$，0.3，0.8，1.2，试绘制对应系统的 Bode 图。

解   编制如图 2-5-12 所示的程序。运行结果如图 2-5-13（选定显示网格线及峰值增益）。可见此二阶系统的 Bode 图特性是，转角频率处的相频衰减为 $-90°$，阻尼比在 0.1、0.3 有谐振，阻尼比在 $0.8\sim12$ 范围内无谐振存在。

```
%例2-5-7

n=4;

zeta=[0.1,0.3,0.8,1.2];

for i=1:4

    d=[1 2*zeta(i)*2 4];

    sys=tf(n,d);

    bode(sys);

    hold on

end
```

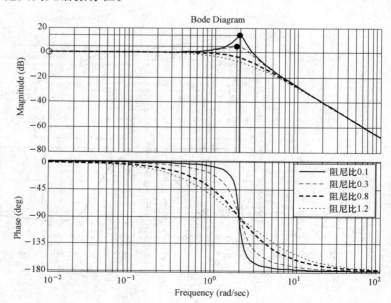

图 2-5-12   ［例 2-5-7］程序   图 2-5-13   ［例 2-5-7］运行结果

【例2-5-8】 典型二阶系统的传递函数为 $G_0(s) = \dfrac{10(0.2s+1)}{s(2s+1)(0.02s+1)}$，试单独绘制系统开环对数相频特性图。

解 可以用两种方法得到单独的相频特性图。

方法1 输入程序：

```
den = conv([2 1 0],[0.02 1]);
num1 = 10 * [0.2 1];
w = logspace(-2,4,1000);
[mag1,phase1,w] = bode(num1,den,w);
semilogx(w,phase1,'.-');grid
ylabel('相角(角度)');title('开环对数相频特性曲线');
```

程序运行后可得到如图2-5-14所示的单相频特性曲线图。

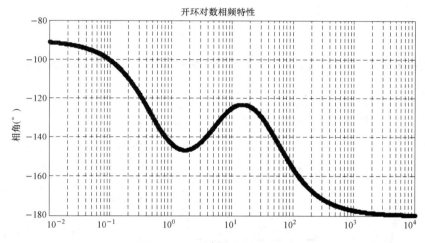

图2-5-14 单相频特性曲线

方法2 利用bode函数直接绘制系统的Bode图，然后通过单击鼠标右键，如图2-5-15所示，选择取消"Show—Magnitude"，单显示"Phase"即可。结果与图2-5-14相同。

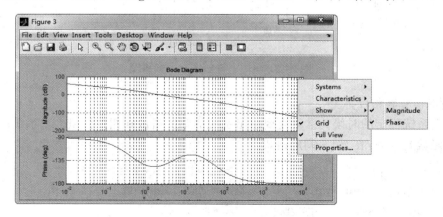

图2-5-15 利用Bode图的属性显示单相频特性曲线

2. 半 Bode 图（对数幅频特性）的绘制

有时候，只需要求绘制系统的对数幅频特性曲线。这时可用 bodemag（）函数实现，其调用格式与用 bode 函数相同，不再细述。

【例 2-5-9】   系统的传递函数为 $G(s) = \dfrac{K}{2s+1}$，$K = 10$，1，0.1，绘制系统的对数幅频特性图。

解   输入程序：

```
s1 = tf(10,[2 1]);
s2 = tf(1,[2 1]);
s3 = tf(0.1,[2 1]);
bodemag(s1,'r',s2,'b',s3,'y');
grid;
gtext('k = 10');
gtext('k = 1');
gtext('k = 0.1');
```

运行结果见图 2-5-16。由结果可知，当比例增益变化十倍时，对数幅频特性的幅值曲线平移量为 20dB。

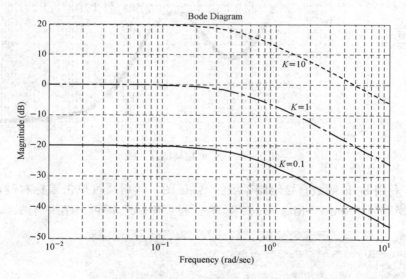

图 2-5-16   [例 2-5-9] 效果图

3. 幅值裕量和相位裕量

在判定系统稳定的时候，常常需要求出系统的幅值裕量和相位裕量。求系统的幅值裕量和相位的函数是 margin（），调用格式为

margin(sys)	绘制 Bode 图，在图上标注频域指标
[Gm,Pm,Wcg,Wcp] = margin(sys)	返回数据值，不绘制曲线
[Gm,Pm,Wcg,Wcp] = margin(mag,phase,w)	指定 w 向量

其中，Gm 和 Pm 分别为系统的幅值裕量和相位裕量，而 Wcg 和 Wcp 分别为增益穿越

频率和相位穿越频率值。

【例 2 - 5 - 10】　单位反馈系统的开环传递函数为 $G(s) = \dfrac{5}{s^3 + 3s^2 + 4s}$，求系统的稳定裕量。

解 1　在 MATLAB 的命令窗中输入 "sys＝tf（［5］，［1 3 4 0］）；［Gm，Pm，Wcg，Wcp］＝margin（sys）↙"，则可得 Gm＝2.4000，Pm＝38.0109，Wcg＝2.0000，Wcp＝1.1459。

解 2　在 MATLAB 的命令窗中输入 "sys＝tf（［5］，［1 3 4 0］）；margin（sys）"，则可得如图 2 - 5 - 17 所示的结果。在绘制的 Bode 图中，各稳定裕量对应的频率位置已用垂直虚线标出。

注意：解法 1 计算的幅值裕量为 2.4，而解法 2 的幅值裕量为 7.6，两者相异。原因是解法 2 所给出的幅值裕量以 dB 为单位。

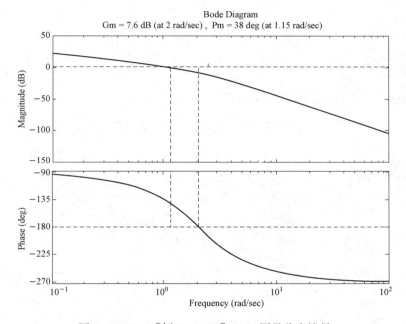

图 2 - 5 - 17　［例 2 - 5 - 10］Bode 图及稳定裕量

2.5.4　Nichols 图的绘制

在 MATLAB 中，Nichols 图的绘制要利用 nichols 函数，其调用格式为

［mag,phase,w］＝nichols(sys)　or　［mag,phase,w］＝nichols(num,den)

但是 nichols 函数仅用于计算 Nichols 曲线数据，并不绘制 Nichols 图。绘制 Nichols 图还需借助于 plot 函数，其调用格式为

```
plot(phase,20 * log10(mag))
```

【例 2 - 5 - 11】　已知单位负反馈的开环传递函数为 $G(s) = \dfrac{10}{s^3 + 3s^2 + 9s}$，试绘制 Nichols 图。

解 输人程序：

```
num = 10;den = [1 3 9 0];
w = [0.1 0.2 0.5 1 2 3 4 5 6 8];
[mag,phase] = nichols(num,den,w);
plot(phase,20 * log10(mag),phase,20 * log10(mag),' * ')
ngrid;
gtext('w = 0.1');
gtext('0.2');
gtext('w = 0.5');
gtext('w = 1');
gtext('w = 2');
gtext('w = 3');
gtext('w = 4');
gtext('w = 5');
gtext('w = 6');
gtext('w = 8');,
```

则可得如图 2 - 5 - 18 所示的 Nichols 图。

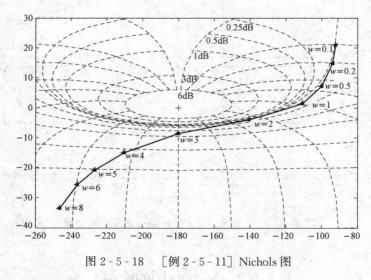

图 2 - 5 - 18   [例 2 - 5 - 11] Nichols 图

2.5.5 控制器的频域法设计

    控制系统设计的频域法是一种最经典方法。其核心的设计思路是通过控制器的加入改变原系统的频率特性图，使之满足预定的性能指标要求。尽管已出现许多现代的控制系统设计方法，如最优控制、预测控制、鲁棒控制、H∞控制等，它们的设计路线各不相同，但是传统的设计方法仍然是最基本的，应该首先掌握。

    控制系统中控制器与受控系统连接的方式有串联、并联和反馈连接几种。这里主要讨论频域串联校正方式。典型的串联校正控制器有超前校正、滞后校正和超前滞后校正控制器。

频域设计中的串联校正的设计思路是先稳态后动态。具体就是先进行稳态特性设计，确定 K_c，再根据仅串联比例控制器 K_c 的控制系统频率特性性能和系统控制要求来决策采用何种动态校正环节。例如，仅串联 K_c 的控制系统频带不够宽，或者说响应不够快，则可采用超前校正；仅串联 K_c 的控制系统频带够宽但相位裕量不够，则可采用滞后校正；仅串联 K_c 的控制系统频带不够宽，且相位裕量也不够，则先进行超前校正，再把超前控制器和受控过程串联在一起看成新的受控过程，再进行滞后校正，或者直接采用滞后超前校正。

串联校正典型控制器的频域设计法步骤可概括为下列四步：

(1) 根据稳态误差的性能指标要求确定 K_c。

(2) 绘制仅串 K_c 的控制系统 $[G_1(s) = K_c G_0(s)]$ 的 Bode 图，计算系统稳定裕量。

(3) 分析系统的指标，决策采用何种校正环节。具体决策可简述如下：

1) 若 $G_1(s)$ 的剪切频率小于期望剪切频率，则选超前校正环节。

2) 若 $G_1(s)$ 的剪切频率大于期望剪切频率，或者系统对剪切频率无要求，则选滞后校正。

3) 若所期望的超前角大于 90°，则选滞后超前校正。

(4) 动态校正设计。按所选的校正环节类型进行具体设计。

1. 典型超前校正的频域法设计

设超前校正装置的数学模型为 $G_c(s) = \dfrac{1+\alpha T s}{1+T s}$（$\alpha > 1$），利用频率法设计超前校正装置的步骤：

(1) 确定为使相位裕量达到要求值所需要增加的超前相位角 ϕ_m，即

$$\phi_m = \gamma - \gamma_0 + \varepsilon$$

式中：γ 为要求的相位裕量；γ_0 为 $G_1(s)$ 的相位裕量；ε 为考虑系统增加串联超前校正装置后系统的剪切频率要向右移而附加的相位角，一般取 $\varepsilon = 5° \sim 15°$。

(2) 求校正装置的参数 α，有

$$\alpha = \frac{1+\sin\phi_m}{1+\sin\phi_m}$$

(3) 将校正装置的最大超前相位角处的频率 ω_m 作为校正后系统的剪切频率 ω_m'，则有

$$20\lg\sqrt{\alpha} + 20\lg|G_0(j\omega_m)| = 0$$

可见，未校正系统的幅频特性幅值等于 $-20\lg\sqrt{\alpha}$ 时的频率，即为 ω_m；可以作一条离横轴为 $-20\lg\sqrt{\alpha}$ 的平行线，从此线与原 $L(\omega)$ 线的交点作垂线至横轴得到 ω_m。

用作图法若不够准确，也可根据方程 $\sqrt{\alpha}|G_1(\omega_m)| = 1$ 解出 ω_m。

(4) 根据 $\omega_m = \omega_m'$，求参数 T，有

$$T = \frac{1}{\omega_m\sqrt{\alpha}}$$

(5) 画出校正后系统的 Bode 图，校验性能指标是否已达到要求。若不满足要求，可增大 ε 值，从步骤 (2) 起重新计算。

【例 2 - 5 - 12】　　已知某单位反馈系统，其开环传递函数为 $G(s) = \dfrac{1}{s\,(s+5)}$。为使系统在输入 $r(t) = t$ 时的稳态误差为 0.02，相位裕量 $\gamma > 50°$，幅值裕量 $K_g \geqslant 20\mathrm{dB}$，试确定校正装置 $G_c(s)$。

解　第一步，针对稳态误差的需求，确定参数 K_c：

$$e_{ss} = 0.02, k_v = 50$$

$$\lim_{s \to 0} s \cdot K_c \frac{1}{s(s+5)} = 50, 则 K_c = 250$$

即

$$G_1(s) = 250 \frac{1}{s(s+5)}$$

第二步，绘制 $G_1(s)$ 的 Bode 图，计算系统稳定裕量。在 MATLAB 中输入程序行：

```
num0 = 250;den0 = conv([1,0],[1,5]);
s1 = tf(num0,den0);
margin(s1)
```

运行结果见图 2 - 5 - 19，可知系统的相位裕量为 18°，不满足要求，增益裕量为 Inf（无穷大），已满足要求。

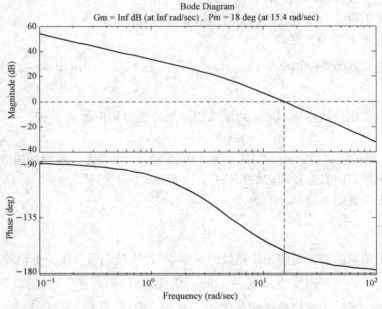

图 2 - 5 - 19　G_1 的 Bode 图及稳定裕量

第三步～第六步，根据前述的超前校正控制器设计步骤（1）～（4），设计程序如下：

```
r = 50;r0 = Pm1;
w = 0.1:1000;
[mag1,phase1] = bode(num0,den0,w);
e = 10;
phim = (r - r0 + e)                          % (1)
alpha = (1 + sin(phim * pi/180))/(1 - sin(phim * pi/180))    % (2)
```

```
[il,ii] = min(abs(mag1 - 1/sqrt(alpha)));
wc = w(ii)                                      %(3)
T = 1/(wc * sqrt(alpha))                         %(4)
```

运行结果如下：

```
phim = 42.0358;                    % 最大超前角
alpha = 5.0532                      % α
wc = 23.1000                        % 新剪切频率
T = 0.0193                          % T
```

第七步，校验。比较校正前后的系统 Bode 图及性能指标。

输入程序：

```
numc = [alpha * T,1];denc = [T,1];
sc = tf(numc,denc);
snew = s1 * sc;
bode(s1,'k',sc,'b',snew,'r');grid
gtext('- G0');
gtext('- Gc');
gtext('- G0Gc')
```

运行结果见图 2 - 5 - 20。

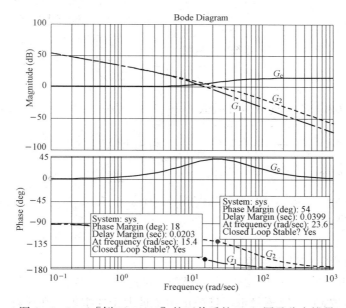

图 2 - 5 - 20　[例 2 - 5 - 12] 校正前后的 Bode 图及稳定裕量

单击鼠标右键显示稳定裕量，可证明所设计的串联超前校正装置改变了控制系统的动态性能，提高了相位裕量。各项指标达到设计要求。

2. 频率法的串联滞后校正

设滞后校正装置的数学模型为 $G_c(s) = \dfrac{1+Ts}{1+\alpha Ts}$（$\alpha>1$），利用频率法设计滞后校正装置。滞后控制器设计的前半部分依然是前述的同样的稳态设计三个步骤，滞后控制器的设计的后半部分是动态设计。主要是利用滞后控制器的高频衰减作用，降低系统的剪切频率，以便能使得系统获得充分的相位裕量。具体步骤如下：

（1）分析该系统的 Bode 图，求出其增益裕量及相位裕量。

（2）寻找一个新的幅值穿越频率 ω'_c，在 ω'_c 处的相角应等于 $-180°$ 加上所要求的相位裕量再加上 $5°\sim12°$（补偿滞后控制器造成的相位滞后）。

$$\angle G_0(\mathrm{j}\omega'_c)=-180°+PM+\varepsilon,\ \varepsilon=5°\sim12°$$

（3）为使滞后校正对系统的相位滞后影响较小（一般限制在 $5°\sim12°$），取滞后控制器约第一个转角频率，则

$$\omega_1=\frac{1}{T}=\left(\frac{1}{5}\sim\frac{1}{10}\right)\omega'_c$$

（4）为解出 α，令滞后校正所能产生的最大衰减值等于只串接 K_c 的系统在 ω'_c 处降至 0dB 所需的衰减幅值，即 $\alpha=\mid G_1(\omega'_c)\mid$。

（5）确定滞后控制器的第二转角频率 ω_2，有

$$\omega_2=\frac{1}{\alpha T}$$

（6）校验。

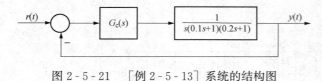

图 2 - 5 - 21　［例 2 - 5 - 13］系统的结构图

【例 2 - 5 - 13】　已知原系统的结构图如图 2 - 5 - 21 所示。若要求校正后的静态速度误差系数等于 $30/\mathrm{s}$，相角裕量等于 $40°$，幅值裕量不小于 10dB，截止频率不小于 2.3rad/s，试设计校正装置来改变系统性能。

解　（1）首先确定 K_c。使 $K_v=\lim\limits_{s\to0}sK_c\dfrac{1}{s\ (0.1s+1)\ (0.2s+1)}=30$，将 $K_c=30$。

（2）$G_1(s)=30\times\dfrac{1}{s(0.1s+1)\ (0.2s+1)}$，利用 MATLAB 绘制原系统的 Bode 图，见图 2 - 5 - 22。程序如下：

```
num0 = 30;den0 = conv([1,0],conv([0.1,1],[0.2,1]));
s1 = tf(num0,den0);
margin(s1)
```

求得原系统的稳定裕量指标为

Gm＝－6.02dB，Pm＝－17.2390deg，Wcg1＝7.0711，Wcp1＝9.7714

故知仅串 K_c 的控制系统不稳定，且截止频率远大于要求值。在这种情况下，采用串联超前校正是无法达到期望值的，故需选用滞后校正。

（3）根据串联滞后校正设计的步骤，可编写 MATLAB 程序见图 2 - 5 - 23。运行程序，控制器及校正后系统的传递函数见图 2 - 5 - 24。图 2 - 5 - 25 显示出校正后系统的 Bode 图，满足了设计要求。验证了通过串联滞后校正装置已改善了系统性能。

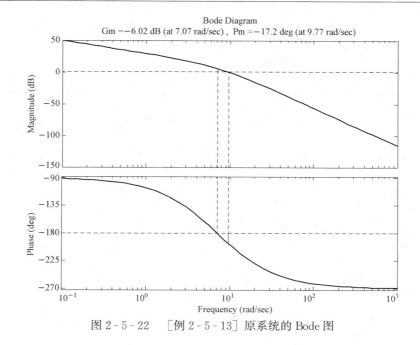

图 2 - 5 - 22 ［例 2 - 5 - 13］原系统的 Bode 图

```
%例2-5-13

r0=40;e=10;w=logspace(-1,1.2);r=(-180+r0+e);
num0=30;den0=conv([1,0],conv([0.1,1],[0.2,1]));
[mag1,phase1]=bode(num0,den0,w);
[il,ii]=min(abs(phase1-r));
wc=w(ii);
alpha=mag1(ii);T=10/wc;
numc=[T,1];denc=[alpha*T,1];
printsys(numc,denc)
[num,den]=series(num0,den0,numc,denc);
printsys(num,den);
margin(num,den);
```

图 2 - 5 - 23 ［例 2 - 5 - 13］原系统程序

```
%控制器

num/den =

    4.0566 s + 1
  -------------
  42.9922 s + 1
%校正后的串联系统
num/den =

              121.6983 s + 30
  -----------------------------
  0.85984 s^4 + 12.9177 s^3 + 43.2922 s^2 + s
```

图 2 - 5 - 24 ［例 2 - 5 - 13］控制器及校正后系统开环传递函数

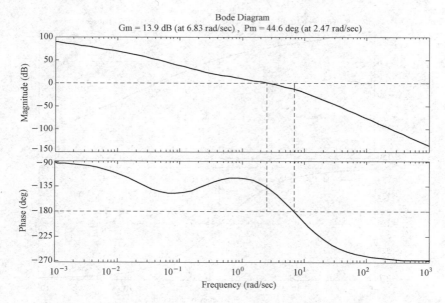

图 2-5-25　　［例 2-5-13］校正后系统开环 Bode 图及稳定裕量

3. 频率法的串联滞后-超前校正

滞后-超前校正装置，综合了超前校正和滞后校正的优点。实现滞后-超前校正时，超前校正部分增加了相位裕量；滞后校正将使幅值特性产生显著的衰减，因此可在确保系统有满意的瞬态响应特性的前提下，容许在低频段上大大提高了系统的开环放大系数，从而改善了系统的稳态性能。

利用频率法设计滞后－超前控制器有一定的难度，因为需要对多个参数统筹兼顾。实际设计过程中，少不了多次试凑和个人经验的使用。因此，利用控制器辅助设计的图形界面工具 rltool 成为很好的选择。

假设滞后-超前控制器模型为

$$G_c(s) = K_c \frac{T_1 s + 1}{\beta T_1 s + 1} \frac{\beta T_2 s + 1}{T_2 s + 1} \quad (\beta > 1)$$

制订在 rltool 环境下的滞后-超前控制器的设计步骤如下：

（1）根据要求的稳态误差确定控制器比例系数 K_c。

（2）以 $G_1(s) = K_c G_0(s)$ 为控制对象，进入 rltool 环境下。观察 Bode 图，读出相位裕量及增益裕量。

（3）结合控制要求，初步确定新的穿越频率 ω_{cnew}，一般常选校正前相角等于 $-180°$ 所对应的角频率。

（4）确定滞后部分的参数，可选 $\omega_1 = \frac{1}{T_1} = 0.1\omega_{cnew}$，设 $\beta = 10$，则 $T_1 = \frac{1}{\omega_1}$。在 rltool 环境下，设置滞后控制器参数，并用鼠标拖拽手法进行调整。

（5）确定超前控制器的参数，可在 ω_{cnew} 点左右先任意设置超前控制器零极点，再用鼠标拖拽手法进行调整。一边观察性能指标，一边调整超前控制器零极点，直到获得满意的性能指标。

（6）校验设计结果。

下面通过一个实例介绍使用 rltool 工具完成滞后－超前校正设计的过程。上述的选点和参数计算将是不严格的，即先设初值、后做调整。最终模型也不严格对应 $G_c(s)$ 的函数表达式，通过鼠标拖拽，滑动调整滞后、超前校正零极点的位置，灵活确定控制器参数，直至满足性能指标。

【例 2-5-14】　已知某单位反馈系统，其开环传递函数为 $G_0(s) = \dfrac{1}{s(s+1)(0.4s+1)}$。若要求 $K_v = 10$（$1/s$），相位裕量为 $45°$，$\omega_c \geqslant 1.5\text{rad/s}$，试设计一个串联控制器装置，完成题目要求。

解　（1）根据系统的稳态误差系数，确定控制器比例增益 K_c。
$$K_v = \lim_{s \to 0} s G_0(s) K_c = 10, \quad K_c = 10$$

（2）在 MATLAB 环境输入命令："s1=tf（10，conv（[1 1 0]，[0.4 1]））；rltool（s1）↙"。通过 "SISO Design for SISO Design Task" 界面 View 的下拉菜单中选择 "Design Plots Configuration"，在 "Graphical Tuning" 界面将 "Plot 1" 的 "Plot Type" 由 "Root Locus" 修改为 "Open-Loop Bode"，如图 2-5-26 所示。

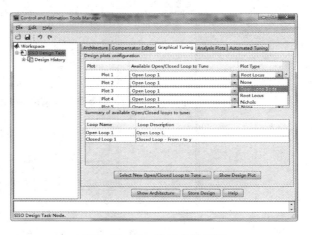

图 2-5-26　显示参数设置

单击 "Show Design Plot" 确认，"SISO Design for SISO Design Task" 界面显示 $G_1(s)$ 的频域指标，如图 2-5-27 所示。

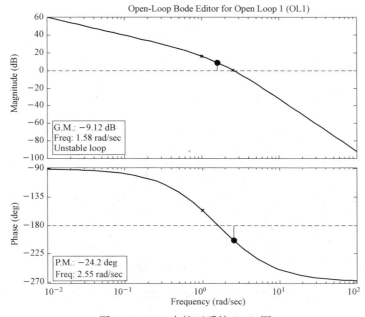

图 2-5-27　未校正系统 Bode 图

（3）找出原系统－180°处的频率为新的剪切频率。初步确定校正后的系统的剪切频率为 1.58rad/s。利用新剪切频率确定系统的滞后部分参数，由于 rltool 工具的设计工具采用增加零极点形式，故计算滞后校正的转角频率值。选取 $\omega_1 \dfrac{1}{T_1} = 0.1\omega_{\text{cnew}} = 0.158\text{rad/s}$，$\omega_2 = \dfrac{1}{\beta T_1} = 0.1\omega_1 = 0.0158$。参考以上数据，在"Control and Estimation Tools Manager"界面的"Compensator Editor"中，在"Pole/Zero"的空白处单击右键，增加极点在"0.0158"，增加零点"0.158"，见图 2 - 5 - 28。加入滞后校正的系统 Bode 图见图 2 - 5 - 29。

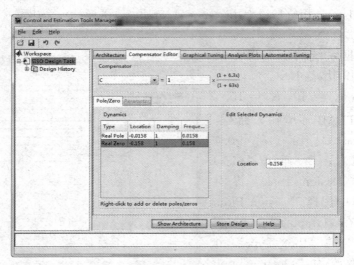

图 2 - 5 - 28　增加滞后校正装置的零极点示意

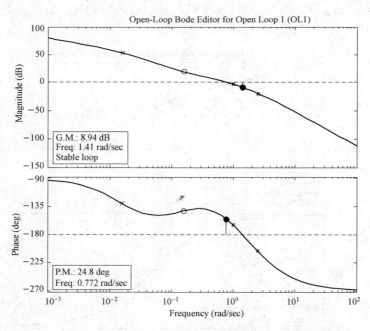

图 2 - 5 - 29　加入滞后校正后的校正系统 Bode 图

（4）根据校正后系统在新的幅值剪切频率处的幅值应为 0dB，确定超前校正部分参数。超前校正部分的转角频率可以这样确定：通过快捷菜单 ✕ ○ ⊹ ⊹ ◇ ⚲ ⚲ ✋ ▸? 在 1.58 的左边增加一个零点、右边增加极点，用鼠标滑动零极点位置，观察改动中的控制器参数，直至满足题目性能指标要求。并且，最后确定的系统剪切频率也无须一定等于 1.58rad/s。综合得到的效果图如图 2-5-30 所示，其中相位裕量达到 52.8°，剪切频率为 1.86rad/s，满足系统设计要求。

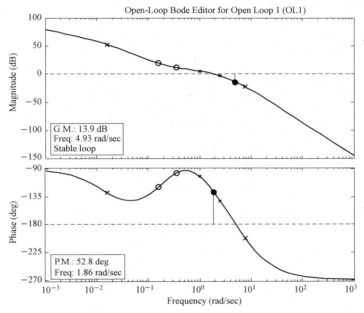

图 2-5-30 综合校正后的系统 Bode 图

（5）滞后超前控制器的传递函数在 "Control and Estimation Tools Manager" 界面的 "Compensator Editor" 可以确定，见图 2-5-31，即

$$G_c(s) = 0.94787 \times \frac{6.3s+1}{63s+1} \times \frac{2.8+1}{0.13s+1}$$

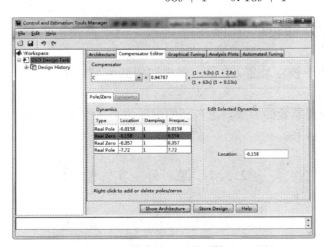

图 2-5-31 综合校正后的系统 Bode 图

2.5.6　课　内　实　验

扫码查看答案　　课内题 2-5-1　若系统的传递函数模型为 $G(s) = \dfrac{K}{Ts+1}$，在输入信号为 $r(t) = A\sin\omega t$ 时系统的响应见图 2-5-32，试利用实验结果推算输入信号及数学模型、输出响应的函数表达式，并在 Simulink 环境下验证结论。

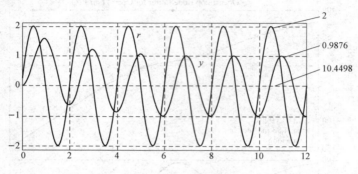

图 2-5-32　课内题 2-5-1 图

课内题 2-5-2　已知系统框图如图 2-5-33 所示，编程完成下列任务。

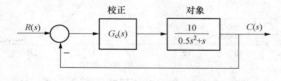

图 2-5-33　课内题 2-5-2 图

（1）被控对象包含几种典型环节？试分别绘制其典型环节的 Bode 图（在一张图上，做标注）。

（2）绘制 $G_c(s) = 1$ 时开环系统的 Bode 图，求出系统相位裕量 γ_{c0} 和开环截止频率 ω_{c0}。

（3）做时域仿真，求出单位阶跃响应曲线，记录未校正系统的时域性能指标 $\sigma_p\%$ 和 t_s。

（4）设计串联超前校正装置 $G_c(s)$，实现期望的频域性能：$K_v > 10$，$PM \geqslant 45°$，$\omega_c > 6\mathrm{rad/s}$。

（5）按照超前校正装置的参数，进行新的时域仿真，绘制阶跃响应曲线，记录校正后系统的时域性能指标 $\sigma_p\%$ 和 t_s。

2.5.7　课　外　实　验

课外题 2-5-1　某单位负反馈控制系统的开环传递函数为 $G(s) = \dfrac{40}{s(s+2)}$。要求对斜坡输入 $r(t) = At$，闭环系统响应的稳态误差小于 $0.05A$，相角裕量为 $30°$，剪切频率 ω_c 为

10rad/s，试设计串联校正控制器。

　　课外题 2‐5‐2　某单位负反馈系统，若其开环传递函数为 $G(s) = \dfrac{k}{(s+3)^2}$，试设计一个合适的滞后校正网络，使系统阶跃响应的稳态误差约为 0.04，相角裕量约为 45°。

第 6 章　离散控制系统分析与设计

离散控制系统的建模及其分析与连续系统不同，离散控制系统中既包含连续信号，又包含离散信号，是一个混合系统。离散控制系统组成上可细分为连续部分和离散部分。这个特点在用 MATLAB 进行离散控制系统的建模及其分析时，值得注意。

本章主要讨论在 MATLAB/Simulink 环境下进行离散控制系统的建模、分析及设计问题。

2.6.1　离散控制系统的数学模型

线性离散系统的数学模型包括时域模型、频域模型及状态空间模型。离散系统的时域模型是差分方程，频域模型是脉冲传递函数。在自动控制原理的课程中，进行离散控制系统的分析和设计的主要模型是脉冲传递函数。

一、离散控制系统的脉冲传递函数

1. 脉冲传递函数模型

脉冲传递函数是线性离散系统在初始条件为零时，系统的输出信号的 Z 变换与输入信号的 Z 变换之比，又称为 Z 传递函数。通常表示为

$$G(z) = \frac{b_m z^m + b_{m-1} z^{m-1} + \cdots + b_1 z + b_0}{a_n z^n + a_n^{-1} z^{n-1} + \cdots + a_1 z + a_0}, n \geqslant m$$

在 MATLAB 中，脉冲传递函数在形式上与连续系统的传递函数模型相同，区别在于脉冲传递函数以 z 为算子。脉冲传递函数的调用格式为

sys = tf(num,den,Ts)　Ts 对应采样周期时间,如为'−1'表示采样周期未知

【例 2-6-1】　已知离散系统的脉冲传递函数为 $G(z) = \dfrac{z+2}{2z^3 + 3z^2 + 3z + 5}$，采样器的采样周期为 0.2s，试建立系统的 MATLAB 模型。

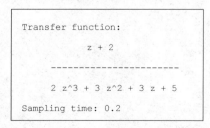

```
Transfer function:
        z + 2
-----------------------
2 z^3 + 3 z^2 + 3 z + 5
Sampling time: 0.2
```

图 2-6-1　[例 2-6-1] 运行结果

解　在 MATLAB 的命令窗中输入"num=［1 2］；den=［2 3 3 5］；sys=tf（num，den，0.2）↙"。可得如图 2-6-1 所示的结果。

2. 脉冲传递函数的零极点模型

与连续系统相同，离散系统的脉冲传递函数也可表示为零极点形式，其函数仍然是 zpk（ ）。调用格式为

sys = zpk(z,p,k,Ts)

【例 2-6-2】　已知离散系统的脉冲传递函数为 $G(z) = \dfrac{2(z+2)}{z(z-0.5)(z+1.1)}$，采样器的采样周期为 0.5s，试建立离散系统的 zpk 模型。

解　在 MATLAB 中输入如下程序：

z =［−2］;

```
p = [0 0.5 - 1.1];
k = 2;
sysk = zpk(z,p,k,0.5)
```

执行结果如下：

```
Zero/pole/gain:
    2(z + 2)
- - - - - - - - - - - - - - - -
z(z - 0.5)(z + 1.1)
Sampling time:0.5
```

3. 离散时间状态空间模型

在离散系统中，状态空间模型表示为

$$x(k+1) = ax(k) + bu(k)$$
$$y(k) = cx(k) + du(k)$$

离散系统的状态空间模型的 MATLAB 表达与连续系统状态空间模型的表达相同，都是利用 ss 函数。区别在于函数参数中包括了采样周期变量。调用格式如下：

```
sys = ss(a,b,c,d,Ts)
```

【例 2 - 6 - 3】 已知离散系统的状态空间模型参数为

$$A = \begin{bmatrix} -1 & 2 \\ 3 & -4 \end{bmatrix}, B = \begin{bmatrix} 1 \\ 1 \end{bmatrix}, C = [2 \quad 1], D = [0]$$

设采样器的采样周期为 2s，试建立该模型。

解 在 MATLAB 的命令窗口中输入："a = [-1 2;3 - 4]; b = [1;1]; c = [2;1]; d = 0; Ts = 2; sysk2 = ss(a, b, c, d, Ts)"。执行结果见图 2 - 6 - 2。

4. 模型转换函数

离散系统中的模型之间的转换函数与连续系统中的函数一致，只是 tf2ss、zpk2ss 类似函数不能调用。

【例 2 - 6 - 4】 试确定 [例 2 - 6 - 3] 系统的传递函数模型及零极点模型。

解 MATLAB 程序代码如下：

```
a = [-1 2;3 - 4];b = [1;1];c = [2 1];d = 0;Ts = 2;sysk = ss(a,b,c,d,Ts);
sy1 = tf(sysk),sy2 = zpk(sysk)
```

执行结果如下：

```
Transfer function:
  3 z + 16
- - - - - - - - - - - - -
z^2 + 5 z - 2
Sampling time:2
```

```
a =
          x1    x2
    x1    -1    2
    x2    3     -4
b =
          u1
    x1    1
    x2    1
c =
          x1    x2
    y1    2     1
d =
          u1
    y1    0
Sampling time: 2
Discrete-time model.
```

图 2 - 6 - 2 [例 2 - 6 - 3] 运行结果

Zero/pole/gain:

   3 (z + 5. 333)

－－－－－－－－－－－－－－－－－－－

(z－0. 3723) (z + 5. 372)

Sampling time: 2

二、将连续系统模型转换为离散系统模型

MATLAB 提供了 c2d 函数及 c2dm 函数用于将连续系统模型转换成脉冲传递函数模型。其调用格式为

```
sysd = c2d(sysc,Ts)                      % 采用零阶保持方法将连续 LTI 模型转换为离散系统模型
sysd = c2d(sysc,Ts,'method')             % 采用"method"将连续 LTI 模型转换为离散系统模型
[numz,denz] = c2dm(num,den,Ts,'method')  % 同上
[Ad,Bd,Cd,Dd] = c2dm(A,B,C,D,Ts,'method') % 状态空间模型连续转换为离散系统
```

其中，Ts 表示采样周期，单位为秒。method 指所用的转换方法，默认为 zoh（零阶保持器法），见表 2 - 6 - 1 的说明。

表 2 - 6 - 1   'method' 的选项及功能说明

选项	功能说明	选项	功能说明
zoh	零阶保持器法	tustin	双线性变换法
foh	一阶保持器法	prewarp	改进双线性变换法
imp	脉冲响应不变法	matched	零极点匹配变换法

【例 2 - 6 - 5】　已知 $G(s) = \dfrac{1}{s^2+s+2}$，系统的采样周期取为 $T_s = 1s$，试采用零阶保持器方法和双线性变换方法求出此连续系统的离散化脉冲传递函数。

解　MATLAB 的程序代码如下：

```
num = [1];den = [1 1 2]; s1 = tf(num,den);
Ts = 1;
sd1 = c2d(s1,Ts,'zoh')
sd2 = c2d(s1,Ts,'tustin')
```

执行结果见图 2 - 6 - 3。

【例 2 - 6 - 6】　已知某离散系统结构如图 2 - 6 - 4 所示，系统的采样周期取为 $T_s = 0.1s$，求图 2 - 6 - 4 （a）、（b）系统的脉冲传递函数。

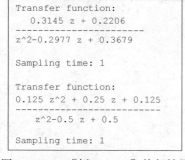

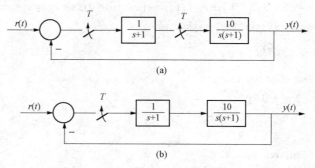

图 2 - 6 - 3 　［例 2 - 6 - 5］执行结果　　　　图 2 - 6 - 4 　［例 2 - 6 - 6］系统结构

解　为求图 2 - 6 - 4（a）系统的脉冲传递函数，设计 MATLAB 程序如下：

```
Ts = 0.1;
s1 = tf(1,[1 1]); sd1 = c2d(s1,Ts);        %采用零阶保持方法进行离散化
s2 = tf(10,[1 1 0]);sd2 = c2d(s2,Ts);      %采用零阶保持方法进行离散化
Gd0 = sd1 * sd2;                           %开环 Z 传递函数
Gda = feedback(Gd0,1)
```

运行结果：

```
0.004603 z + 0.004453
- - - - - - - - - - - - - - - - - - - - - - - - - - - - - - - - - -
z^3 - 2.81 z^2 + 2.633 z - 0.8143
```

为求图 2 - 6 - 4（b）系统的脉冲传递函数，设计 MATLAB 程序如下：

```
Ts = 0.1;
s1 = tf(1,[1 1]);
s2 = tf(10,[1 1 0]);
G0 = s1 * s2;                %连续模型
Gd0 = c2d(G0,Ts,'zoh');      %离散化
Gdb = feedback(Gd0,1)
```

运行结果：

```
0.001586 z^2 + 0.006035 z + 0.001435
- - - - - - - - - - - - - - - - - - - - - - - - - - - - - - - - - -
z^3 - 2.808 z^2 + 2.634 z - 0.8173
```

三、离散系统模型的连续化转换

在一些特殊的应用中，有时需要由已知的离散系统模型变换出连续系统模型。利用 MATLAB 的变换函数 d2c，可获得离散系统对应的连续系统模型。其调用格式为

```
sysc = d2c(sysd,Ts,'method')            离散 LTI 模型转换为连续系统模型
[A,B,C,D] = d2cm(Ad,Bd,Cd,Dd,Ts,'method')   状态空间模型离散系统转换为连续系统
```

【例 2 - 6 - 7】　已知离散化模型为 $G(z) = \dfrac{z+1}{z^2+2z+2}$，采样周期 $T_s = 1\mathrm{s}$，试用零阶保持方法转换为连续系统模型。

解　在 MATLAB 命令空间中输入程序：

```
n1 = [1 1];d1 = [1 2 2];
Ts = 1;
sysd = tf(n1,d1,Ts)        %离散模型
sysc = d2c(sysd,'zoh')     %零阶保持法连续化
```

运行结果：

```
离散模型：
    z + 1
    - - - - - - -
```

```
z^2 + 2 z + 2
```

连续模型：

```
0.3326 s + 2.269
_ _ _ _ _ _ _ _ _
s^2 - 0.6931 s + 5.672
```

2.6.2　离散控制系统的分析

一、离散控制系统的时域响应

dstep 函数、dimpulse 函数、dinitial 函数和 dlsim 函数是 MATLAB 提供的计算离散系统响应的函数。其中，dstep 函数用于生成单位阶跃响应，dimpulse 函数用于生成单位脉冲响应，dinitial 函数用于计算离散状态空间模型的零输入响应，dlsim 函数用于生成任意指定输入的响应。这些函数与连续系统仿真时的用法没有太大差异，它们的输出为 y（kT），而且具有阶梯波形的形式。计算离散系统响应的函数的调用格式见表 2 - 6 - 2。

表 2 - 6 - 2　　　　　　　　常用离散控制系统时域响应函数

函数	格式	功能说明
dstep	dstep（num，den） dstep（num，den，N）	绘制单入单出离散系统单位阶跃响应曲线，N 为用户自定义显示点数
	dstep（a，b，c，d，iu） dstep（a，b，c，d，iu，N）	绘制多入多出离散系统第 iu 个输入的单位阶跃响应曲线，N 的含义同上
	[y，x] =dstep（num，den，…） [y，x] =dstep（a，b，c，d，…）	返回输出向量 y 和状态向量 x 的矩阵数据值，不绘制曲线
dimpulse	dimpulse（num，den） dimpulse（num，den，N）	绘制单入单出离散系统单位脉冲响应曲线，N 为用户自定义显示点数
	Dimpulse（a，b，c，d，iu） dimpulse（a，b，c，d，iu，N）	绘制多入多出离散系统第 iu 个输入的单位脉冲响应曲线，N 的含义同上
	[y，x] = dimpulse（num，den，…） [y，x] = dimpulse（a，b，c，d，…）	返回输出向量 y 和状态向量 x 的矩阵数据值，不绘制曲线
dinitial	dinitial（a，b，c，d，x0）	绘制系统（a，b，c，d）在初始条件 x0 下的响应曲线
	dinitial（a，b，c，d，x0，N）	响应点数自定义
	[y，x，N] =dinitial（a，b，c，d，x0，…）	返回输出向量 y、状态向量 x 和点数值
dlism	dlsim（num，den，u） dlsim（a，b，c，d，u）	绘制离散系统在输入 u 作用下的响应曲线
	[y，x] =dlsim（a，b，c，d，u） [y，x] =dlsim（num，den，u）	返回值，不绘制曲线

【例 2 - 6 - 8】　假设系统的闭环 Z 传递函数为 $\dfrac{Y(z)}{R(z)} = \dfrac{0.3z}{z^2 - z + 0.6}$，求系统的单位阶跃响应。

　　解　在 MATLAB 中输入 "num = [0.3 0]; den = [1 -1 0.6]; dstep (num, den) ↙"。可得如图 2 - 6 - 5（a）所示的结果。最后一句改为 dstep (num, den, 30)，得图 2 - 6 - 5（b），横轴坐标与自定义点数 30 对应。

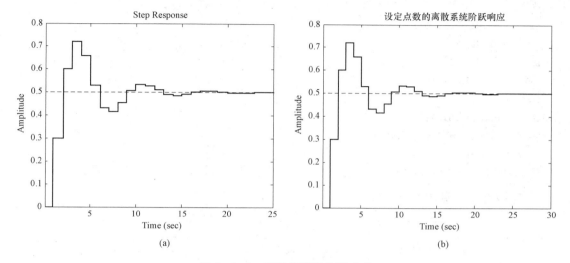

(a)　　　　　　　　　　　　　　　　　(b)

图 2 - 6 - 5　离散系统的阶跃响应

【例 2 - 6 - 9】　假设系统的闭环 Z 传递函数为 $\dfrac{Y(z)}{R(z)} = \dfrac{0.6}{z - 0.6}$，求离散系统在输入序列为 $u = \sin(KT)$，$T = 0.1\text{s}$，$K = 0 : 100$ 下的输出响应。

　　解　在 MATLAB 的命令窗中输入 "n = 0.6; d = [1 -0.6]; k = 0 : 100; T = 0.1; u = sin (k * T); y = dlsim (n, d, u); stem (k, y) ↙"。可得如图 2 - 6 - 6 所示的结果。

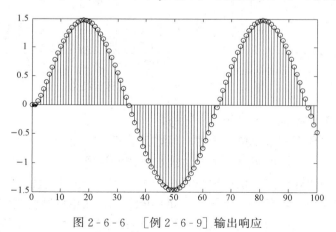

图 2 - 6 - 6　[例 2 - 6 - 9] 输出响应

【例 2 - 6 - 10】　系统结构图如图 2 - 6 - 7 所示，"ZOH" 为零阶保持器，求系统的单位阶跃响应。

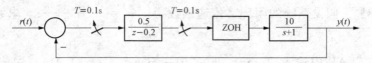

图 2-6-7   ［例2-6-10］系统结构图

解   在 MATLAB 中输入程序：

```
n1 = [0.5];d1 = [1 - 0.2];Ts = 0.1;
Gd = tf(n1,d1,Ts);
s1 = tf([10],[1 1]);
Gs1 = c2d(s1,Ts,'zoh');
G0 = Gd * Gs1;
GGz = feedback(G0,1);
y = dstep(GGz.num,GGz.den,40);
stem(y);grid;
title('例 2 - 6 - 10 阶跃响应')
```

程序执行结果见图 2-6-8。

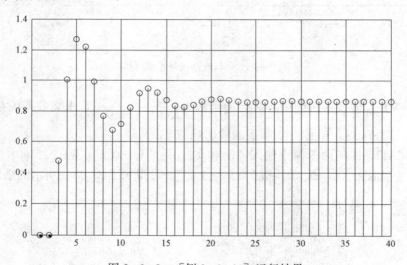

图 2-6-8   ［例2-6-10］运行结果

二、离散控制系统的稳定性分析

离散控制系统闭环根位于单位圆内的时候，系统稳定；否则，系统不稳定。

在 MATLAB 环境下，可通过三种方法确定系统的稳定性。

（1）计算系统的闭环极点，根据模是否小于1，判定系统稳定性。

（2）绘制离散系统的闭环零极点图，由闭环极点是否在单位圆内判定系统稳定性。

（3）通过绘制离散系统根轨迹确定系统稳定性及稳定的参数取值范围。

说明：离散系统的闭环极点、零极点图及根轨迹绘制函数均与连续系统相同，区别是对应的数学模型为离散系统模型，故结果上有些差异。

【例2-6-11】   已知某离散系统的结构如图2-6-9所示，其中采样周期 $T = 0.1s$，

$T=0.5$s，试分别确定系统的稳定性。

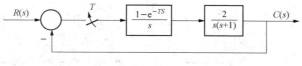

图 2 - 6 - 9　　［例 2 - 6 - 11］结构图

解　方法 1：求闭环极点，判定是否在单位圆内。

$T=0.1$s，MATLAB 程序如下：

```
s1 = tf(2,[1 1 0]); T = 0.1;
g0 = c2d(s1,T,'zoh');
gg = feedback(g0,1);           % 闭环 Z 传函
[dns,dds] = tfdata(gg,'v');    % 提取闭环 Z 传函的分子分母
P = roots(dds)                 % 求系统的闭环极点的根
absP = abs(P)                  % 闭环根的模
```

执行后得到结果：

```
P =
    0.9476 + 0.1276i
    0.9476 − 0.1276i
absP =
    0.9561
    0.9561
```

可知，系统的闭环根均在单位圆内，系统稳定。

方法 2：绘制闭环系统的零极点图。

MATLAB 程序如下：

```
s1 = tf(2,[1 1 0]); T = 0.1;
g0 = c2d(s1,T,'zoh');
gg = feedback(g0,1);% 闭环系统
pzmap(gg);
title('例题 2 - 6 - 11 T = 0.1s 零极点图')
```

执行后见图 2 - 6 - 10，可知系统是稳定的。

当 $T=0.5$s 时，仅需要将上述的程序 $T=0.1$s 修改为 $T=0.5$s，就可判定系统稳定性。图 2 - 6 - 11 所示为 $T=0.5$s 时的零极点图，可知系统也稳定。

判定待定系数的取值与系统稳定性的关系，根轨迹是常用方法之一。以待定参数为可变系数，绘制系统的根轨迹，能迅速找到使系统稳定的参数范围。

在离散控制系统中的根轨迹的绘制函数与连续系统相同，rlocus 函数可以直接绘制离散系统的根轨迹，rlocfind 函数可以用来计算与指定特征根对应的增益 k，区别在于离散系统的根轨迹会自带单位圆（虚线），网格线的绘制函数为 zgrid，其使用方法与 sgrid 相同。

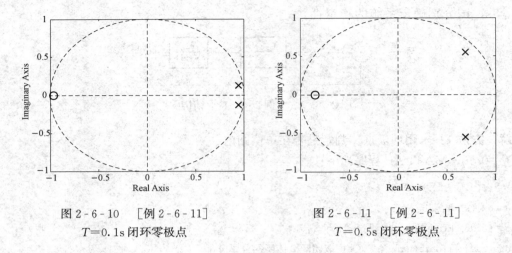

图 2 - 6 - 10   ［例 2 - 6 - 11］   图 2 - 6 - 11   ［例 2 - 6 - 11］
T＝0.1s 闭环零极点 T＝0.5s 闭环零极点

【例 2 - 6 - 12】   已知系统的开环传递函数为 $G(z) = \dfrac{k\,(z+0.4)}{(z-0.3)\,(z-0.6)}$。试绘制系统

的根轨迹，并判定系统稳定的 k 值范围。

　　解　在 MATLAB 的命令窗中输入命令："num＝［1 0.4］；den＝conv（［1 −0.3］，［1 −0.6］）；g0＝tf（num，den，−1）；rlocus（g0）✓"，可得图 2 - 6 - 12。结合离散系统稳定性的概念，将鼠标在根轨迹上滑动，寻找与单位圆交点并单击读状态参数，可知系统稳定取值范围为（0，2.08）。

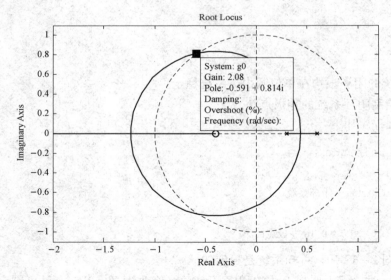

图 2 - 6 - 12   离散系统的根轨迹

2.6.3   离散控制系统的设计

　　常见的离散控制系统有如图 2 - 6 - 13 所示的典型结构。系统中 $D(z)$ 为离散控制器的脉冲传递函数，$G_h(s)$ 为保持器（一般是零阶保持器），$G_p(s)$ 为受控系统的传递函数，$G(z)$

$=Z\big[G_{\mathrm{h}}(s)\ G_{\mathrm{p}}(s)\big]$。

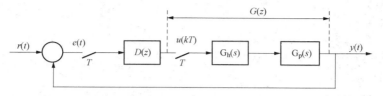

图 2 - 6 - 13 离散控制系统的典型结构

离散控制系统的设计的最主要的内容是确定控制器 $D(z)$ 的结构和参数。其中也要考虑采样周期和量化误差的影响。

设计控制器 $D(z)$ 有多种方法。比较成熟的方法有连续系统离散化法、Z 域根轨迹设计法、W 域频率特性设计法和数字控制器直接设计法。控制器直接设计法的关键点在于根据需求确定期望的闭环脉冲传递函数,逆推数字控制器 $D(z)$。

根据图 2 - 6 - 13 的系统结构,闭环脉冲传递函数 $F(z)$ 应满足

$$F(z) = \frac{D(z)G(z)}{1 + D(z)G(z)}$$

若 $G(z) = Z\big[G_{\mathrm{h}}(s)\ G_{\mathrm{p}}(s)\big]$ 已知,$F(z)$ 按某种方法确定,则控制器 $D(z)$ 可由公式

$$D(z) = \frac{1}{G(z)}\frac{F(z)}{1 - F(z)}$$

下面通过一个实例介绍用控制器直接设计法设计无超调系统。

【例 2 - 6 - 13】   已知系统的结构图见图 2 - 6 - 14,试利用直接设计法设计无超调控制器 $D(z)$。

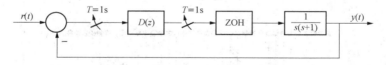

图 2 - 6 - 14   [例 2 - 6 - 13] 结构图

解   为使得闭环系统输出无超调,可设期望闭环脉冲传递函数为

$$F_1(z) = \frac{bz^{-1}}{1 - az^{-1}}$$

其中,$a = \mathrm{e}^{-\frac{1}{\tau}}$($\tau$ 为惯性时间常数),$b = 1 - a$。

按照必要性约束准则和选择性约束准则修正 $F_1(z)$ 成为 $F_2(z)$,在此设

$$F_2(z) = \frac{bz^{-2}}{1 - az^{-1}}$$

在此设惯性时间常数 $\tau = 2\mathrm{s}$,代入得 $a = 0.6065$,$b = 0.3935$,$F_2(z) = z^{-1}$。

利用控制器 $D(z)$ 的计算公式即可得到离散控制器。

MATLAB 程序代码如下:

```
k = 0:1:39;
T = 1; % Ts
```

```
% dF = F/(1 - F)
n1 = [1];d1 = [1 - 1];
dF = tf(n1,d1,T);
% dG0 = 1/G
s1 = tf([1],[1 1 0]);
Gs0 = c2d(s1,T,'zoh');
dG0 = tf(Gs0. den,Gs0. num,T);
% D(z)
Dz = dF * dG0
% Gnew
G0new = Gs0 * Dz;
Gnew = feedback(G0new,1);
% step response
y = dstep(Gnew. num,Gnew. den,40);
hold on
stem(k,y);
title('例2 - 6 - 13 step response')
```

执行后，在 MATLAB 命令窗口显示 $D(z)$ 控制器的传递函数

```
    z^2 - 1.368 z + 0.3679
- - - - - - - - - - - - - - - - - - - - - - - - - - - - - -

0.3679 z^2 - 0.1036 z - 0.2642
```

控制器加入后的系统阶跃响应见图 2 - 6 - 15，显然是落后一拍的无超调响应。

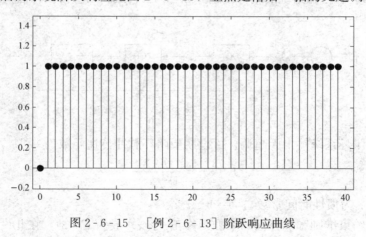

图 2 - 6 - 15　[例 2 - 6 - 13] 阶跃响应曲线

2.6.4　离散控制系统的 Simulink 模型与仿真

在 Simulink 环境下，可以非常便利地利用离散系统模块库（Discrete 模块库）和其他模块库的模块搭建离散控制系统的 Simulink 模型，进而完成离散控制系统的动态特性仿真。离散控制系统的 Simulink 模型，可以只由离散模块组成，也可以同时包含离散模块和连续

模块。所以，离散控制系统的 Simulink 模型仿真时可能存在多种采样周期。此外，对于某连续过程除利用 MATLAB 提供的转换函数（d2c）进行离散化处理外，还可利用 Simulink 中的保持器模块（Zero - Order Hold，First - Order Hold）对 Simulink 模型中的连续模块进行离散化处理，或者利用模型转换工具（Model Discretizer）直接对 Simulink 模型中的连续模块进行离散化处理。

一、用保持器模块的离散化建模

在离散控制系统中，基本的离散部件是采样开关和保持器。在 Simulink 中有两种保持器模块：零阶保持器（Zero - Order Hold）和一阶保持器（First - Order Hold）。但是在 Simulink 中没有采样开关模块。事实上，任何 Simulink 模块，只要设置了不为 -1 的采样时间值，都相当于其输入处连接了一个采样开关。当在一个连续模块前接一个保持器模块并设置了不为 -1 的采样时间值，就相当于该连续模块被离散化了，其对应的脉冲传递函数为保持器与连续模块的传递函数乘积的 Z 变换。

【例 2 - 6 - 14】　已知连续部分的开环传递函数为 $G(s) = \dfrac{10}{s(s+10)}$，采用零阶保持器连接，将采样周期分设为 $T = 0.01s$，$0.2s$，$0.25s$，$0.28s$，观察采样周期对系统阶跃响应的影响。

解　该系统的 Simulink 模型如图 2 - 6 - 16 所示。单击图中的零阶保持器模块可弹出模块参数设置窗如图 2 - 6 - 17 所示。分别设置采样时间 $T = 0.01s$，$0.2s$，$0.25s$，$0.28s$，同时，单菜单上的 Simulation - Configuration parameters，把 Type 选为 Fixed - step，然后在 Fixed - step size 中输入对应的采样时间，相应的阶跃响应结果如图 2 - 6 - 18 所示。从结果可以看出，当采样周期选择不同的时候，系统响应明显不同。当采样周期 $T = 0.01s$，$0.2s$ 时，系统响应跟未离散时连续系统的输出基本相同。但是当 $T = 0.25s$，$0.28s$ 时系统响应出现振荡和不稳定的情况。这是因为离散化的误差太大所致。

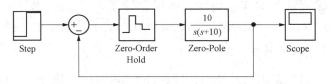

图 2 - 6 - 16　Simulink 环境下的采样系统建模

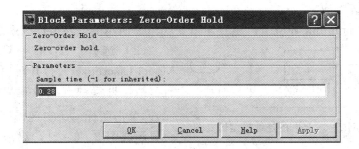

图 2 - 6 - 17　参数设置窗

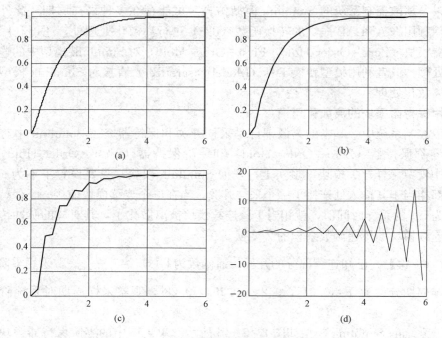

图 2 - 6 - 18　不同采样周期下的系统阶跃响应

（a）$T=0.01$s 的系统阶跃响应；（b）$T=0.02$s 的系统阶跃响应；（c）$T=0.25$s 的系统阶跃响应；

（d）$T=0.28$s 的系统阶跃响应

二、用离散化工具的离散化建模

在 Simulink 环境下，可通过模型离散化工具将某连续模块按选择的保持器和采样时间直接转换得到离散模块具体作法是：选择"Tools→Control Design→Model Discretizer"打开转换工具窗；选择待转换的连续模块；选择保持器，"zoh"或"foh"；设置采样时间（Sample time）；在"Replace current selection with"的下拉选项中选择变换后的显示方式；最后单击图标 $\overline{\text{SŻ}}$ 实现模型转换。

【**例 2 - 6 - 15**】　已知某离散系统的开环部分是串联有保持器的传递函数 $G(s)=\dfrac{2}{s+1}$ 离散化后得到的。假设采样周期 $T=0.5$s，输入信号为单位阶跃，试确定采用零阶保持器或一阶保持器时的系统响应。

解　（1）在 Simulink 环境下，建立如图 2 - 6 - 19 所示的待转换连续系统模型。

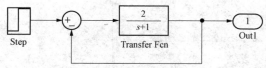

图 2 - 6 - 19　［例 2 - 6 - 15］的连续模型仿真图

（2）选择"Tools → Control Design → Model Discretizer"打开转换工具。按题意设置参数，见参数选项设定界面（见图 2 - 6 - 20）。单击图标 $\overline{\text{SŻ}}$ 实现模型转换，mdl 文件会显示成图 2 - 6 - 21，双击"Transfer Fcn"可得零阶保持器转换模型和一阶保持器转换模型，见图 2 - 6 - 22 （a）、（b）。

（3）分别运行两种转换模型，可得阶跃响应见图 2 - 6 - 23 （a）、（b）。

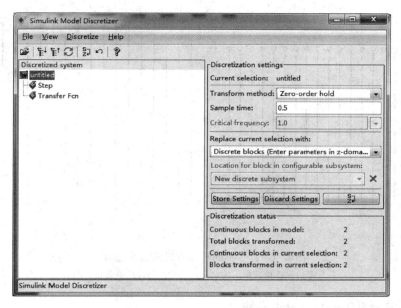

图 2-6-20　Model Discretizer 界面

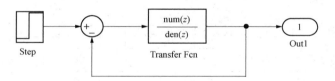

图 2-6-21　转换 Z 域的 mdl 界面

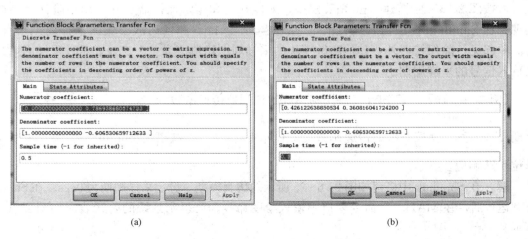

(a)　　　　　　　　　　　　　　　(b)

图 2-6-22　不同转换方式后的 Z 域模型

（a）零阶保持器转换模型；（b）一阶保持器转换模型

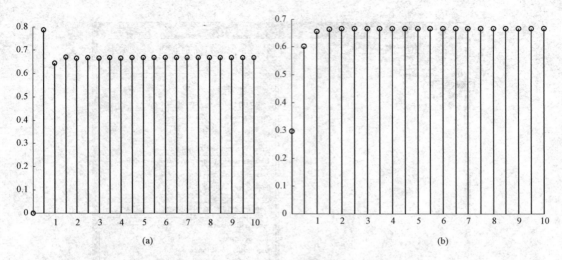

图 2-6-23　不同转换方式后的系统响应

(a) 零阶保持器转换后的响应；(b) 一阶保持器转换后响应

三、离散控制系统的 Simulink 仿真

经典的计算机控制系统模型见图 2-6-24，控制器模型时离散模型，ZOH 为零阶保持器，受控对象为连续模型。

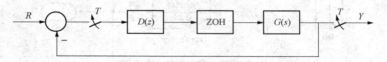

图 2-6-24　计算机控制系统框图

可按图 2-6-24 搭建 Simulink 模型。采样开关和零阶保持器一并可用零阶保持器模块实现。在 Simulink 模型仿真运行前，应设置零阶保持器和各离散模块的采样周期。有时，为简单起见，除保持外，其他离散模块的采样周期均填写为 "-1"，表示其采样周期继承其输入信号的采样周期。

【例 2-6-16】　已知计算机控制系统的控制器传递函数为 $D(z) = 3 \times \dfrac{z-0.905}{z-0.368}$，采样周期 $T=0.2s$，受控对象的传递函数为 $G(s) = \dfrac{5}{s(s+1)}$，试搭建 Simulink 模型，求系统的单位阶跃响应。

解　在 Simulink 中搭建如图 2-6-25 所示的仿真模型，设定采样周期为 0.2s。在 Simulink 模型运行后，在 MATLAB 命令窗口中输入绘图命令，可得到系统的阶跃响应如图 2-6-26 所示。

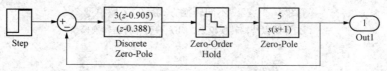

图 2-6-25　[例 2-6-16] Simulink 框图

四、Simulink 环境下的最少拍控制系统仿真

最少拍控制是要求所得到控制系统可以在最少拍采样周期内使被控量达到无稳态偏差的稳态水平。最少拍控制系统是以时间最优要求设计出的无差系统。最少拍控制器的设计可采用离散控制器的直接设计法，具体是应用最少拍且无稳态误差设计准则。

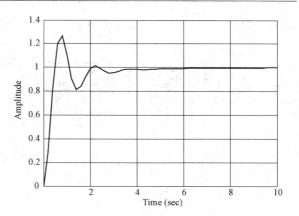

图 2 - 6 - 26　［例 2 - 6 - 16］的系统阶跃响应

【**例 2 - 6 - 17**】　试用直接设计方法确定数字控制器 $D(z)$，使系统具有无稳态误差和最少拍性能。已知被控过程为 $G_{\mathrm{p}}(s) = \dfrac{1}{s(s+1)}$。设采样周期 $T=1\mathrm{s}$，系统输入 $r(t) = 1(t)$。

解　首先，先求得零阶保持器和受控系统串联的 Z 传递函数。再用数字控制器直接设计准则设计 $D(z)$。最后，微调控制器的设计参数。

（1）在 MATLAB 中计算串有零阶保持器的开环 Z 传递函数。

```
>> s1 = tf(1,[1 1 0]);
>> G0z = c2d(s1,1,'zoh')
```

运行结果为

```
   0.3679 z + 0.2642
- - - - - - - - - - - - - - - - - - - - - -
z^2 - 1.368 z + 0.3679
```

绘制 $D(z) = 1$ 单位反馈系统的阶跃响应。在 MATLAB 的命令窗口输入：

```
>> Gd = feedback(G0z,1);   % 闭环 Z 传函
>> y = dstep(Gd.num,Gd.den,30);
>> k = 0:1:29;stem(k,y,'k');title('D(z) = 1,系统单位阶跃响应')
```

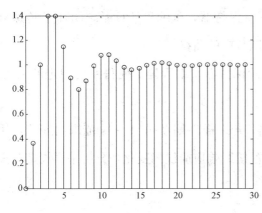

图 2 - 6 - 27　［例 2 - 6 - 17］系统阶跃响应

如图 2 - 6 - 27 所示，可见存在振荡。

（2）用数字控制器直接设计准则设计 $D(z)$。因为输入信号为 $r(t) = 1(t)$，则

$$\phi(z) = z^{-1}$$

$$D(z) = \frac{\phi(z)}{[1 - \phi(z)]G(z)} = \frac{z^{-1}}{(1 - z^{-1})G(z)}$$

$$= \frac{z - 0.368}{0.3679z + 0.264}$$

所建立的 Simulink 结构图如图 2 - 6 - 28 所示。注意，仿真模式需选择 "Fixed step"，并将仿真步长设为 "1" s。加入上述 $D(z)$ 后系统的阶跃响应如图 2 - 6 - 29 所示。可见经过一

拍后，输出响应与输入信号完全重合，实现了无稳态误差设计。

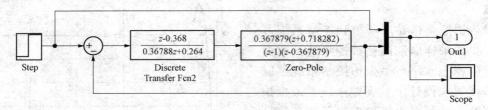

图 2-6-28　最少拍数字控制系统

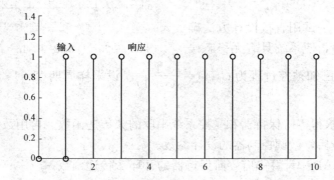

图 2-6-29　系统的无稳态误差阶跃响应

扫码查看答案

2.6.5　课内实验

课内题 2-6-1　已知系统结构见图 2-6-30，完成下列相关要求：

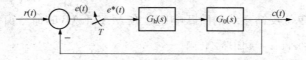

图 2-6-30　课内题 2-6-1 系统

（1）$G_0(s)=\dfrac{1}{s^2(s+5)}$，$T=1\mathrm{s}$，$G_h(s)$ 为零阶保持器，试编程计算系统闭环 Z 传递函数，判定系统稳定性，编程绘制闭环系统单位阶跃响应的曲线。

（2）$G_0(s)=\dfrac{K}{s(s+1)}$，$T=1\mathrm{s}$，$G_h(s)$ 为零阶保持器，编程确定使得系统稳定的 K 的取值范围。

（3）$G_0(s)=\dfrac{1}{s(s+1)}$，$G_h(s)$ 为零阶保持器，若采样周期 T 在 $1\sim4\mathrm{s}$ 范围内变化，用 MATLAB 编程的方法，完成 T 每增加 $1\mathrm{s}$，系统的阶跃响应曲线的变化，分析采样周期对离散系统动态特性及稳定性的影响。

2.6.6　课外实验

课外题 2-6-1　已知离散控制系统如图 2-6-13 所示，其中，$G_p(s) = \dfrac{10}{s(s+1)}$，$G_h(s)$ 为零阶保持器，设采样周期为 $T=1\mathrm{s}$。

（1）试设计一个数字控制器 $D(z)$，在阶跃输入下，系统响应无超调。

（2）当 $r(t) = t$ 时，使得系统无稳态误差，且其过渡过程在最少拍结束。

第7章　状态变量控制系统的分析与设计

　　状态空间法是采用矩阵运算形式的时域分析方法，它不仅可以处理多变量系统，而且可以处理非线性和时变的系统。本章将介绍在 MATLAB/Simulink 环境下的状态空间模型系统的建立、分析、仿真和反馈控制系统设计的实验方法。

2.7.1　状态空间模型的分析

一、状态空间模型的求解
　　在状态空间模型建立之后，通常希望能获得控制系统的状态变量及输出的响应，以便研究系统的性能和特征。

　　对于连续系统的状态空间模型

$$\dot{x} = Ax + Bu, y = Cx + Du$$

系统的状态变量时间响应为一阶微分方程组的解，其时域解公式为

$$x(t) = e^{At}x(0) + \int_0^1 e^{A(t-\tau)}Bu(\tau)\mathrm{d}\tau$$

其中的矩阵指数函数就是状态转移矩阵 $\Phi(t)$，即 $\Phi(t) = e^{At}$。

　　给定时刻的状态转移矩阵可以用函数 expm 来计算，其调用格式为

```
expm(A * t)
```

　　在 MATLAB 中，还可以用函数 lsim (A，B，C，D，u，t，x0) 来求得系统的输出响应和状态响应。其调用格式为

```
[y,x] = lsim(A,B,C,D,u,t)
[y,t,x] = lsim(G,u,t,x0)
```

　　用 lsim () 可以计算具体时间的状态响应，还可以求出系统在一个时段内的状态响应。

【例 2 - 7 - 1】　有二阶系统 $A = [0, -2; 1, -3]$，求当 $t = 0.2s$ 时系统的状态转移矩阵。

　　解　在 MATLAB 的命令窗中输入："A= [0，−2；1，−3]；t=0.2；fai=expm (A * t) ↙"。可得如图 2 - 7 - 1 所示的结果。fai 即为 $t = 0.2s$ 时的状态转移矩阵。

```
fai =
    0.9671   -0.2968
    0.1484    0.5219
```

图 2 - 7 - 1　[例 2 - 7 - 1] 运行结果

【例 2 - 7 - 2】　已知系统 $A = [0 \; -2; 1 \; -3]$，$B = [2; 0]$；$C = [1 \; 0]$；$D = [0]$，$x_0 = [1; 1]$，当系统在输入信号 $u(t) = 0.5 * 1(t)$ 时，绘制 2s 内的状态向量及输出响应。

　　解　设计 MATLAB 的程序代码如下：

```
a=[0 -2;1 -3];b=[2;0];c=[1 0];d=[0];
x0=[1 1];
```

```
t = [0:0.05:2];
u = 0.5 * ones(length(t),1);
[y,x] = lsim(a,b,c,d,u,t,x0);
subplot(211)
plot(t,x(:,1),'k',t,x(:,2),'b:');grid
title('状态变量轨迹')
gtext('x(1)')
gtext('x(2)')
subplot(212)
plot(t,y);grid
title(' ')
gtext('y(t)');
```

运行结果见图 2 - 7 - 2。

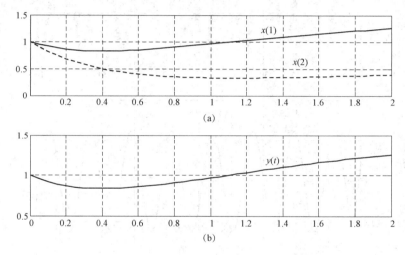

图 2 - 7 - 2　〔例 2 - 7 - 2〕状态及输出轨迹

（a）状态变量轨迹；（b）输出响应

【**例 2 - 7 - 3**】　系统 $\boldsymbol{A} = [-1\ -2\ -1;\ 1\ 0\ 0;\ -0.2\ -0.5\ -1]$，$\boldsymbol{B} = [0;\ 0;\ 1]$，$\boldsymbol{C} = [1\ 0\ 0]$；$\boldsymbol{D} = [0]$，$\boldsymbol{x}_0 = [0.2;\ 0.01;\ 0]$，绘制系统在输入 $2\sin(0.5t)$ 时 100s 内的状态向量及输出响应曲线。

解　设计 MATLAB 的程序代码如下：

```
a = [-1 -2 -1;1 0 0;-0.2 -0.5 -1],b = [0;0;1];c = [1 0 0];d = [0];
x0 = [0.2;0.01;0];
t = 0:0.1:100;
G = ss(a,b,c,d);
u = 2 * sin(0.5 * t);
[y,t,x] = lsim(G,u,t,x0);
plot(t,x(:,1),'r',t,x(:,2),'b--',t,x(:,3),'m.-');
title('状态变量轨迹')
```

```
gtext('x1(t)');
gtext('x2(t)');
gtext('x3(t)');
figure(2)
plot(t,y);title('y(t)的轨迹')
grid
```

运行结果见图 2-7-3。

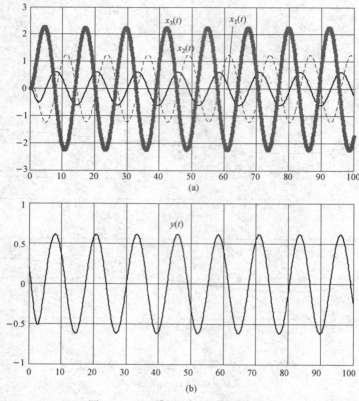

图 2-7-3　［例 2-7-3］状态响应
（a）状态响应曲线；（b）输出响应曲线

二、稳定性分析

1. 渐近稳定性

对于线性定常系统，如果随时间的变化，系统的状态 $x(t)$ 渐趋于 0，则系统是渐近稳定的。即 $t \rightarrow \infty$，$x(t) \rightarrow 0$。渐近稳定系统需要满足输入矩阵 A 具有负实部的特征根，即系统的极点位于 s 的左半平面。

【例 2-7-4】 已知系统如下，判定系统是否渐近稳定。

$$A = \begin{bmatrix} 0 & 1 \\ -2 & -3 \end{bmatrix}, B = \begin{bmatrix} 2 \\ 0 \end{bmatrix}, C = \begin{bmatrix} 1 & 0 \end{bmatrix}, D = \begin{bmatrix} 0 \end{bmatrix}$$

解 设计 MATLAB 程序如下：

```
a=[0 1;-2 -3];b=[2;0];c=[1 0];d=[0];
```

```
[z,p,k] = ss2zp(a,b,c,d);
p
rightp = find(real(p)>0)
if rightp>0
    disp('no stabilize')
else
    disp('stabilize')
end
```

运行结果，在 MATLAB 命令窗口显示为

```
p =
    -1
    -2
rightp =
    Empty matrix: 0 - by - 1
Stabilize
```

可知系统渐近稳定。

2. 李雅普诺夫第二法

李雅普诺夫稳定性理论能同时适用于分析线性系统和非线性系统、定常系统和时变系统的稳定性，是更为一般的稳定性分析方法。在已知状态空间模型的前提下，常用李雅普诺夫第二法判定系统稳定性。李雅普诺夫稳定性是寻找一个可能的李雅普诺夫函数 $V(x) = x^{\mathrm{T}}Px$，要求 $V(x)$ 正定，如果其倒数 $\dot{V}(x)$ 是半负定的，则系统是渐近稳定的。实际检验的方法是：对于一个给定的正定实对称矩阵 Ω（通常取单位矩阵 I），存在一个正定的实对称矩阵 P，则平衡状态大范围渐近稳定。

MATLAB 中提供了函数 lyap () 求解连续时间系统的李雅普诺夫方程，然后根据所求对称矩阵的定号性来判定系统的稳定性。调用 lyap () 函数格式如下：

```
P = lyap(A,Q)        求解李雅普诺夫方程 A'P + PA = -Q
P = lyap(A,B,C)      求解 Sylvester 方程 AP + PB + C = 0
```

【例 2 - 7 - 5】　系统 $A = [0\ 1；-1\ -1]$，Q 矩阵选择单位阵，应用李雅普诺夫第二法分析系统的稳定性。

解　在 MATLAB 中输入命令："a= [0 1；-1 -1]；Q= eye (2)；P=lyap (a′, Q) ↙"。执行结果见图 2 - 7 - 4。其中，P11=1.5>0，| P | =1.25>0，P 为正定矩阵，所以可判定系统大范围渐近稳定。

```
P =
   1.5000    0.5000
   0.5000    1.0000
```
图 2 - 7 - 4　[例 2 - 7 - 5] 运行结果

2.7.2　能控性和能观性判定及结构分解

系统能控性是指系统的输入能否控制系统状态的变化；系统能观测性是指系统状态变化能否由系统的输出反映出来。系统能控性和能观测性是状态空间分析中的两个非常重要的概念，是设计状态控制器和状态观测器的基础。

在 MATLAB 中，不仅可以分析系统的能控性、能观测性，而且还可以对不完全能控或者不完全能观的系统进行结构分解。

1. 能控性的判定

能控判定矩阵为 $U_c = [B, AB, \cdots, A^{n-1}B]$。当秩为 n 时，系统的状态完全能控，否则不完全能控。可以用函数 ctrb（ ）来直接求出能控判定矩阵，再用函数 rank（ ）确定系统能控矩阵的秩。它们的调用格式为

```
Uc = ctrb(A,B)
Uc = ctrb(sys)
n = rank(Uc)
```

如果 rank（Uc）=n，则系统可控；否则，系统是不完全能控的，简称不可控。其可控的状态变量的个数与 Uc 的秩值相同。

如果系统（A，B，C，D）输出完全可控，其输出能控性矩阵

$$S_y = [CB, CAB, \cdots, CA^{n-1}B, D]$$

需保证 rank(Sy) =m（输出的维数）。比较能控性判定矩阵可知 Sy= [CUc, D]（Uc 为能控性判定矩阵）。若 rank(Sy) =m，则输出完全可控。

【例 2 - 7 - 6】　已知系统的状态空间描述 $A = [0 - 2; 1 - 3]$，$B = [2; 0]$，$C = [1\ 0]$，$D = [0]$，试判定系统的状态能控性、输出可控性。

解　在 MATLAB 输入程序：

```
a = [0 -2;1 -3];b = [2;0];c = [1 0];d = [0];
uc = ctrb(a,b);
n = size(a,1)
if rank(uc) = = n
    disp('State controllability')
else
    disp('state no controllability')
end
sy = [c * uc,d];
m = size(c,1)
if rank(sy) = = m
    disp('output controllability')
else
    disp('output no controllablity')
end
```

运行结果显示为

```
n = 2
State controllability
m = 1
output controllability
```

即系统状态完全能控，输出能控。

2. 能观性的判定

能观性判定矩阵为 $V_O=\begin{bmatrix} C \\ CA \\ \vdots \\ CA^{n-1} \end{bmatrix}$。当秩为 n 时，系统的状态完全能观，否则系统状态

不完全能观。可以用函数 obsv（ ）来直接求出能观性矩阵，再用函数 rank（ ）确定系统能观性矩阵的秩，从而确定系统的状态能观测性。函数 obsv（ ）的调用格式为

```
VO = obsv(A,C)
VO = obsv(sys)
```

如果 rank（VO）=n，则系统可观，否则系统不完全能观的，简称不可观，其可观的状态变量的个数与 VO 的秩值相同。

【例 2 - 7 - 7】　已知系统的状态空间描述 $A=$［2 2；-1 - 3］，$B=$［2；1］，$C=$［1 0］，$D=$［0］，试判定系统的状态能观性。

解　在 MATLAB 命令窗口输入："a=［2 2；-1 -3］；b=［2；1］；c=［1 0］；d=［0］；vb=obsv（a，c）；rank（vb）"。运行结果显示"ans=2"，可知系统状态完全能观。

3. 不完全能控性分解

当系统不完全能控时，则存在相似变换阵 T，使得系统变换为

$$\hat{A} = TAT^{-1} = \begin{bmatrix} A_{\bar{C}} & 0 \\ A_{21} & A_C \end{bmatrix}$$

$$\hat{B} = TB = \begin{bmatrix} 0 \\ B_C \end{bmatrix}$$

$$\hat{C} = CT^{-1} = \begin{bmatrix} C_{\bar{C}} & C_C \end{bmatrix}$$

其中，(A_C, B_C) 为能控子系统。

在 MATLAB 中，提供了分解函数 ctrbf（ ），其调用格式为

$$[\hat{A},\hat{B},\hat{C},\hat{D},T,K] = ctrbf(A,B,C)$$

其中，T 为相似变换阵，K 为长度为 N 的矢量，其元素为各个块的秩。

【例 2 - 7 - 8】　已知系统的状态空间模型 $A=$［0　0 -1；1　0 -2；0　1 -2］，$B=$［1；1；0］，$C=$［1 1 0］，$D=$［0］。试判定系统是否为状态完全能控，否则将系统按能控性分解。

解　编制程序如下：

```
a=［0 0 -1;1 0 -2;0 1 -2］;b=［1;1;0］;
c=［1 1 0］;d=［0］;n=3;uc=ctrb(a,b);
if(rank(uc) = = n)
    disp('State controllability')
else
    disp('state no controllability')
    [ac,bc,cc,tc,kc] = ctrbf(a,b,c)
```

```
end
```

运行结果如下：

```
state no controllability
ac =
   - 1.0000        0.0000        - 0.0000
   - 1.4142      - 1.5000         0.8660
   - 0.8165      - 2.0207         0.5000
bc =
        0
        0
   - 1.4142
cc = 0              0        - 1.4142
tc =
   - 0.5774        0.5774       - 0.5774
     0.4082       - 0.4082      - 0.8165
   - 0.7071       - 0.7071          0
kc = 1              1             0
```

其中，可控的子系统模型如下：

$$\dot{x}_c = \begin{bmatrix} -1.5 & 0.866 \\ -2.0207 & 0.5 \end{bmatrix} x_c + \begin{bmatrix} 0 \\ -1.4142 \end{bmatrix} u$$

$$y = \begin{bmatrix} 0 & -1.4142 \end{bmatrix} x_c$$

4. 不完全能观分解

当系统不完全能观时，则存在相似变换阵 T，使得系统变换为

$$\hat{A} = TAT^{-1} = \begin{bmatrix} A_{\bar{O}} & A_{12} \\ 0 & A_O \end{bmatrix}$$

$$\hat{B} = TB = \begin{bmatrix} B_{\bar{O}} \\ B_O \end{bmatrix}$$

$$\hat{C} = CT^{-1} = \begin{bmatrix} 0 & C_O \end{bmatrix}$$

其中，(A_O, C_O) 为能观子系统。

在 MATLAB 中，提供了分解函数 obsvf ()，其调用格式为

$$[\hat{A}, \hat{B}, \hat{C}, \hat{D}, T, K] = obsvy(A, B, C)$$

其中，T 为相似变换阵，K 为长度为 N 的矢量，其所有元素的代数和等于可观测变量的数目。

【例 2 - 7 - 9】 已知系统的状态空间模型 $A = [1\ 2\ 4;\ 2\ 4\ 8;\ 10\ 20\ 40]$，$B = [0;\ 1;\ 0]$，$C = [1\ -1\ 1]$，$D = [0]$。试判定系统是否为状态完全能观，否则将系统按能观性分解。

解 编制程序见图 2 - 7 - 5。

执行结果如下：

```
m =   2
```

```
Abar =
     0.0000      10.3923      4.2426
     0.0000      36.0000     14.6969
     0.0000      22.0454      9.0000
Bbar =
     0.4082
    -0.7071
     0.5774
Cbar =
     0.0000           0     -1.7321
T =
     0.8165      0.4082     -0.4082
     0.0000     -0.7071     -0.7071
    -0.5774      0.5774     -0.5774
k =
     1           1           0
```

```
a=[1 2 4;2 4 8;10 20 40];
b=[0;1;0];c=[1-1 1];d=[0];
m=rank(obsv(a,c))
if  m<3
     [Abar,Bbar,Cbar,T,k]=obsvf(a,b,c)
end
```

图 2-7-5　［例 2-7-9］程序

可知系统状态不完全能观，系数为 2。其分解的能观子系统如下：

$$\dot{x}_o = \begin{bmatrix} 36 & 12.6969 \\ 22.0454 & 9 \end{bmatrix} x_o + \begin{bmatrix} -0.7071 \\ 0.5774 \end{bmatrix} u$$

$$y = \begin{bmatrix} 0 & -1.7321 \end{bmatrix} x_c$$

2.7.3　状态反馈控制器的设计

状态反馈是将系统的状态变量乘以相应的反馈系数，然后反馈到输入端与参考输入叠加形成控制量，作为受控系统的输入，实现闭环系统的极点的任意配置。采用状态反馈不但可以实现闭环系统极点的任意配置，而且也是实现解耦和构成线性最优调节器的主要手段。

MATLAB 提供了单变量系统极点配置函数 acker（），该函数的调用格式为

K = acker(A,b,P)

其中，P 为期望闭环极点的行向量，K 为状态反馈矩阵。acker（）函数是根据 Ackerman 公式编写，若单输入系统可控的，则采用状态反馈控制后，控制量 $u = r - Kx$。

对于多变量系统的状态反馈极点配置，MATLAB 也给出了函数 place（），其调用格式为

K = place(A,B,P)

place（）函数是基于鲁棒极点配置的算法编写，用于求取状态反馈阵 K，使得多输入系统具有指定的闭环极点 P。place（）函数不适用于含有重极点的配置计算。

【例 2-7-10】　已知系统 $A = [0\ 1;0\ -5]$，$B = [0;100]$，$C = [1\ 0]$，$D = [0]$。

（1）判定系统可控性。

（2）如果完全能控，配置极点实现闭环 -4、-4。

（3）验证配置后的闭环极点。

解　方法1：使用 acker 函数，输入程序：

```
a=[0 1;0 -5];b=[0;100];c=[1 0];d=[0]; sys=ss(a,b,c,d);
rc=rank(ctrb(a,b)) ;
p=[-4,-4];
if rc==size(a,1)
    K=acker(a,b,p)
end
ac=a-b*K;
eig(ac)
```

执行程序后，显示结果为

```
K=
    0.1600     0.0300
ans =
    -4
    -4
```

说明极点配置是成功的。

方法2：利用 place 函数，将程序第五行改为"K=place（a，b，p）"，执行结果如下：

```
??? Error using ==> place at 79
The "place" command cannot place poles with multiplicity greater
than rank(B).
Error in ==> Untitled10 at 8
    K=place(a,b,p)
```

place 函数不能进行重极点的极点配置。若配置极点在单极点，例如配置极点-3、-4。运行方法1或方法2的程序，显示结果相同。结果为

```
K=
                0.1200     0.0200
ans =
                -3.0000
                -4.0000
```

上述结果表明，配置非重极点，acker 函数与 place 函数计算得到的状态反馈阵是相同的，两个函数均可使用。

【例 2-7-11】　已知系统 $A=$ [-2 -1 1; 1 0 1; -1 0 1]，$B=$ [1; 1; 1]，$C=$ [0 0 1]，$D=$ [0]。

（1）判定系统稳定性，计算原闭环极点。

（2）判定系统是否完全能控，如果完全能控，配置极点到-1、-2、-3位置。绘制配置后的系统阶跃响应。

解　编制程序见图 2-7-6。执行程序后结果见图 2-7-7。其极点配置后的阶跃响应见图 2-7-8。

```
a=[-2 -1 1;1 0 1;-1 0 1];b=[1;1;1]; c=[0 0
1];d=[0];
sys_o=ss(a,b,c,d);
pole(sys_o)
rc=rank(ctrb(a,b));
if rc==3
    p=[-1,-2,-3];
    K=acker(a,b,p)
end
sys_new=ss(a-b*K,b,c,d);
t=0:0.1:6;
subplot(211)
step(sys_o,t);%原
subplot(212)
step(sys_new,t)%后
```

```
%原系统闭环极点:

  -1.0000 + 1.0000i

  -1.0000 - 1.0000i

   1.0000

K =

    -1        2        4
```

图 2 - 7 - 6 ［例 2 - 7 - 11］程序   图 2 - 7 - 7 ［例 2 - 7 - 11］运行结果

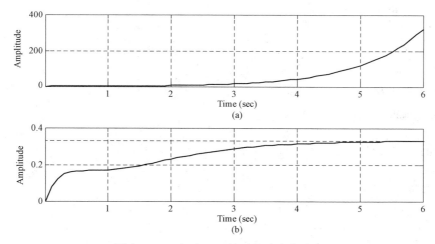

图 2 - 7 - 8 极点配置前后的响应曲线图
（a）原系统响应；（b）极点配置后系统响应

2.7.4 状态观测器的设计

系统极点配置是基于状态反馈，因此状态 x 必须可观测。当不能观测时，应设计状态观测器来估计状态。若系统完全能观测，则可以根据工程上的要求，任意配置观测器的极点，调整反馈阵 G，使得 $\dot{x}$ 能比较快速地逼近 x，达到要求。

全维状态观测器的方程为

$$\dot{\widetilde{x}} = (A - GC)\,\widetilde{x} + Bu + Gy$$

其中，A、B、C 矩阵与原物理对象的矩阵相同，合理地选择 G，使得观测器的状态变量与原系统的状态变量的误差趋于零。

　　根据对偶原理，设计问题可以大大简化，求解过程如下：

　　（1）构造原系统的对偶系统。

　　（2）使用 MATLAB 的函数 place（）及 acker（），求得状态观测器的反馈矩阵 G。

$$G^T = \text{acker}(A^T, C^T, P)$$

$$G^T = \text{place}(A^T, C^T, P)$$

其中，P 为给定的观测器极点；G 为状态观测器的反馈矩阵。

【例 2-7-12】　已知系统的 $A = [0\,1\,0;\,0\,0\,1;\,-6\,-11\,-6]$，$B = [0;\,0;\,1]$，$C = [1\,0\,0]$，$D = 0$。设计全维状态观测器，使得观测器的闭环极点为 $-2 \pm j2\sqrt{3}$、-5。

　　解　输入程序：

```
a=[0 1 0;0 0 1;-6 -11 -6];b=[0;0;1];c=[1 0 0];d=0;
r0=rank(obsv(a,c));
if r0==3
    disp('system observable')
    a1=a'; b1=c'; c1=b';
    P=[-2+2*sqrt(3)*j -2-2*sqrt(3)*j -5];
    K=acker(a1,b1,P);
    G=K'
end
a-G*c
```

　　执行结果如下：

```
system observable
G =
    3.0000
    7.0000
   -1.0000
ans =
   -3.0000        1.0000          0
   -7.0000             0     1.0000
   -5.0000      -11.0000    -6.0000
```

　　于是，可知观测器方程为

$$\dot{\widetilde{x}} = \begin{bmatrix} -3 & 1 & 0 \\ -7 & 0 & 1 \\ -5 & 11 & -6 \end{bmatrix} \widetilde{x} + \begin{bmatrix} 0 \\ 0 \\ 1 \end{bmatrix} u + \begin{bmatrix} 3 \\ 7 \\ -1 \end{bmatrix} y$$

2.7.5　课 内 实 验

扫码查看答案　　课内题 2-7-1　某系统的受控对象为 $G(s) = \dfrac{3s^2 + 4s - 2}{s^3 + 3s^2 + 7s + 5}$，试用

MATLAB 函数完成。

（1）利用 tf2ss 函数构造系统的状态空间模型。

（2）初始条件 $x_1(0)=1$，$x_2(0)=0$，$x_3(0)=1$，绘制 {a，b，c，d} 系统的状态变量、单位阶跃响应曲线。

（3）判定系统的能观、能控性。

（4）若完全能控，设计合适的状态变量反馈，使系统的闭环极点为 $s=-4$，-4，-5。

2.7.6　课　外　实　验

课外题 2-7-1　一个倒立摆系统，其状态微分方程为

$$\dot{x} = \begin{bmatrix} 0 & 1 & 0 & 0 \\ 0 & 0 & -1 & 0 \\ 0 & 0 & 0 & 1 \\ 0 & 0 & 9.8 & 0 \end{bmatrix} x + \begin{bmatrix} 0 \\ 1 \\ 0 \\ -1 \end{bmatrix} u$$

（1）判定系统的能控，能观性。

（2）采用状态变量反馈来校正系统。试设计合适的反馈控制器，使得闭环系统的特征根为 $-2+j$、$-2-j$、-5、-5。

（3）设计状态观测器，观测器特征根为 -4、-6、-8、-10。

第8章 非线性控制系统分析

实际上，几乎所有的控制系统中都存在非线性元件，或者是部件特性中含有非线性。本章主要讨论基于描述函数和相平面法的非线性控制系统的分析方法。

2.8.1 非线性系统的 Simulink 的建模仿真

在 MATLAB 的环境下，对非线性控制系统进行设计时，一方面，采用在系统的平衡点附近进行线性化分析，在距离平衡点很小的范围内使用线性系统来近似非线性系统；另一方面，在 Simulink 环境下，可用非线性系统模块库快速建立非线性系统的模型。

1. Simulink 环境中的非线性模块及建模仿真

Simulink 中的非线性模块库（Discontinuous）提供了 12 种常用标准非线性模块，如回环、死区、继电器、饱和、开关等非线性模块。对非线性系统进行仿真时，可直接调用这些非线性模块。

【例 2 - 8 - 1】 Simulink 环境下输入幅值为 1 的正弦信号，改变继电器非线性模块的开关值，了解此模块特性。

解 （1）从 Simulink 模块库中，挑选 Sine、Mux、Relay、Scope 等模块，按图 2 - 8 - 1 建立新模型文件。

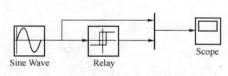

图 2 - 8 - 1 正弦信号作用于继电器
非线性模块模型图

（2）双击 Relay 模块，将 Output when off 属性修改为"−1"，其他属性保留原值，执行仿真，在 Scope 模块中可看到仿真曲线如图 2 - 8 - 2 所示。

（3）将 Output when on 属性改为"0.5"，Output when off 属性修改为"−0.2"，执行仿真，在 Scope 模块中可看到仿真曲线如图 2 - 8 - 3 所示。

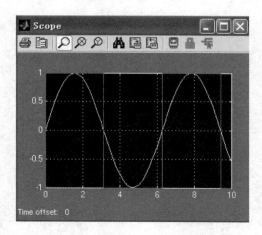

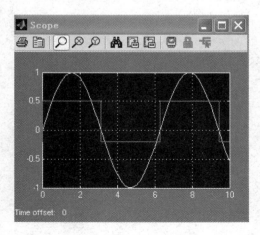

图 2 - 8 - 2 Output when off 属性修改为"−1" 图 2 - 8 - 3 Output when off 属性修改为"−0.2"

比较参数改变前后的响应区别，可体会继电器非线性特性的特点。这种研究不熟悉的实验研究方法也可用于其他非线性模块的研究。

【例 2 - 8 - 2】 已知单位反馈连续系统的开环传递函数为 $\dfrac{4}{s^2 + 2s}$，在系统前向通道加入饱和非线性环节，输入为单位阶跃时，观察比较不同参数的饱和非线性环节对系统性能的影响。

解　（1）首先观察无非线性模块作用时原系统的响应。在 Simulink 环境中建立如图 2 - 8 - 4（a）所示的仿真模型，运行该模型可得到原系统阶跃响应如图 2 - 8 - 4（b）所示。

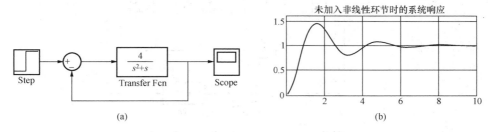

图 2 - 8 - 4　［例 2 - 8 - 2］系统框图和阶跃响应
（a）连续系统仿真框图；（b）连续系统阶跃响应

（2）在原系统中加入一个饱和非线性环节，形成的新仿真系统如图 2 - 8 - 5 所示。

（3）将饱和非线性模块的输入/输出上限下限分别设为 ± 0.2、± 0.1、± 0.05。利用 Mux 模块将系统响应曲线绘制在一起可得图 2 - 8 - 6。

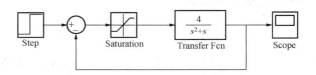

图 2 - 8 - 5　加入饱和非线性后的仿真框图

从图 2 - 8 - 6 的观察可见，饱和非线性环节的限幅范围变窄时，系统阶跃响应速度变慢，其超调量变小，振荡趋于平稳。

通过以上分析可验证饱和非线性特性的限幅作用，限幅越强，系统的输出越不容易超调，但响应过渡时间越长。

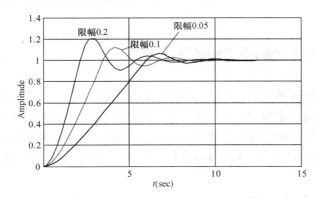

图 2 - 8 - 6　加入不同限幅的饱和非线性特性的响应比较

2. Simulink 环境中的非线性系统方程的建模仿真

通常，我们可能也会遇到另外的一种非线性系统，即用非线性微分方程描述的系统，此类系统的建模仿真，同样可以在 Simulink 中方便的实现。

【例 2 - 8 - 3】 已知非线性系统的输入/输出方程为 $y'''(t) + y(t)y'(t) + 0.03y^3(t) = 2r(t)$，试在 Simulink 环境中建立系统模型，当输入为阶跃信

号时，绘制其响应。

解 （1）首先将非线性微分方程中的输出最高幂次保留在等式左端，其他项移到等式右端，得到方程为

$$y'''(t) = 2r(t) - y(t)y'(t) - 0.03y^3(t)$$

（2）在 Simulink 中建立仿真框图如图 2-8-7 所示，输入信号设为单位阶跃，设定仿真时间为 12s。

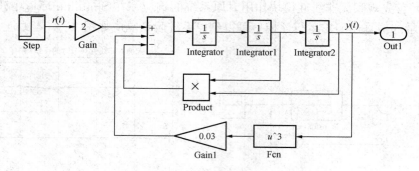

图 2-8-7　非线性系统仿真模型框图

（3）执行仿真，得到如图 2-8-8 所示的仿真输出曲线，可知该系统的单位阶跃响应呈现发散趋势，不稳定。

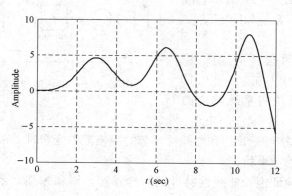

图 2-8-8　［例 2-8-3］仿真输出曲线

2.8.2　非线性系统的描述函数法应用

描述函数法是分析非线性系统的一种频域近似的方法。当系统满足一定条件时，系统中非线性环节在正弦信号作用下的输出可用一次谐波分量近似，由此导出非线性环节的描述函数。描述函数法主要用来研究非线性系统的稳定性及自激振荡问题。下面，通过实例介绍在 MATLAB 编程环境中绘制负倒描述函数曲线及线性环节极坐标曲线图，计算自激振荡的频率及幅值。

1. 在 MATLAB 中编程计算自激振荡的频率和幅值

在 MATLAB 编程环境中完成自激振荡的确定，步骤如下：

（1）绘制线性环节极坐标曲线图。

（2）绘制非线性环节负倒描述函数曲线。

（3）确定交点，获得自激振荡的频率及幅值。

【例 2 - 8 - 4】　已知系统框图如图 2 - 8 - 9 所示。设 $M = 1$，试判定是否出现自激振荡；如果出现，确定自激振荡的振幅和频率。

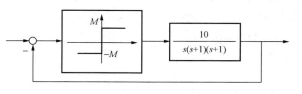

图 2 - 8 - 9　［例 2 - 8 - 4］系统

解　（1）已知理想继电器特性的描述函数为 $N(A) = \dfrac{4M}{\pi A}$，在复平面上分别绘制非线性环节的负倒描述函数曲线及线性环节的极坐标曲线，观察是否存在交点。在 MATLAB 中输入如下程序：

```
n = 10;d = [1 2 1 0];
w = 0.6:0.001:20;
A = 0.001:0.01:16;
[reg,img,w] = nyquist(n,d,w);
NegNA = (-1) * pi * A/4 + 0 * j;
re1 = real(NegNA);
im1 = 0 * j;
plot(reg,img)
hold on
plot(re1,im1,'r');
```

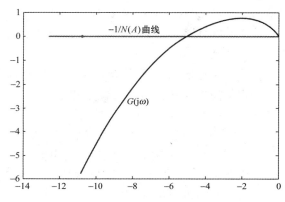

图 2 - 8 - 10　$-1/N(A)$ 与 $G(j\omega)$ 曲线

运行后的结果如图 2 - 8 - 10 所示。可知，存在交点，存在有自激振荡。

（2）为计算振荡频率及振荡幅值，输入命令：

```
wa = spline(img, w, 0)
g1 = 10./((j * wa). * (j * wa + 1). * (j * wa + 1));
Aa = spline(NegNA,A,real(g1)).
```

执行后得到结果如图 2 - 8 - 11 所示。

图 2 - 8 - 11　［例 2 - 8 - 4］运行结果

【例 2 - 8 - 5】　已知系统框图如图 2 - 8 - 12。设 $K = 15$，试判定是否出现自激振荡；如果出现振荡，试确定自激振荡的振幅和频率。

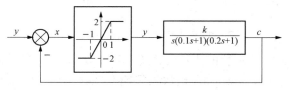

图 2 - 8 - 12　［例 2 - 8 - 5］框图

解　已知饱和特性的描述函数为

$$N(A) = \frac{2c}{\pi} \left[\arcsin \frac{a}{A} + \frac{a}{A} \sqrt{1 - \left(\frac{a}{A} \right)^2} \right] \quad (A > a)$$

可设计 MATLAB 程序如下：

```
n1 = 15;d1 = conv([0.1 1 0],[0.2 1]);
w = 0:0.0001:50;
```

```
A = 1.001:0.001:100;
NegNA = -1./(2*2/pi)*((asin(1./A)+(1./A).*sqrt(1-(1./A).^2))+j*0);;
x = real(NegNA);
y = imag(NegNA);
[reg,img,w] = nyquist(n1,d1,w);
plot(reg,img);
hold on;
plot(x,y,'r. -');
wa = spline(img,w,0)
g1 = 15./((j*wa).*(0.1*j*wa+1).*(0.2*j*wa+1));
Aa = spline(NegNA,A,real(g1))
```

由程序执行结果可知，线性部分的开环极坐标曲线及非线性特性的负倒特性曲线如图 2 - 8 - 13 所示。可知系统存在自振，振荡频率为 7.711rad/s，振幅为 2.4754。

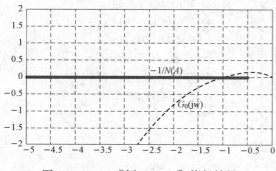

图 2 - 8 - 13   [例 2 - 8 - 5] 执行结果

2. 利用 Simulink 获取自激振荡的频率和幅值

利用 Simulink 平台，可以更容易地确定自激振荡的参数。具体步骤如下：

（1）搭建 Simulink 模块模型。

（2）设置非线性环节参数。

（3）用示波器观察系统输出波形。如果存在自振情况，记录自振周期及振幅，计算对应的自振频率。

【例 2 - 8 - 6】 已知系统为 [例 2 - 8 - 5]，试在 Simulink 环境下确定系统是否存在自振，若存在自振，试确定系统的自振频率及振幅。

解 （1）搭建 Simulink 模型见图 2 - 8 - 14。其中，"Step" 模块设置 "Step time" 为 0，"Step1" 模块设置 "Step time" 为 0.001。两个信号模块的输出差，可产生一个脉冲信号。

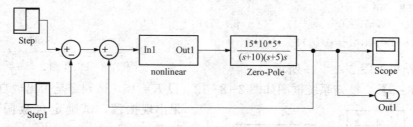

图 2 - 8 - 14   [例 2 - 8 - 6] Simulink 框图

（2）按照已知条件设置参数。"nonlinear" 子系统的内部见图 2 - 8 - 15，需要使用增益模块 "Gain" 产生题目中 "2" 的斜率，因为 "Saturation" 模块仅仅能实现斜率为 1 的饱和特性。双击 "Saturation" 模块，设置 "Upper limit" 为 1，"Lower limit" 为 -1。

（3）运行模型文件，观察到 "Scope" 模块的输出显示为稳定的等幅振荡。在 MAT-LAB 的命令窗口输入命令 "plot (tout, yout); grid; title ('例 2 - 8 - 6 system output')"，得到曲线图见图 2 - 8 - 16。

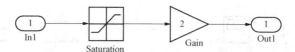

图 2-8-15　［例 2-8-6］非线性子系统框图

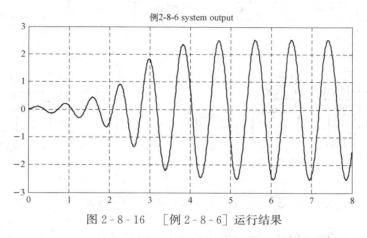

图 2-8-16　［例 2-8-6］运行结果

（4）利用放大器放大图片，见图 2-8-17，可测得等幅振荡的周期为 $T=0.887$，$A=2.48$。

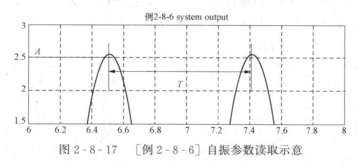

图 2-8-17　［例 2-8-6］自振参数读取示意

（5）根据 $\omega=\dfrac{2\pi}{T}$，则系统自激振荡的角频率为 7.08rad/s。

2.8.3　基于 Simulink 的相平面图绘制

当非线性系统的非线性特性比较显著，不能单考虑基波分量时，或者需要研究系统在各种初始条件和各种不同的输入信号（例如非周期性的阶跃输入、斜坡输入信号等）作用下的所有可能运动状态，这时多采用相平面法来分析研究非线性系统的性能。

在 Simulink 环境下，可以借助 XY-Graph 快速得到系统的相平面图。

【例 2-8-7】　在 Simulink 下建立仿真模型如图 2-8-18 所示，滞环模块的上下开关值修改为±0.2，其余模块参数不变。试作出对应的相平面图及系统输出响应。

解　绘制 $e-\dot{e}$ 相平面图，分别如图 2-8-19 所示。系统的输出响应曲线如图 2-8-20所示。从原系统的响应［见图 2-8-19（a）］可看出，原线性系统为稳定系统，但超调量较大，调节时间较长。比较加入非线性环节后的系统响应，可知饱和非线性的响应［见图 2-8-

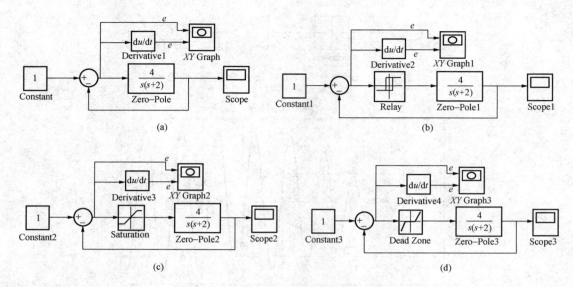

图 2-8-18　非线性系统的相平面绘制

20（c）] 与原系统调节时间相近，超调量相对减小。滞环非线性会引起系统的自激振荡，其相平面图 [见图 2-8-20（b）] 呈现自回环。死区特性对该线性系统来说，产生了一定的稳态误差，稳态误差与相平面图 [见图 2-8-20（d）] 的位置对应。

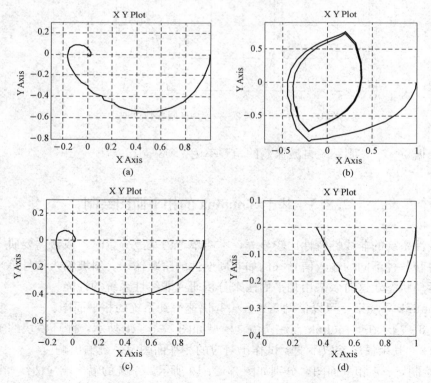

图 2-8-19　[例 2-8-7] 相平面图

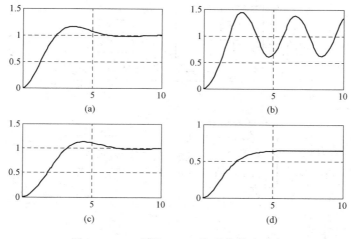

图 2-8-20　［例 2-8-7］系统输出响应

2.8.4　课　内　实　验

课内题 2-8-1　已知非线性系统结构如图 2-8-21 所示。

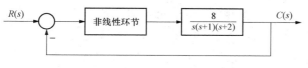

图 2-8-21　课内题 2-8-1 图

（1）试利用 Simulink 仿真试验，分析非线性环节分别为理想继电器（参数为 1）或饱和特性（饱和幅值为 1，时间为 1s）环节时，对系统响应的影响（与无非线性环节时相比）。

（2）试利用 MATLAB 编程，判定系统中非线性环节为理想继电器（参数为 1）时，是否存在自激振荡；如果存在，确定该自激振荡的频率和振幅。

（3）试利用 Simulink 仿真试验，判定系统中非线性环节为饱和特性（饱和幅值为 1，时间为 1s）时，是否存在自激振荡；如果存在，确定自激振荡的频率和振幅。

2.8.5　课　外　实　验

课外题 2-8-1　已知非线性系统如图 2-8-22 所示。试分析系统的稳定性；若有自振点，求出自振频率 ω 和振幅 A。

课外题 2-8-2　某单位反馈系统，其前向通道有一个描述函数为 $N(A)=e^{-j\frac{\pi}{4}}/A$ 的非线性元件，线性部分的传递函数为 $G(s)=\dfrac{2}{s(s+1)}$。试编写 MATLAB 程序，确定系统是否存在自振荡；若存在，求自振荡的参数值。

课外题 2-8-3　已知系统结构图如图 2-8-23 所示，设计系统的参数 K、T，满足下列系统平衡点的性质：（1）稳定节点；（2）稳定焦点。并做相平面图。

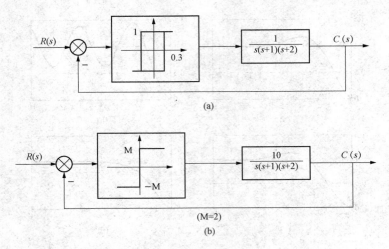

(a)

(b)

图 2 - 8 - 22   课外题 2 - 8 - 1 图

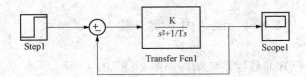

图 2 - 8 - 23   课外题 2 - 8 - 2 图

第 3 篇 实 践 篇

第 1 章 控制原理应用实践导论

为使学生进一步理解和掌握自动控制原理理论课程学到的理论知识，以及自动控制原理实验课程学到的实验技术，特别在自动控制原理理论课程和自动控制原理实验课程之后安排了集中实践教学环节——控制原理应用实践课程设计。控制原理应用实践课程设计的教学重点是让学生将控制理论知识应用于一个有实际应用背景的具体控制过程。通过学生自己的控制对象特性研究、控制规律选择、控制系统设计、控制系统仿真试验、控制参数整定、控制方法改进和控制效果分析等活动，加强对控制理论的理解，锻炼控制理论实践能力，提升控制工程师应有的基本技能。对学生的总体要求是：在一个具体的控制项目完成过程中尽可能多地展示把控制质量提至最高的控制技术才能。对学生的工作指导是脚踏实地、勇于实践、合作搭台、独立试验、个性报告（20 字方针）。"脚踏实地"有两个含义：勤奋努力，不投机取巧；依据科学理论和讲究科学方法。"勇于实践"意指有不怕实践上的困难和能承受理论联系实际后的亲历失败。"合作搭台"是倡导合作精神，这是解决实践上的综合性难题的有效方法。"独立试验"是要求学生除完成合作试验外，还应该独立设计并完成几个自己的试验。"个性报告"是要求学生背靠背写实践报告，以锻炼独立分析和文字表达的能力。

本课程设计的主要内容有具体控制问题的提炼、控制对象特性研究、控制规律选择、控制系统设计、控制系统仿真试验、控制参数整定、控制方法改进、控制效果分析。

本课程设计的基本要求如下：①了解一个具体的控制过程的背景和控制需求；②设计该控制过程的系统控制方案；③设计所需控制器的具体结构，计算控制器的初始参数；④建立该控制系统的计算机仿真试验平台或利用已建的实物试验装置；⑤设计并完成控制参数整定试验和控制系统性能测试试验；⑥撰写所实现的控制系统的控制品质分析和控制器设计实践报告。

本课程设计的组织形式：分组进行，每组人数一般 3～6 人。合作是为了互教互学和便于学习的深入。但是要求仿真试验有独立完成的部分，实践报告独立撰写，答辩也按每个人进行。因为是采用团队实践模式，所以组长将起主导作用。应当选用能力强的学生任组长。首先组长应能根据组员的特长进行工作分工。然后组长应能组织全组人员：八仙过海查背景；集思广益定方案；群策群力攻难关；七嘴八舌论结果；特立独行写报告。

3.1.1 控制原理应用实践的技术路线

进行"控制原理应用实践"课程设计，一般应当遵循以下的技术路线：

（1）应用背景调研和控制问题的专业化提炼。

（2）控制对象特性研究和控制对象数学模型建立。

(3) 控制系统结构设计和控制器结构设计。

(4) 控制器参数整定。

(5) 控制系统仿真模型建立和仿真试验平台搭建。

(6) 控制系统实物试验装置利用。

(7) 性能测试试验设计和试验结果处理。

(8) 应用实践报告写作。

具体实施路线还应依据课题内容和实际条件灵活制定。例如，无实物试验装置可用条件时，可省去实物试验试验装置利用环节；已经给定控制对象数学模型时，可省去控制对象数学模型建立工作。

3.1.2 控制技术应用概要

控制原理应用实践活动应始终围绕着控制原理应用这个中心目标。控制原理就是控制理论。要把抽象的控制理论应用于一个实际过程少不了相关的应用技术。不妨把控制理论和相关的应用技术统称为控制技术。那么，在进行控制原理应用实践活动之前，对控制应用技术的知识有一个概略的了解，非常有必要。以下按照控制原理应用实践的技术路线介绍控制应用技术的要点。

1. 应用背景调研和控制问题的专业化提炼

对实际控制过程的应用背景调研是常被忽视的控制原理应用实践的准备工作。应该充分地利用图书和网络资源，检索所面对的实际控制过程的相关背景资料，并且通过阅读尽可能地了解实际控制过程的具体工作原理和实际控制需求。对实际控制过程了解越深入，就越能体会控制原理应用在这个实际控制过程的意义，并且越能准确地提炼出所面对的控制问题和制订出恰当的性能指标。

在了解实际控制过程的具体工作原理和实际控制需求后，应该把用户的问题表达提炼出控制专业的问题表达，并制订出恰当的和具体的控制约束条件和控制性能指标。制订控制性能指标时，一般可从以下五方面考虑：

(1) 稳定性：如时域，阻尼比 $\zeta > 0.5$；频域，相位裕量 $PM > 30°$。

(2) 快速性：如调整时间 $t_s < 4\text{s}$。

(3) 准确性：如超调量 $\sigma_p\% < 15\%$；稳态误差 $e_{ss}\% < 0.01\%$ 或 $e_{ss} = 0$。

(4) 可行性：如控制量限定在 $0\% \sim 100\%$（阀门开度）。

(5) 鲁棒性：如控制器应能适应工作负荷 $70\% \sim 100\%$ 的变化。

2. 控制对象特性研究和控制对象数学模型建立

常言道：知己知彼方能百战不殆。一个实际过程是否控制成功，首先取决于是否熟知这个实际过程的特性。控制对象特性研究就是指熟知实际过程特性的工作。一个实际被控过程，或者说一个控制对象的动态特性，可以定性地分为大惯性、大迟延、有自平衡、无自平衡、非线性、连续、离散、高增益、快响应、非最小相位、易振荡等。控制对象特性研究的第一个任务就是做一个定性识别，确定该控制对象属于哪个类别。接着要定量研究，尝试建立控制对象的数学模型。这就要用到控制技术中的模型化技术了。控制对象建模，主要用机理建模和实验建模两种方法。机理建模依据的是被控过程的基本物理或化学基本定律类的动态方程推导。实验建模则靠典型试验信号下的实验响应数据处理。无论采用何种方法，都以求得控制对象的传递函数或状态方程为目标。

3. 控制系统结构设计和控制器结构设计

进行一个实际过程的控制系统结构设计工作的前提是已熟知该过程特性并制订好控制性能指标。一般情况下，采用常见的负反馈串联控制器的典型控制系统结构即可。当要求较高的控制质量时，可采用串级控制系统结构。当被控过程存在可测扰动通道时，应考虑前馈反馈复合控制结构。当被控过程存在大迟延环节时，可考虑采用迟延补偿控制系统结构。

在控制系统大结构确定之后，可进行控制器具体结构的设计工作（控制器具体结构设计亦被称为控制规律的选用或设计）。控制器具体结构设计和控制系统分析与设计方法密切相关，可以考虑采用已学过的任一种方法：时域法、根轨迹法、频域法、状态空间法、非线性法。控制器具体结构设计还和被控过程特性及订好的控制性能指标密切相关。例如，采用负反馈串联控制器的典型控制系统大结构并确定选用 PID 控制器，又要求设定值阶跃响应无稳态误差的时候，若被控过程是有自平衡过程，那么至少应选用 PI 控制器。再如，采用负反馈串联控制器的典型控制系统大结构并确定用频域法设计典型串联控制器，又有较高的快速性指标的时候，若被控过程是大惯性过程，那么应选用超前型控制器。总之，控制规律的设计应当依据控制对象特性的特点。许多针对特定控制过程非常好用的控制规律都是前辈们通过长期的实践探索出来的。这些专用的控制规律不一定精美、华丽或通用，但是对于某个特定过程特别有效。不管是通用控制规律还是专用控制规律，对于某个实际过程的控制规律设计的关键就是找出最匹配的那一个。

4. 控制器参数整定

在控制器的具体结构设计完成之后，需要进行控制器的参数设计和确定工作。这个工作称为控制器的参数整定。不同的控制器将有不同的参数整定方法。例如，PID 控制器的常用参数整定方法有衰减曲线法和 Z - N 法。控制器的参数整定过程常常是费力耗时的。一般可分成初值理论计算、性能指标验算、仿真试验和实际试验多个阶段。当预期的指标不能满足时，还不得不重新再来。

5. 控制系统仿真模型建立和仿真试验平台搭建

在建立了控制对象和控制器的数学模型以后，一般还不能直接用来进行计算机仿真试验。还需要把各部分的数学模型转换成仿真模型。如果决定利用 C 语言来编写计算机仿真程序，那么先要找到各个数学模型的数值算法，然后编程实现。例如，为解算一个微分方程可利用龙格库塔算法。如果决定利用 MATLAB 环境来进行计算机仿真，那么先要找到各个数学模型的 MATLAB 函数，然后利用 M 文件编程实现。例如，为求一个以传递函数模型的阶跃响应可利用 step 函数。如果决定直接利用 MATLAB 中的动态系统仿真平台 Simulink 来进行计算机仿真试验，那么最为省力，只要在 Simulink 模块库中找出各个数学模型对应的模块，再把它们搭建成一个系统模型，就可进行计算机仿真试验了。

6. 控制系统实物试验装置利用

无论在计算机仿真试验平台上进行什么实际过程控制的试验，所面对的仅是具有实际物理变量的象征意义的数字和曲线，缺少的就是直观和真实的感觉。为此，在完成一个实际过程控制的仿真试验后，再利用已建的实物试验装置进行一番实物控制试验将是一种难得的经历。由于实际条件的限制，已建的实物试验装置，种类不多，数量也不多。在有限的课程设计期间内学会实物控制试验装置的操作使用也有一定难度。需要在仔细阅读试验装置说明书后再接受一定的操作培训。常见的实物控制试验装置有温度控制装置、倒立摆实验台。

7. 性能测试试验设计和试验结果处理

在一个实际过程的控制系统设计完成后，需要对设计成果做出评价。这主要是通过控制系统性能测试试验和对比试验来提供评价数据；通过试验结果分析做出评价结论。

一个控制系统的性能常常从以下几方面考察：

（1）进行设定值扰动试验看控制系统的设定值跟踪能力。

（2）进行负荷或过程扰动试验看控制系统的抑制扰动的调节能力。

（3）在设定值扰动试验或过程扰动试验过程中观察控制量的最大值和最小值，以及变化率的最大值，看控制量约束条件是否满足。

（4）改变控制对象参数后重复设定值扰动试验或过程扰动试验，看控制系统的适应能力或者说控制器的鲁棒特性。

（5）同时进行对照系统（常以 PID 控制系统）和所设计系统的设定值扰动试验或过程扰动试验过程，从两个系统的相同坐标下的响应曲线图上看性能差别。

控制系统的设定值扰动试验和过程扰动试验常常并在一起进行。不过，一般先是设定值扰动试验信号从设定值输入处加入，在设定值跟踪响应基本完成后再将过程扰动试验信号加入（一般加在控制器输出处）。过程扰动试验信号幅度的大小应视响应效果而定，太小则看不出响应变化，太大则与设定值跟踪响应不匹配。

3.1.3 控制原理应用实践报告写作要点

一般，写作实践报告与写实验报告的基本要求是相似的。不同的地方是集中实践和单项实验的差异所造成的。

（1）实践活动的综合性要强。不但要求对控制对象特性研究，还要求确定最佳控制策略。不但要求从理论上设计控制系统结构和控制参数（初设），还要求从试验研究上确定控制结构和参数。所以每个同学应当有这样一种认识：如果做一项实验要用一章的书本知识，那么做一项实践就要用一本书的知识。

（2）实践活动的实用性强。尽管由于条件所限，许多试验研究是在仿真平台上完成的，但是强调应当从实际使用的角度追求高标准的控制质量。应当尽可能多地掌握控制问题的背景知识，用尽可能多的控制理论去设计和实现最佳的专业应用控制器。

（3）实践活动的合作性要强。因为实践问题涉及的广度和深度都比单项实验要大得多，所以需要更多的合作精神。这在同课题、不同课题的同学之间，甚至在与教师之间，都是需要的。

（4）实践活动的创新性要强。因为没有唯一的标准答案，没有规定的设计方法，鼓励个性化的创新，允许探索失败，所以每个同学都有很大的创新空间，能够充分地展示自己的才能。

写作实践报告的基本要求是每个同学必须亲自完成。虽然鼓励合作，但是反对抄袭。强调要用自己的双手去操作，用自己的眼睛去观察，用自己的头脑去分析，用自己的观点去写作。即便是面对同样的事和物，不同的人会有不同的描述。

　　实践报告的写作格式没有严格的规定，但是应当尽量符合科技论文的表达规范。

　　实践报告的正文部分建议分节展开：实际控制过程及控制要求；控制对象数学模型及特性；控制系统设计和控制器设计；控制系统仿真模型及试验平台搭建；控制器参数整定；仿真试验（实物实验）及结果分析；结论与讨论。

　　实践报告的正文后面还建议包括心得体会与致谢、参考文献和附录几部分。

第 2 章 飞 行 控 制

3.2.1 飞机俯仰角度控制

1. 实际控制过程[35]

在飞机的纵向运动中,俯仰角是飞行迎角和航迹倾斜角之和,描述了刚体运动的转动自由度,而且把俯仰角作为被控制量,不仅能用来改变飞行航迹,也能用来改变空速。因此,常规自动驾驶仪的基本工作方式是俯仰姿态控制。

假设飞机为理想的刚体,不考虑机翼等材料的弹性自由度,转动惯量是质量的函数,质心位置始终在机体纵轴变动,飞机中心和参考力矩中心在机体 X 轴上,飞机巡航高度 H,巡航速度 v 恒定保持不变,即发动机推力、空气阻力运动模态下,飞机俯仰角的变化不影响飞机的巡航速度,巡航高度。以速度坐标系建立的飞机俯仰运动模型如图 3-2-1 所示。其中,θ、α、γ_e 和 δ_e 分别为飞机的俯仰角、迎角、航迹倾斜角和升降舵偏转角。

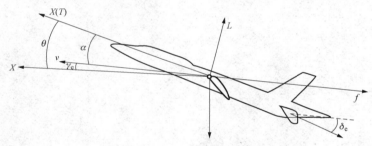

图 3-2-1 飞机俯仰运动模型

在速度坐标系上简化后的飞机俯仰线性模型可描述为

$$\begin{cases} \dot{q} = M_q q + M_\alpha \alpha + M_{\delta_e} \delta_e \\ \dot{\alpha} = q + Z_\alpha \alpha + Z_{\delta_e} \delta_e \\ \dot{\theta} = q \end{cases}$$

式中:q 为飞机的俯仰角速度;M_q、M_α、M_{δ_e} 分别为飞机的纵向俯仰阻尼导数、静稳定导数和升降舵操纵导数;Z_α 为飞机的升力导数;Z_{δ_e} 为由于升降舵偏转引起的升力导数。

考虑某型飞机俯仰控制系统的状态空间方程和输出方程分别为

$$\begin{bmatrix} \dot{\alpha} \\ \dot{q} \\ \dot{\theta} \end{bmatrix} = \begin{bmatrix} -2.02 & 1 & 0 \\ -6.9868 & -2.9476 & 0 \\ 0 & 1 & 0 \end{bmatrix} \begin{bmatrix} \alpha \\ q \\ \theta \end{bmatrix} + \begin{bmatrix} 0.16 \\ 11.7304 \\ 0 \end{bmatrix} \delta_e$$

$$y = \begin{bmatrix} 0 & 0 & 1 \end{bmatrix} \begin{bmatrix} \alpha \\ q \\ \theta \end{bmatrix}$$

2. 控制设计要求

试设计一个全状态反馈控制器或 PID 控制器，使飞机俯仰角跟踪期望角，并满足：

（1）单位阶跃输入作用下的百分比超调量小于 20%。

（2）单位阶跃输入作用下的调整时间小于 1s（±2% 误差范围）。

（3）稳态误差尽可能小。

3.2.2　飞机机动襟翼角的计算机控制

1. 实际控制过程[14]

图 3-2-2 所示为一个飞机机动襟翼控制系统。襟翼角 θ 由传感器测得后送至大气计算机。大气计算机根据襟翼角设定值 R 和襟翼角 θ 的差值进行控制计算，并通过功率放大器、特种直流电动机、液压泵，以及与之相连的液压缸组成的执行装置实现襟翼角 θ 的控制。液压缸的活塞通过连杆直接与飞机的襟翼相连。研究结果表明，使用机动襟翼可以大幅度地提高飞机的升阻比，进而改善飞机的起落性能、机动性能、续航性能等飞行性能。

襟翼控制系统被控过程部分各环节的动态特性数学模型可简化如下：

伺服电机及功放的传递函数

$$\frac{K_y}{s+1}$$

液压传动及执行器的传递函数

$$\frac{10}{s}$$

系统被控过程的传递函数为

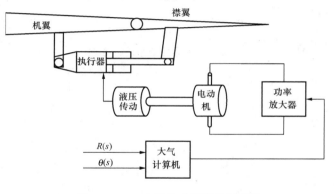

图 3-2-2　飞机机动襟翼控制系统

$G_p(s) = \dfrac{10K_y}{s(s+1)}$。为了简化起见，假定 $10K_y = 1$。

传统的系统控制采用机械传动技术，但是，在航空电子技术高速发展的今天，传统机械传动技术已经不相适应。因此，采用大气计算机进行控制，称为数字式的襟翼控制，即离散襟翼控制。

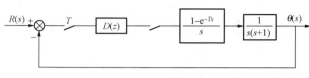

图 3-2-3　离散襟翼控制系统

离散襟翼控制系统的简化方框图如图 3-2-3 所示。对象的传递函数模型为 $G_p(s) = \dfrac{1}{s(s+1)}$，被控量 $\theta(t)$ 表示襟翼的转动角度，参考输入 $r(t)$ 为期望角度，采样周期 $T = 0.1s$。

2. 控制设计要求

试设计一个数字控制器 $D(z)$，使襟翼角能跟踪期望角，并满足：

（1）单位阶跃输入作用下的百分比超调量小于 5%。

（2）单位阶跃输入作用下调整时间小于 1s（±2% 误差范围）。

（3）若采样周期 $T = 0.25\mathrm{s}$，重新设计控制器，比较并分析采样周期对控制系统的影响。

3.2.3 航天飞机的俯仰控制

1. 实际控制过程[7]

宇宙空间开发利用的关键之一是一种可重复使用的地球到轨道间的运输系统，这就是指航天飞机。航天飞机可运载大量的货物至太空并可返回地球再使用。图 3-2-4 给出一个航天飞机俯仰控制系统的方框图。其中，传感器传递函数为 $H(s) = 0.5$，被控过程的传递函数为

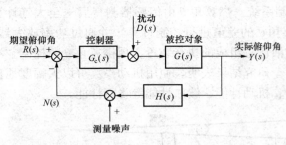

图 3-2-4 航天飞机俯仰控制系统的方框图

$$G(s) = \frac{0.3(s+0.05)(s^2+1600)}{(s^2+0.05s+16)(s+70)}°$$

2. 控制设计要求

试设计一个控制器 $G_c(s)$，使航天飞机俯仰控制系统的满足：

（1）阶跃输入下的百分比超调量小于 15%。

（2）阶跃输入下无稳态误差。

第 3 章 车 行 控 制

3.3.1 电传动内燃机车的速度控制

1. 实际控制过程[7]

所谓电传动内燃机车(见图 3-3-1),是用柴油机带动一台发电机,将电流输给牵引电动机,再通过齿轮传动来驱动机车运行的内燃机车。有直-直流电传动(发电机和电动机都是直流的)、交-直流电传动、交-交流电传动三种方式。

在电传动内燃机车上,牵引电动机一般都采用直流串励电动机。这是因为这种电动机的转矩和转速能按照列车运行阻力和线路条件的变化自动进行调节。当机车上坡运行或负载加大时,电机的转速能随着转矩的增大而自动降低,两者的关系非常接近理想牵引性能曲线,可以满足列车牵引的要求。改变直流电动机的励磁电流可以来调节电动机转速。

图 3-3-1 电传动内燃机车

已知电传动内燃机车的角速度控制过程模型为

$$G(s) = \frac{K_g K_m}{(R_f + L_f s)\left[(R_t + L_t s)(Js + f) + K_m K_b\right]}$$

其中

$$
\left.\begin{array}{l} K_g = 100 \\ K_m = 10 \\ K_b = 0.62 \end{array}\right\}
\left.\begin{array}{l} R_f = 1 \\ R_a = 1 \\ R_g = 1 \\ L_f = 0.1 \end{array}\right\} \Rightarrow R_t = R_a + R_g = 2
\qquad
\left.\begin{array}{l} J = 1 \\ f = 1 \\ L_a = 0.2 \\ L_g = 0.1 \\ K_t = 1 \end{array}\right\} \Rightarrow L_t = L_a + L_g = 0.3
$$

将已知参数代入可得

$$G(s) = \frac{1000}{(1+0.1s)\left[(2+0.3s)(s+1)+6.2\right]} \Rightarrow G(s) = \frac{1000}{0.03s^3 + 0.53s^2 + 3.12s + 8.2}$$

2. 控制设计要求

试设计一个控制器 $G_c(s)$,使电传动内燃机车的速度控制系统达到性能指标:①阶跃响应稳态误差 $e_{ss} < 2\%$;② $\sigma_p\% < 10\%$;③ $t_s < 1s$。

3.3.2 汽车主动悬挂控制

1. 实际控制过程[36]

悬架系统是汽车的重要装置之一,它影响着车辆行驶的平顺性和稳定性。传统的地面车

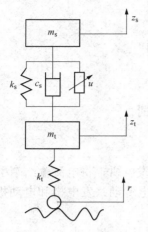

图 3-3-2   1/4 车辆主动悬架
模型

辆普遍采用被动悬挂系统，这种悬挂系统只能被动地存储和吸收外界能量，不能主动适应车辆行驶状况和外界激励的变化，大大制约了车辆性能的进一步改善。而主动悬架采用有源或无源可控元件组成一个闭环控制系统，根据车辆系统的运动状态和外部输入的变化（路面激励或驾驶员方向盘操作）做出反应，主动调整和产生所需的控制力，使悬架始终处于最佳减振状态，能大大改善车辆的乘坐性能和操纵性能。

一个简化的二自由度 1/4 汽车主动悬挂模型如图 3-3-2 所示。其中，m_s 为车体质量；m_i 为车轮轴质量；k_s 为悬架弹簧刚度，N/m；k_t 为轮胎等效刚度，N/m；c_s 为固定阻尼减振器的阻尼系数，N·s/m。

根据牛顿定律，该系统的动力学方程为

$$m_s \ddot{z}_s = -k_s(z_s - z_t) - c_s(\dot{z}_s - \dot{z}_t) + u$$
$$m_i \ddot{z}_t = k_s(z_s - z_t) + c_s(\dot{z}_s - \dot{z}_t) - u + k_t(r - z_t)$$

其中，u 为由控制器控制的力发生器产生的作用力；r 为路面激励；z_t 和 z_s 分别为车轮轴和车体的位移。取状态变量为 $x_1 = z_s$，$x_2 = \dot{z}_s$，$x_3 = z_t$，$x_4 = \dot{z}_t$，可得状态方程：

$$\dot{X}(t) = \begin{bmatrix} 0 & 1 & 0 & 0 \\ -k_s/m_s & -c_s/m_s & k_s/m_s & c_s/m_s \\ 0 & 0 & 0 & 1 \\ k_s/m_t & c_s/m_t & -(k_s+k_t)/m_t & -c_s/m_t \end{bmatrix} X(t) + \begin{bmatrix} 0 \\ 1/m_s \\ 0 \\ -1/m_t \end{bmatrix} u(t) + \begin{bmatrix} 0 \\ 0 \\ 0 \\ k_t/m_t \end{bmatrix} r(t)$$

若以车体的垂直加速度、车轮相对动载、悬架动挠度作为悬架系统的输出，并令 $y_1 = \ddot{z}_s$，$y_2 = z_t - r$，$y_3 = z_s - z_t$，则输出方程为

$$Y(t) = \begin{bmatrix} -k_s/m_s & -c_s/m_s & k_s/m_s & c_s/m_s \\ 0 & 0 & 1 & 0 \\ 1 & 0 & -1 & 0 \end{bmatrix} X(t) + \begin{bmatrix} 1/m_s \\ 0 \\ 0 \end{bmatrix} u(t) + \begin{bmatrix} 0 \\ -1 \\ 0 \end{bmatrix} r(t)$$

设某种轿车的悬架系统参数为 $m_s = 500\text{kg}$，$m_t = 60\text{kg}$，$k_s = 3000\text{N/m}$，$k_t = 300000\text{N/m}$，$c_s = 2000\text{N·s/m}$，又设某路面状况下的路面输入信号可模拟为简谐振动信号 $r(t) = 0.02\sin(8.73t)$。

2. 控制设计要求

（1）试设计一个全状态反馈控制器，使车体的垂直加速度、轮胎动载较小，同时将悬架动挠度保持在允许的范围内。

（2）试设计一个 PID 控制器，使车体的稳定性较好，并分析路面激励频率、车体质量等因素对它的影响。

3.3.3   磁悬浮列车的空气隙控制

1. 实际控制过程[37,38]

悬浮系统是磁悬浮列车的核心组成部分，单点悬浮系统如图 3-3-3 所示。其中，x 为电磁铁和轨道面的间隙；m 为电磁铁的质量；F 为悬浮力；mg 为电磁铁的重力；f 为干扰

力；i 为电磁铁线圈中的电流；u 电磁铁线圈两端的控制电压。

若以向下为正方向，电磁铁的动力学方程为

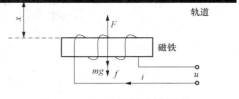

图 3 - 3 - 3　磁悬浮系统示意

$$m \frac{\mathrm{d}^2 x(t)}{\mathrm{d}t^2} = -F(i,x) + mg + f$$

在忽略铁芯磁路压降和漏磁影响的情况下，电磁力为

$$F(i,x) = k\left(\frac{i}{x}\right)^2$$

式中：k 为电磁常数。

电磁铁线圈电学方程为

$$u(t) = Ri(t) + L\frac{\mathrm{d}i(t)}{\mathrm{d}t}$$

式中：R 为电磁铁线圈的等效电阻；L 为电磁铁线圈等效电感。

如果对系统采用高速电流环技术，则可以忽略电磁线圈中由电感引起的电流延迟，从而把电流看成系统的输入。

设某磁悬浮系统的有关参数为 $k=0.00545$，$m=725\mathrm{kg}$，$f_0=7288.75\mathrm{N}$，$g=9.8\mathrm{N/kg}$、$x_0=7\mathrm{mm}$，且设外界干扰力不变，在系统的平衡点 (i_0, x_0) 附近可将系统线性化处理，可得线性化方程为

$$\ddot{x} = \frac{2ki_0^2}{mx_0^3}x - \frac{2ki_0}{mx_0^2}i$$

2. 控制设计要求

试设计一个控制器，使理想间隙保持在 3mm，并满足：

（1）百分比超调量小于 8%。

（2）单位阶跃输入作用下的调整时间小于 $0.5s$（$\pm 2\%$误差范围）。

（3）稳态误差为零。

第4章 船 行 控 制

3.4.1 水翼船渡轮的纵倾角控制

1. 实际控制过程[7]

某水翼船渡轮,自重 670t,航速 45 节(海里/时),可载 900 名乘客,可混装轿车、大客车和货卡,载重可达自重量。该渡轮可在浪高达 8 英尺的海中以航速 40 节航行,主要通过一个自动稳定控制系统来实现。通过主翼上的舵板和尾翼的调整完成稳定化操作。该稳定控制系统要保持水平飞行地穿过海浪。因此,设计上要求该系统使浮力稳定不变,相当于使纵倾角最小。该浮力控制系统的框图如图 3-4-1 所示。

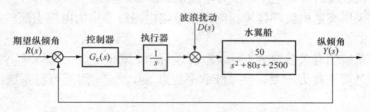

图 3-4-1 水翼船渡轮的纵倾角控制系统

已知,水翼船渡轮的纵倾角控制过程模型为 $G(s) = \dfrac{50}{s^2 + 80s + 2500}$,执行器模型为 $F(s) = \dfrac{1}{s}$。

2. 控制设计要求

试设计一个控制器 $G_c(s)$,使水翼船渡轮的纵倾角控制系统在海浪扰动 $D(s)$ 存在下也能达到优良的性能指标。假设海浪扰动 $D(s)$ 的主频率为 $\omega = 6\text{rad/s}$。

3.4.2 船舶航向的自动操舵控制

1. 实际控制过程[8]

船舶航行时航向是用舵来控制的,现代的船舶都装备了自动操舵仪。其主要的功能是自动、高精度地保持或改变船舶的航向,以保证船舶的平时安全航渡和恶劣环境时船舶的避碰。当自动操舵仪工作时,通过负反馈的控制方式,不断把陀螺罗经送来的船舶的实际航向与设定的航向值比较,将其差值放大后作为控制信号来控制舵机的转舵,使船舶能自动地保持或改变到给定的航向上。由于船舶航向的变化由舵角控制,舵角又由自动操舵系统控制,而反馈到自动操舵仪的陀螺罗经航向又取决于舰船的航向变化,所以航向自动操舵仪工作时存在包括舵机(舵角)、船舶本身(航向角)在内的两个反馈回路——舵角反馈和航向反馈。对于航迹自动操舵仪,还需构成位置反馈。

到当尾舵的角坐标偏转 δ，会在引起船只在参考方向上（如正北）发生某一固定的偏转 ψ，它们之间的关系可用 Nomoto 方程表示：$\dfrac{\dot{\psi}}{\delta} = \dfrac{-K(1+T_3 s)}{(1+T_1 s)(1+T_2 s)}$。传递函数中带有一负号，这是因为尾舵的顺时针转动会引起船只的逆时针转动。由此动力方程可以看出，船只的转动速率会逐渐趋向于一个常数，因此如果船只以直线运动，而尾舵偏转一恒定值，那么船只就会以螺旋形地进入一圆形运动轨迹（因为转动的速率为常数）。

把掌舵齿轮看成一简单的惯性环节，即方向盘转动的角度引起尾舵的偏转。将系统合成，如图 3-4-2 所示。

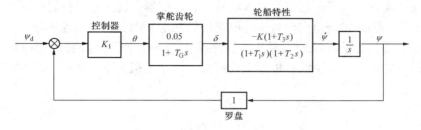

图 3-4-2 自动操舵控制系统

已知某 950 英尺长的中型油轮，重 150 000t，其航向受控对象的表达式为 $G_p(s) = \dfrac{1.325 \times 10^{-6}(s+0.028)}{s(s+0.091)(s+0.042)(s-0.000\,41)}$，罗盘（传感器）的参数为 1。

2. 控制设计要求

试设计一个控制器 $G_c(s)$ 代替原来的比例控制器，使得控制系统的性能指标满足要求：

(1) 超调量小于 5%。

(2) $t_s < 275$s。

第5章 工业过程控制

3.5.1 无刷直流电机转速控制

1. 实际控制过程[39]

无刷直流电动机由定子三相绕组、永磁转子、逆变器、转子磁极位置检测器等组成。为便于分析，假定：①三相绕组完全对称，电枢绕组在定子内表面均匀连续分布；②气隙磁场为方波，定子电流、转子磁场分布对称；③磁路不饱和，不计涡流和磁滞损耗；④忽略齿槽、换相过程、电枢反应等影响。根据上述假设，建立无刷直流电动机动态方程如下：

$$u - e = L\frac{\mathrm{d}i_a}{\mathrm{d}t} + Ri_a$$

$$T_e = K_i i_a$$

$$T_e - T_i = J\frac{\mathrm{d}\omega}{\mathrm{d}t}$$

$$e = K_\omega \omega$$

式中：L 为绕线电感；R 为绕线电阻；i_a 为定子相电流；u 为系统给定电压；e 为额定励磁下电机的反电动势；T_e 为电磁转矩；K_i 为转矩系数；J 为电机转动惯量；T_i 为负载转矩。

设电机参数为 $L=0.015\mathrm{H}$，$R=0.5\Omega$，$J=0.06$，$K_\omega=0.132$，$K_i=1.26$，转速反馈系数为 0.007，采用转速单闭环控制，增强系统对负载变化的抗干扰能力，抑制转速波动。

2. 控制设计要求

试画出直流电机的结构图，并设计一个 PID 控制器，使电机转速跟踪期望转速，并满足：

（1）单位阶跃输入作用下的百分比超调量小于 10%。

（2）单位阶跃输入作用下的调整时间小于 2s（±2%误差范围）。

（3）稳态误差尽可能小。

3.5.2 单容水箱水位控制

1. 实际控制过程[7]

某单容量水箱水位控制系统如图 3-5-1 所示，其中采用了电枢（电流 i_a）控制电机来调节阀门的大小。假定电机电感可以忽略不计，电机常数为 $k_m=10$，逆电动势常数为 $k_b=0.0706$，电机和阀门的转动惯量为 $J=0.006\mathrm{kg \cdot m^2}$，容器的底面积为 $50\mathrm{m^2}$。再假定水流的输入流量 $q_i=80\theta$，输出流量 $q_o=50h(t)$，且 θ 为电机轴的转动角（以 rad 为单位），h 为容器内的液面高度（以 m 为单位）。

2. 控制设计要求

（1）在上述条件下，以 $x_1=h$，$x_2=\theta$，$x_3=\dfrac{\mathrm{d}\theta}{\mathrm{d}t}$ 为状态变量，列写系统的状态变量模

型，并建立系统的 Simulink 状态空间模型。

（2）设计一个仅反馈 $h(t)$ 的反馈控制器，使系统的阶跃响应的超调量小于 10%，调节时间小于或者等于 5s（按 2% 准则），并用 Simulink 进行验证。

（3）若同时反馈液面高度 $h(t)$ 和轴的转角 $\theta(t)$，则可进一步提高控制质量。试设计该串级

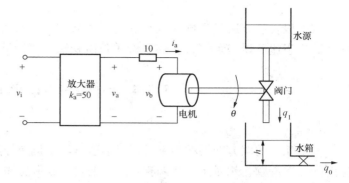

图 3-5-1 单容量水箱水位控制系统

控制系统的两个反馈控制器，使得系统具有比（2）中指标更高性能，并用 Simulink 进行验证。

3.5.3 铣床切削深度控制

1. 实际控制过程[14]

小巧且低廉的传感器正广泛用于加工制造业。图 3-5-2 所示为一个铣床工作台示意。工作台上安装一个新型 AE（声发射）传感器，能从声发射信号中获取有关切削过程的信息（即切削深度）。声发射信号是一种低振幅、高频率的应力波，源于在连续介质上快速释放应变能而产生。声发射传感器压电灵敏幅度通常在 100kHz～1MHz 的范围，不仅性价比高，而且适用范围广。

声发射信号的功率和切削深度的变化有密切的联系。据此关系可以获取切削深度的

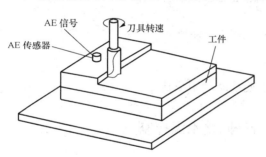

图 3-5-2 铣床工作台示意

反馈信号，反馈系统的简化方框图如图 3-5-3 所示。参考输入为期望切削深度 $r(t)$，被控量是实际切削深度 $y(t)$。由于声发射信号对工件材料、刀具几何形状、刀具磨损及切削参数（如刀具转速等）较敏感，故切削深度的测量中带有噪声，图中用 $N(s)$ 表示测量噪声。另外，外部扰动信号对切削刀具（如转动速度的波动）的不利影响，用 $D(s)$ 表示。铣床切削深度的控制对象的传递函数为 $G(s) = \dfrac{2}{s(s+1)(s+5)}$。该模型描述了刀具装置及 AE 传感器的动力学特性。控制信号作用在其输入端，用于驱动机电装置，改变施加在刀具上的压力，进而改变刀具的切削深度。

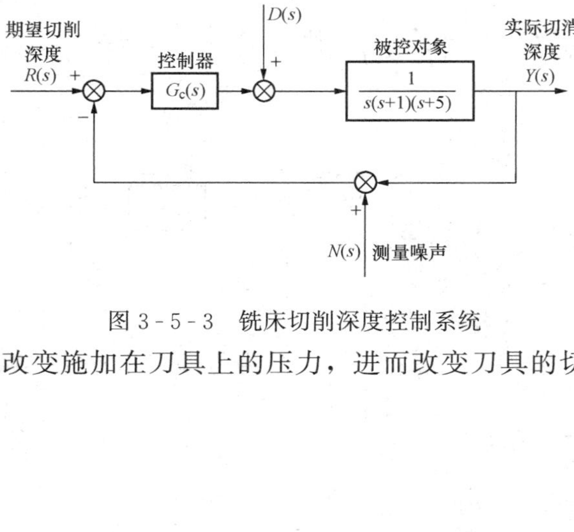

图 3-5-3 铣床切削深度控制系统

2. 控制设计要求

试用根轨迹方法或频域法设计一个反馈控制器，使系统跟踪期望输入，并满足性能指标：①稳态速度误差系数 $k_v \geqslant 8$；②单位阶跃输入作用下 $\sigma_p\% \leqslant 20\%$。

3.5.4　电网频率的一次调节

1. 实际控制过程[7]

一个孤立的电力网络的频率是可以通过汽轮机调速控制系统来调整的。这个调整被称为电网的一次调频。相对于一次调频，还有通过自动调整短期发电功率计划的二次调频和通过调整中期发电功率计划的三次调频。图 3-5-4 所示为某电网频率一次调节系统的框图。其中，$\Delta L(s)$ 为网内负荷扰动量；R 为稳态速度调节系数（$R \leqslant 0.1$）；J 为等效旋转惯量，$J = 4000$；b 为摩擦系数，$b = 0.75$；$\Delta\omega$ 为电网角频率偏差；Δv_0 速度偏差参考值。

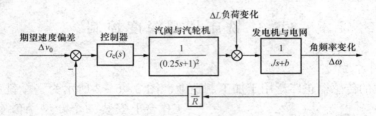

图 3-5-4　电网频率一次调节系统

2. 控制设计要求

试用反馈控制器 $G_c(s)$，在 $R \leqslant 0.1$ 前提下使系统的阻尼比 $\zeta \geqslant 0.6$。

3.5.5　核电站压水堆一回路水温控制

1. 实际控制过程[7]

压水堆型核电站的一回路水流温度可通过反应堆控制棒的插入深度来控制，其控制系统如图 3-5-5 所示。在蒸汽发生器处，一回路水流的热量传递给二回路的工质，二回路的蒸汽流将推动汽轮机做功发电。一回路水流温度控制对象的模型可用一阶惯性串接纯迟延环节表示，$G(s) = \dfrac{\mathrm{e}^{-\tau s}}{Ts+1}$。假设 $T = 0.2\mathrm{s}$，$\tau = 0.4\mathrm{s}$。

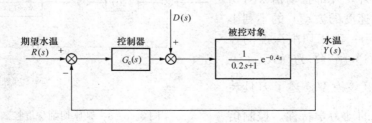

图 3-5-5　一回路水流温度控制系统

2. 控制设计要求

试设计控制器 $G_c(s)$，使系统的超调量 $\sigma_p\% \leqslant 10\%$。

3.5.6 双容水箱水温控制

1. 实际控制过程[7]

某双容水箱水流过程如图 3-5-6 所示。水流以 T_0 的温度进入第 1 个水箱，加热后再进入第 2 个水箱。从第 2 个水箱出口流出的水温是 T_2。设期望的出口水温是 T_{2d}。这个水流加热的控制过程可表示为图 3-5-7 所示的控制系统框图。其中，$G_f(s)$ 为前馈控制器；$G_c(s)$ 为反馈控制器。

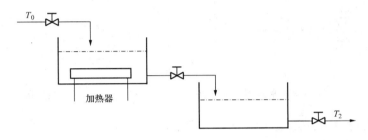

图 3-5-6　水流加热过程

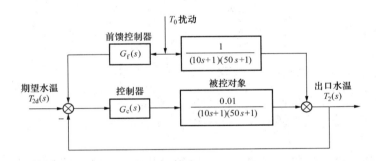

图 3-5-7　双容水箱出口水温控制系统

2. 控制设计要求

试设计控制器 $G_f(s)$ 和 $G_c(s)$，使系统的超调量 $\sigma_p\% \leqslant 10\%$，调节时间 $t_s < 150\mathrm{s}$（按 2% 准则），无稳态误差。

3.5.7　电站锅炉过热汽温控制

1. 实际控制过程

电站锅炉过热汽温的物理动态过程发生在锅炉的主要组成设备——蒸汽过热器中。以 300MW 亚临界压力中间再热发电机组的过热器系统为例，典型的过热器系统由多段过热器和多个喷水减温器组成（还有多个联箱未计及）。各级过热汽温喷水减温控制系统仅涉及喷水减温器、减温水调节阀和过热器三个过程设备，以及温度传感器（TT1、TT2）、调节器（TC1、TC2）和执行器（ZZ）五个控制设备，如图3-5-8所示。对于喷水减温器、减温水调节阀和过热器三个过程设备表现出的过程动态特性可模型化为两个传递函数：导前区传递函数 $G_2(s)$ 和惰性区传递函数 $G_1(s)$；汽温过程的总传递函数 $G_0(s)$ 为前两者的串联（见图3-5-9）。

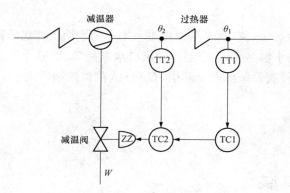

图3-5-8　过热汽温喷水减温控制系统

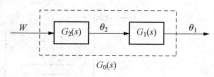

图3-5-9　过热汽温喷水减温过程模型

据文献［1］，执行器传递函数　$K_z = 1$　％/mA

喷水调节阀传递函数　$K_\mu = 1$　（t/h）/％

导前区传递函数　$G_2(s) = \dfrac{\Delta\theta_2(s)}{\Delta W(s)} = -\dfrac{8}{(1+15s)^2}$　℃/（t/h）

惰性区传递函数　$G_1(s) = \dfrac{\Delta\theta_1(s)}{\Delta\theta_2(s)} = \dfrac{1.125}{(1+21.085s)^3}$　℃/℃

导前区与惰性区串联后的总传递函数　$G_0(s) = \dfrac{\Delta\theta_1(s)}{\Delta W(s)} = \dfrac{9}{(1+18.4s)^5}$　℃/（t/h）

导前区出口温度传感器传递函数　$H_2 = 0.1$　mA/℃

惰性区出口温度传感器传递函数　$H_1 = 0.1$　mA/℃

2. 控制设计要求

对于300MW及以下的发电机组，电站锅炉过热汽温控制系统性能指标规定如下：在 ±5℃的定值扰动下，衰减率 ψ 为 $0.75\sim1$，超调量 $\sigma_p \leqslant 1$℃，调整时间 $t_s < 15$min，稳态误差 $|e_{ss}| \leqslant 2$℃。

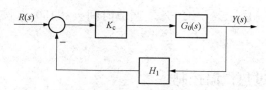

图3-5-10　电站锅炉过热汽温比例控制系统

（1）若采用简单的闭环比例控制如图3-5-10所示，设比例控制增益为 K_c。欲使系统在 ±5℃的定值扰动下，稳态误差 $|e_{ss}| \leqslant 2$℃，确定 K_c 的取值范围。

（2）试设计单回路PID控制系统，使系统满足性能指标的要求。

（3）若采用串级PID控制如图3-5-11所示，试设计PID控制器 G_{c1} 和 G_{c2}。

（4）比较分析两种控制系统的性能区别。

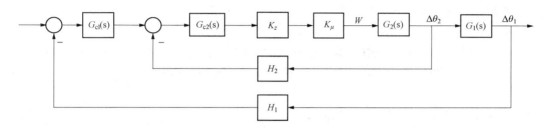

图 3-5-11   过热汽温喷水减温串级控制系统

3.5.8   电 站 锅 炉 水 位 控 制

1. 实际控制过程

电站汽包锅炉必须配置汽包水位控制回路。汽包水位状态代表了发电机组的稳定经济运行的状态。汽包水位偏低时将加大锅炉爆管事故的风险；汽包水位偏高时将可能使带水蒸气进入汽轮机，侵蚀汽轮机叶片。所以，汽包水位控制回路是汽包锅炉中最重要的控制回路之一。

一个典型的汽包水位三冲量控制系统如图 3-5-12 所示，水位控制器（LC）将接受来自水位传感器（LT）、蒸汽流量传感器（QT）和给水流量传感器（FT）的信号，按照预定的控制规律，通过执行器（ZZ）操作给水流量调节阀来控制汽包水位 H。

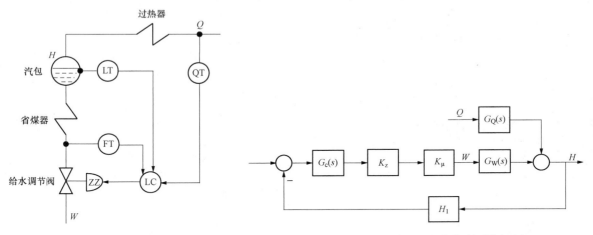

图 3-5-12   典型汽包水位控制系统   图 3-5-13   简单汽包水位控制系统框图

一个简单的汽包水位控制系统可用图 3-5-13 表示，其中被控过程的可控通道用传递函数 $G_W(s)$ 表示，主要的干扰通道用传递函数 $G_Q(s)$ 表示。据文献 [1]，有

执行器传递函数 $K_z = 1$ %/mA

调节阀传递函数 $K_\mu = 1$ t/h/%

可控通道传递函数 $G_W(s) = \dfrac{0.037}{s(1+30s)}$ mm/（t/h）

干扰通道传递函数 $G_Q(s) = \dfrac{3.6}{1+15s} - \dfrac{0.037}{s}$ mm/（t/h）

给水流量传感器传递函数　　$H_1(s) = 0.033$　mA/mm

2. 控制设计要求

对于 300MW 及以下的发电机组，电站锅炉水位控制系统性能指标一般规定：在 40mm 的定值扰动下，衰减率 ψ 为 $0.7 \sim 0.8$，超调量 $\sigma_p \leqslant 15mm$，调整时间 $t_s < 3min$，稳态误差 $|e_{ss}| \leqslant 20mm$。

（1）用根轨迹法设计串联校正控制器 $G_c(s)$。

（2）用频域校正法设计串联校正控制器 $G_c(s)$。

（3）试分析比较两种方案。

第6章 倒立摆控制装置

倒立摆控制装置是一种自动控制理论典型教学实验设备，也是控制理论应用的一种典型演示物理模型。通过对它的实验研究可以示范控制理论中许多关键问题的解决方法，如非线性问题、鲁棒性问题、随动问题、镇定问题、跟踪问题等。因此，在将新的控制方法应用到实际过程之前，可先用倒立摆装置做应用试验，然后将成功经验推广到实际过程中，如机器人行走过程中的平衡控制、火箭发射中的垂直控制和卫星飞行中的姿态控制等。所以倒立摆控制的应用实践是很有理论和实际意义的。

3.6.1 直线型倒立摆实验装置

最常见的倒立摆控制装置是直线型倒立摆。直线型倒立摆本体如图 3-6-1 所示。直线运动模块是一个可以沿导轨水平运动的小车，它有一个自由度。直线运动模块上装有摆体组件。摆体组件包括角编码器和摆杆。

1. 倒立摆的工作原理

如图 3-6-1 所示的倒立摆系统，其控制要求是：用一种强有力的控制方法使小车以一定的规律来回跑动，从而使全部摆杆在垂直平面内稳定下来。这样的系统也就是所谓的倒立摆控制系统。倒立摆的工作原理可以这样理解：若小车不动，由图 3-6-1 易知摆杆将倒下来；若在水平方向上给小车一个力，则摆杆受到一个力矩，这个力矩使摆杆朝与小车运动方向相反的方向运行，通过规律性地改变小车的受力方向使得摆杆在竖直方向上左右摆动，从而实现了摆杆在竖直方向上的动态平衡。

2. 计算机控制系统结构

直线型倒立摆系统包含倒立摆本体、电控箱及由运动控制卡和普通 PC 机组成的控制平台三大部分，其系统组成框图如图 3-6-2 所示。倒立摆实验装置的硬件电路部分全部封装在电控箱内，留有几个电气接口与倒立摆本体相连。数据采集和底层通信采用 C 语言实现，上层监控软件采用 Matlab 中的 Simulink。

图 3-6-3 所示为直线一级倒立摆计算机控制系统的结构简图。它是由机械部分、电气部分和计算机控制三大部件组成。机械部分包括轨道、传动皮带和皮带轮、倒立摆本体（包括

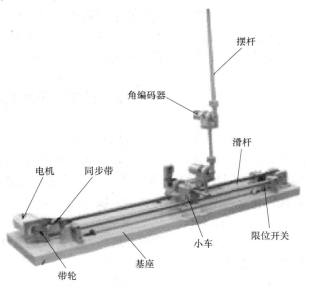

图 3-6-1 直线型倒立摆本体

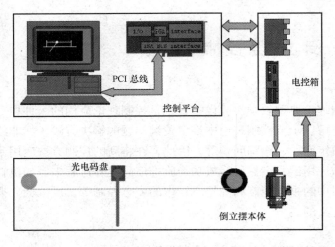

图 3-6-2　倒立摆系统实物框图

小车、摆杆及一些轴连接部分）等。电气部分主要由伺服驱动器、伺服电机、直流功率放大器、光电码盘、保护电路等几部分组成。计算机控制部分由 A/D、D/A、运动控制卡、PC 计算机组成。这几个部分组成了一个闭环系统。图中，光电码盘 1 由伺服电机自带，可以通过该码盘的反馈换算出小车的位移、速度信号，并反馈给伺服驱动器和运动控制卡；通过光电码盘 2 的反馈可以换算出摆杆的角度、角速度信号，并反馈给运动控制卡；计算机从运动控制卡中读取实时数据，确定控制决策（小车向那个方向移动、移动的速度、加速度等），并由运动控制卡来实现该控制决策，产生相应的控制量，使电机转动，带动小车运动，保持摆杆的平衡。

3. 应用倒立摆实验装置进行倒立摆控制实践的步骤

进行倒立摆控制实践的步骤如下：

（1）控制对象机理建模。

（2）理论计算倒立摆控制器的参数。根据自动控制理论或者通过仿真手段，确定系统控制器的参数。

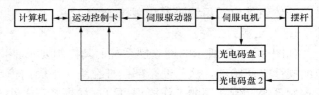

图 3-6-3　直线一级倒立摆计算机控制系统的结构简图

（3）实时倒立摆控制控制实验。把控制器的 Simulink 模型和控制器的参数输入到监控软件中运行，并根据运行的效果进行调整控制器的参数，直到系统的响应满足控制要求。

综上所述，要在倒立摆实验装置上完成的主要工作是进行控制器的 Simulink 建模（倒立摆实验装置的上层监控软件采用的是 Simulink）和参数整定。

3.6.2　直线一级倒立摆机理建模

系统建模可以分为机理建模和实验建模两种。实验建模就是通过在研究对象上加上一系列的研究者事先确定的输入信号，激励研究对象并通过传感器检测其可观测的输出，应用数学手段建立起系统的输入/输出关系。机理建模就是在研究对象的运动机理分析基础上，根据物理、化学等基本定理和数学手段建立起系统内部的输入/输出关系。以下进行直线一级倒立摆的机理法建模。

忽略空气阻力和各种摩擦，可将直线一级倒立摆系统抽象成如图 3-6-4 所示小车和匀质杆组成的系统。

图 3-6-5 所示为系统中小车和摆杆的受力分析图。其中，M 为小车质量；m 为摆杆质量；b 为小车摩擦系数；l 为摆杆转动轴心到杆质心的长度；I 为摆杆惯量；F 为加在小车上的力；

x 为小车位置；ϕ 为摆杆与垂直向上方向的夹角；θ 为摆杆与垂直向下方向的夹角（考虑到摆杆初始位置为竖直向下）；N 和 P 为小车与摆杆相互作用力的水平和垂直方向的分量。

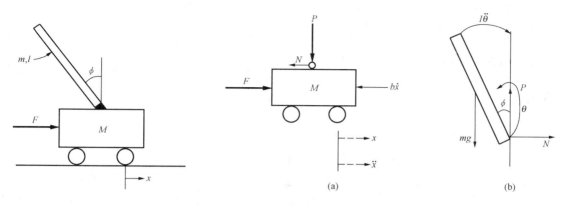

图 3-6-4   直线一级倒立摆   图 3-6-5   小车的受力分析

（a）小车隔离受力图；（b）摆杆隔离受力图

对于倒立摆系统，由于其本身是自不稳定的系统，实验建模存在一定的困难。但是忽略掉一些次要的因素后，倒立摆系统就是一个典型的刚体运动系统，可以在惯性坐标系内应用经典力学理论建立系统的动力学方程。也可采用拉格朗日方法建立直线型一级倒立摆系统的数学模型。下面采用拉格朗日方程建模。

拉格朗日方程为

$$L(q,\dot{q}) = T(q,\dot{q}) - V(q,\dot{q})$$

式中：L 为拉格朗日算子；q 为系统的广义坐标；T 为系统的动能；V 为系统的势能。

$$\frac{\mathrm{d}}{\mathrm{d}t}\frac{\partial L}{\partial \dot{q}_i} - \frac{\partial L}{\partial q_i} = f_i \, (i = 1, 2, 3, \cdots, n)$$

式中：f_i 为系统在第 i 个广义坐标上的外力。

在一级倒立摆系统中，系统的广义坐标有 2 个：x，θ_1。

首先计算系统的动能

$$T = T_M + T_m$$

式中：T_M 为小车的动能；T_m 为摆杆 l 的动能。

小车的动能为

$$T_M = \frac{1}{2}M\dot{x}^2$$

摆杆的动能为

$$T_m = T_m' + T_m''$$

式中：T_m'、T_m'' 分别为摆杆的平动动能和转动动能。

若设变量 $xpend$ 为摆杆质心横坐标，$ypend$ 为摆杆质心纵坐标，则有关系

$$xpend = x - l\sin\phi$$

$$ypend = l\cos\phi$$

于是，摆杆的动能为

$$T_m' = \frac{1}{2}m\left\{ \left[\frac{\mathrm{d}(xpend)}{\mathrm{d}t}\right]^2 + \left[\frac{\mathrm{d}(ypend)}{\mathrm{d}t}\right]^2 \right\}$$

$$T''_m = \frac{1}{2} J_p \dot\theta_2^2 = \frac{1}{6} ml^2 \dot\phi^2$$

这样，系统的总动能为

$$T_m = T'_m + T'' = \frac{1}{2} m \left\{ \left[\frac{\mathrm{d}(xpend)}{\mathrm{d}t} \right]^2 + \left[\frac{\mathrm{d}(ypend)}{\mathrm{d}t} \right]^2 \right\} + \frac{1}{6} ml^2 \dot\phi^2$$

然后计算系统的势能为

$$V = V_m = m \times g \times ypend = mgl\cos\phi$$

由于系统在 ϕ 广义坐标下只有摩擦力的作用，所以有

$$\frac{\mathrm{d}}{\mathrm{d}t} \frac{\partial L}{\partial \dot\phi} - \frac{\partial L}{\partial \phi} = b\dot{x}$$

对于直线一级倒立摆系统，系统状态变量为 $\{x, \phi, \dot{x}, \dot\phi\}$。状态方程为

$$\begin{cases} \dot{X} = AX + Bu \\ Y = CX \end{cases}$$

需要求解 $\ddot\phi$，因此设

$$\ddot\phi = f(x, \phi, \dot{x}, \dot\phi, \ddot{x})$$

将其在平衡位置附近进行泰勒级数展开，并线性化，可以得到

$$\ddot\phi = k_{11}x + k_{12}\phi + k_{13}\dot{x} + k_{14}\dot\phi + k_{15}\ddot{x}$$

其中

$$k_{11} = \frac{\partial f}{\partial x}\Big|_{x=0, \phi=0, \dot{x}=0, \ddot{x}=0} \qquad k_{12} = \frac{\partial f}{\partial \phi}\Big|_{x=0, \phi=0, \dot{x}=0, \ddot{x}=0}$$

$$k_{13} = \frac{\partial f}{\partial \dot{x}}\Big|_{x=0, \phi=0, \dot{x}=0, \ddot{x}=0} \qquad k_{14} = \frac{\partial f}{\partial \dot\phi}\Big|_{x=0, \phi=0, \dot{x}=0, \ddot{x}=0}$$

$$k_{15} = \frac{\partial f}{\partial \ddot{x}}\Big|_{x=0, \phi=0, \dot{x}=0, \ddot{x}=0}$$

通过计算得到

$$k_{11} = 0, \ k_{12} = \frac{3g}{4l}, \ k_{13} = 0, \ k_{14} = 0, \ k_{15} = \frac{3}{4l}$$

设 $X = \{x, \dot{x}, \phi, \dot\phi\}$，系统状态空间方程为

$$\dot{x} = AX + Bu$$
$$y = CX + Du$$

则有

$$\begin{bmatrix} \dot{x} \\ \ddot{x} \\ \dot\phi \\ \ddot\phi \end{bmatrix} = \begin{bmatrix} 0 & 1 & 0 & 0 \\ 0 & 0 & 0 & 0 \\ 0 & 0 & 0 & 1 \\ 0 & 0 & \frac{3g}{4l} & 0 \end{bmatrix} \begin{bmatrix} x \\ \dot{x} \\ \phi \\ \dot\phi \end{bmatrix} + \begin{bmatrix} 0 \\ 1 \\ 0 \\ \frac{3}{4l} \end{bmatrix} u$$

$$y = \begin{bmatrix} x \\ \phi \end{bmatrix} = \begin{bmatrix} 1 & 0 & 0 & 0 \\ 0 & 0 & 1 & 0 \end{bmatrix} \begin{bmatrix} x \\ \dot{x} \\ \phi \\ \dot\phi \end{bmatrix} + \begin{bmatrix} 0 \\ 0 \end{bmatrix} u$$

实际系统（固高公司产品 GLIP2001）的模型参数如下：

M	小车质量	1.096kg
m	摆杆质量	0.109kg
b	小车摩擦系数	0.1
l	摆杆转动轴心到杆质心的长度	0.25m
I	摆杆惯量	0.0034kg·m·m

代入模型参数可得

$$\begin{bmatrix} \dot{x} \\ \ddot{x} \\ \dot{\phi} \\ \ddot{\phi} \end{bmatrix} = \begin{bmatrix} 0 & 1 & 0 & 0 \\ 0 & 0 & 0 & 0 \\ 0 & 0 & 0 & 1 \\ 0 & 0 & 29.4 & 0 \end{bmatrix} \begin{bmatrix} x \\ \dot{x} \\ \phi \\ \dot{\phi} \end{bmatrix} + \begin{bmatrix} 0 \\ 1 \\ 0 \\ 3 \end{bmatrix} u$$

$$\boldsymbol{y} = \begin{bmatrix} x \\ \phi \end{bmatrix} = \begin{bmatrix} 1 & 0 & 0 & 0 \\ 0 & 0 & 1 & 0 \end{bmatrix} \begin{bmatrix} x \\ \dot{x} \\ \phi \\ \dot{\phi} \end{bmatrix} + \begin{bmatrix} 0 \\ 0 \end{bmatrix} u$$

其中，输入 u 为小车的加速度 x''。

3.6.3 直线一级倒立摆的 PID 控制

1. 单回路 PID 控制

最常见的 PID 控制系统的结构如图 3-6-6 所示，是针对于单输出对象的单回路控制系统。但由直线一级倒立摆的数学模型可知，被控对象是个单输入（小车的加速度）、双输出（小车的位移，摆杆的角度）的对象。对按图 3-6-6 所示的结构图，需选择被控量。对于倒立摆控制系统，最终的控制目的是使摆杆倒立起来，所以应选择摆杆的摆角为被控量，输出量小车的位移则不加控制。在理论上，只要导轨的长度无限长，即使小车的位移不加以控制也不会影响摆杆的控制；在实时控制实验时，只要在小车移动到限位开关之前加一个人为的干扰使小车远离限位开关即可。

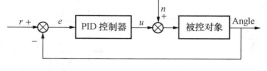

图 3-6-6 单回路 PID 控制

经调整，PID 控制器的参数为 $K_p = 40, K_i = 20, K_d = 10$，在 Simulink 中的仿真结果如图 3-6-7 所示。

从图 3-6-7 可知，摆杆摆角可以得到很好的控制，因为没有对小车的位移控制，所以小车往一个方向偏移。

在固高科技公司提供的监控平台上搭建 PID 控制器，然后把 PID 参数输入即可进行实施控制实验验证。图 3-6-8 所示为单回路 PID 实时控制系统界面图。图 3-6-9 所示为单回路 PID 控制时仿真响应曲线，其中，Pos 为小车位移；Angle 为摆杆的摆角。

2. 双回路 PID 控制

由于倒立摆实验装置中导轨的长度为 1m，而不是无限长，为了更好地实现对倒立摆的

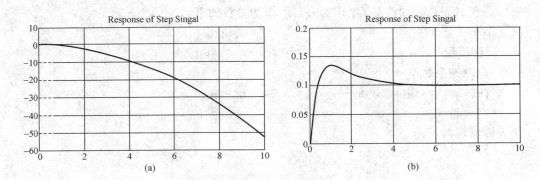

图 3-6-7　阶跃响应曲线

（a）小车位移；（b）摆杆的摆角

Googol Linear 1-Stage Inverted Pendulum PID Control Demo

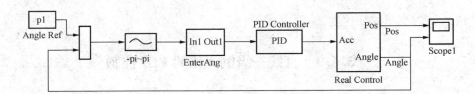

图 3-6-8　单回路 PID 实时控制界面

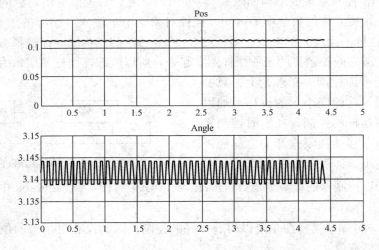

图 3-6-9　单回路 PID 实时控制的响应曲线

自动控制，可以采用双回路 PID 控制方案，如图 3-6-10 所示。在该控制方案中，分别用一个 PID 控制器去控制小车的位移和摆杆的角度，然后把两个控制器输出的控制量叠加为一个量对倒立摆对象进行控制。该方案可同时实现小车位移和摆杆角度的闭环控制。

可先在 Simulink 平台上进行上述的双回路 PID 控制方案的 PID 参数整定仿真试验。可得到图 3-6-11 所示的响应曲线。其中，实线是 PD 控制响应，虚线是 PID 控制响应。然后在固高科技提供的监控平台上搭建 PID 控制器（此时选用 PD 控制器），然后把 PD 参数输入即可进行实时控制实验验证。图 3-6-12 即为双回路 PD 实时控制系统界面图。图 3-6-13 所示为双回路实时 PD 控制的响应曲线。可见，在小幅振荡中，倒立摆小车的位移和摆杆角度都得到控制。

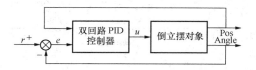

图 3-6-10　双回路 PID 控制系统结构图

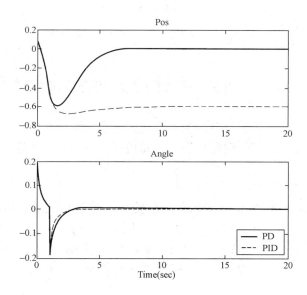

图 3-6-11　双回路 PID 控制的响应曲线

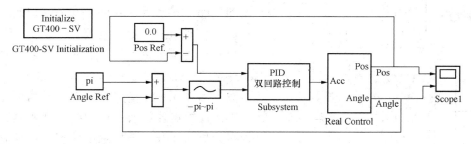

图 3-6-12　双回路 PD 实时控制界面图

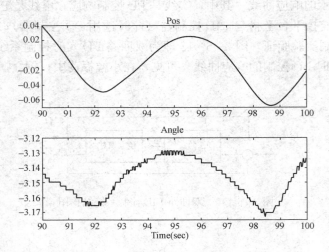

图 3 - 6 - 13　双回路 PD 控制的实时响应曲线

3.6.4　直线一级倒立摆的状态反馈控制

通过极点配置法设计的状态反馈控制器可将多变量系统的闭环系统极点配置在期望的位置上，从而使系统满足所期望的动态和稳态性能指标。下面进行直线型一级倒立摆的状态反馈控制设计和实现。

1. 能控能观性判断

利用 Matlab 中的 ctrb 和 obsv 函数可判断能控性矩阵和能观性矩阵的秩。具体命令输入："a＝[0 1 0 0；0 0 0 0；0 0 0 1；0 0 29.4 0]；b＝[0；1；0；3]；c＝[1 0 0 0；0 0 1 0]；Uc＝ctrb(a, b)；Vo＝obsv(a, c)；rank＿Uc＝rank(Uc) ↙ rank＿Vo＝rank(Vo) ↙"。运行后可得 "rank＿Uc ＝ 4；rank＿Vo ＝4"，所以系统是既能控又能观。

2. 极点配置

因为系统能控，所以极点可任意配置。可根据期望的性能指标设计期望的闭环极点，然后运用极点配置的方法计算状态反馈矩阵。

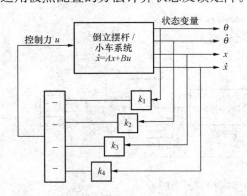

图 3 - 6 - 14　直线一级倒立摆的状态反馈控制图

直线一级倒立摆的状态反馈控制结构图如图 3 - 6 - 14 所示。取期望的一组极点为 $p＝$ $[-10\quad -10\quad -2+\text{j}2\sqrt{3}\quad -2-\text{j}2\sqrt{3}]$，利用 MATLAB 的极点配置函数可算得状态反馈矩阵 $\boldsymbol{K}＝[-54.4218\quad -24.4898\quad 93.2739\quad 16.1633]$。然后图 3 - 6 - 14 搭建 Simulink 仿真模型，用算得的反馈矩阵数值进行状态反馈控制试验，可得到如图 3 - 6 - 15 所示的状态反馈控制响应曲线。图中，CartPos 和 CartSpd 分别为小车的位置和速度；PendPos 和 PendSpd 分别为摆杆

的角度和角速度。显然，2s 内各变量都被控
制到位。

3. 实时控制实验

在固高科技提供的监控平台上可搭建状态
反馈控制系统，如图 3-6-16 所示。将已计算
所得的 K 值输入到 Controller 模块中。
图 3-6-17 所示为实时控制响应曲线。

通过极点配置法可设计状态反馈控制器将
多变量系统的闭环系统极点配置在期望的位置

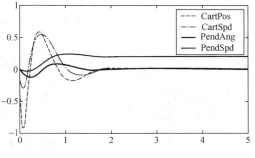

图 3-6-15 响应曲线

上，从而使系统满足所预期的动态和稳态性能指标。下面针对直线型一级倒立摆系统应用极
点配置法设计状态反馈控制器。

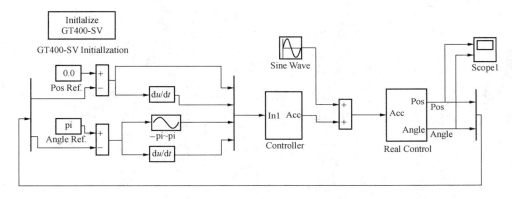

图 3-6-16 实时控制界面图

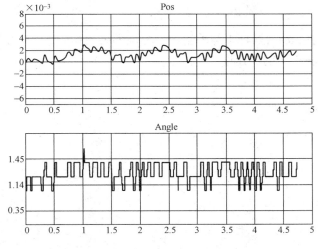

图 3-6-17 实时控制响应曲线

3.6.5　倒立摆控制实践课题

3-6-1　直线一级倒立摆的频域控制器设计。要求系统的 $PM > 50°$，$GM > 10\text{dB}$。

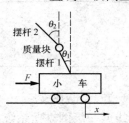

3-6-2　直线一级倒立摆的根轨迹控制器设计。使得闭环系统的 $\sigma_p \leqslant 60\%$，$t_s \leqslant 2\text{s}$。

3-6-3　直线二级倒立摆的状态反馈控制器的设计，要求设计好的闭环系统 $\sigma_p \leqslant 50\%$，$t_s \leqslant 1.5\text{s}$。直线二级倒立摆系统如图 3-6-18 所示。

直线型二级倒立摆的数学模型为

图 3-6-18　直线二级倒立摆系统

$$
\begin{bmatrix} \dot{x} \\ \dot{\theta}_1 \\ \dot{\theta}_2 \\ \ddot{x} \\ \ddot{\theta}_1 \\ \ddot{\theta}_2 \end{bmatrix} = \begin{bmatrix} 0 & 0 & 0 & 1 & 0 & 0 \\ 0 & 0 & 0 & 0 & 1 & 0 \\ 0 & 0 & 0 & 0 & 0 & 1 \\ 0 & 0 & 0 & 0 & 0 & 0 \\ 0 & 86.69 & -21.62 & 0 & 0 & 0 \\ 0 & -40.31 & 39.45 & 0 & 0 & 0 \end{bmatrix} \begin{bmatrix} x \\ \theta_1 \\ \theta_2 \\ \dot{x} \\ \dot{\theta}_1 \\ \dot{\theta}_2 \end{bmatrix} + \begin{bmatrix} 0 \\ 0 \\ 0 \\ 1 \\ 6.64 \\ -0.088 \end{bmatrix} u
$$

$$
\mathbf{y} = \begin{bmatrix} x \\ \theta_1 \\ \theta_2 \end{bmatrix} = \begin{bmatrix} 1 & 0 & 0 & 0 & 0 & 0 \\ 0 & 1 & 0 & 0 & 0 & 0 \\ 0 & 0 & 1 & 0 & 0 & 0 \end{bmatrix} \begin{bmatrix} x \\ \theta_1 \\ \theta_2 \\ \dot{x} \\ \dot{\theta}_1 \\ \dot{\theta}_2 \end{bmatrix} + \begin{bmatrix} 0 \\ 0 \\ 0 \end{bmatrix} u
$$

式中：x 为小车的位移；θ_1 为摆杆 1 与垂直向上方向的夹角；θ_2 为摆杆 2 与垂直向上方向的夹角；u 为输入量，代表小车的加速度。

第7章　电阻炉温度控制装置

3.7.1　电阻炉温度控制装置简介

温度是工业控制中主要的被控参数之一，特别是在冶金、化工、建材、食品、机械、石油等工业中，具有举足轻重的作用。电阻炉则是一种以电热丝的电阻发热为要素的常见电加热设备，多用于产生恒定的温度场。电阻炉一般有管式和箱式两种。箱式的多用于工业生产。管式的多用于实验室，便于产生较均匀和较精密的温度场，如管式热电偶检定炉。

图 3-7-1 所示为一套计算机实时监控管式电阻炉温度控制装置。这套装置由工业控制计算机、串行通信测温模块（ADAM4018）、串行通信 D/A 模块（ADAM4024）、通信模块（ADAM4520）、直流稳压电源、执行器、热电偶和管式电阻炉组成。其中，直流稳压电源是向通信模块和串行通信 IO 模块提供稳定的直流电源；ADAM4520 通信模块实现与工控机的数据通信。ADAM4018 测温模块将热电偶的电势转换成温度数字量并传给工控机；温度控制器的功能由工控机实现；工控机通过控制程序算出控制量，再通过串行通信方式把该控制量数据传送给 D/A 模块 ADAM4024；模块 ADAM4024 则把 0～10V 的电压模拟量信号输出给执行器；执行器把 0～10V 的电压信号转化为 0～220V 的交流电压 U 提供给管式电阻炉；电阻炉的加热功率 $P = UI$，与 U 成正比。这就是计算机实时监控管式电阻炉温度控制装置的基本工作原理。

图 3-7-1 所示为计算机实时监控管式电阻炉温度控制装置，虽然在系统结构上比较复杂，但是在控制过程的实时监视和控制原理实践研究上有许多灵活和便利之处。由图 3-7-2所示的功能结构图可以看出，使用通用的计算机实时监控软件（力控 PCAuto），可以方便地实现实时数据采集、监视控制和历史曲线查阅等功能。无论是采用通用的 PID

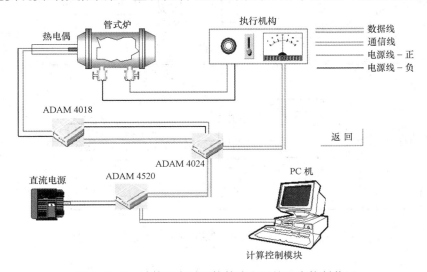

图 3-7-1　计算机实时监控管式电阻炉温度控制装置

控制算法，还是更先进的控制算法，都可用类似 C 语言的高级语言编写控制器执行程序来实现。用了串行通信的通用 IO 模块，还可方便地变换测温元件或执行元件。

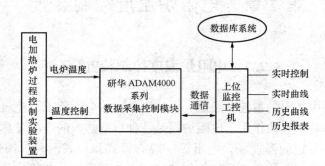

图 3-7-2　电阻炉温度控制监控系统功能结构图

3.7.2　电阻炉温度控制过程仿真实验

根据参考文献［40］，通过实验建模法，一种典型的管式热电偶检定炉的数学模型为

$$G(s) = \frac{895(90s+1)}{(2s+1)(45s+1)(230s+1)}$$

该检定炉的温度控制范围为 80～1000℃，功率执行器的输入控制电压范围为 0～10V。

可搭建 Simulink 仿真试验模型如图 3-7-3 所示。设炉温设定值为 400℃。采用 PID 控制器进行温度控制。进行了控制量有约束和无约束的仿真试验，试验结果如图 3-7-4 所示。可见，在控制量有约束条件下，调整时间大大延长。

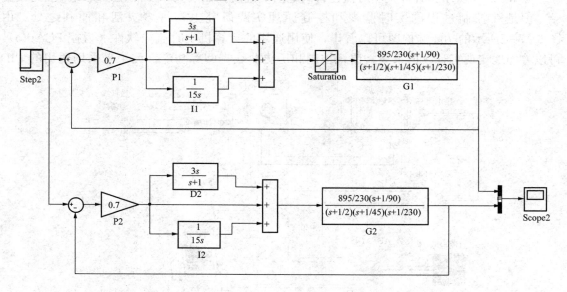

图 3-7-3　检定炉的温度控制 Simulink 仿真试验模型

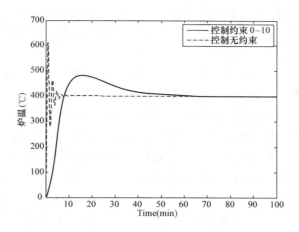

图 3 - 7 - 4　检定炉的温度控制仿真试验结果

3.7.3　电阻炉温度控制过程实时监控

随着计算机在工业自动化领域的广泛应用，出现了通用工业自动化计算机组态软件，为解决上述实际工程问题提供了一种崭新的方法。它能够使用户能根据自己的控制对象特点和控制要求任意组态，完成自动化控制工程任务。目前流行的组态软件的品种繁多，国外产品有美国 Wonderware 公司的 InTouch、美国 Intellution 公司的 iFIX 等，国内产品有三维力控、组态王、MCGS 等。以下简述国产组态软件力控 PCAuto 的基本概念和用于实时监控管式电阻炉温度控制的实践。

1. 力控 PCAuto 软件概述

力控 PCAuto 监控组态软件是对现场生产数据进行采集与过程控制的专用软件，最大的特点是能以灵活多样的组态方式而不是编程方式来进行系统集成，它提供了良好的用户开发界面和简捷的工程实现方法，只要将其预设置的各种软件模块进行简单的"组态"，便可以非常容易地实现和完成监控层的各项功能，缩短了自动化工程系统的集成时间。

力控 PCAuto 软件以计算机为基本工具，为实施数据采集、过程监控、生产控制提供了基础平台。它可以和检测、控制设备构成任意复杂的监控系统，在过程监控中发挥了核心作用，可以帮助企业消除信息孤岛，降低运作成本，提高生产效率，加快市场反应速度。

力控 PCAuto 监控组态软件是自动控制系统监控层一级的软件平台，它能同时和国内外各种工业控制厂家的设备进行网络通信，与工控计算机和网络系统结合，便可以达到集中管理和监控的目的，同时还可以方便地向控制层和管理层提供软、硬件的全部接口，来实现与第三方的软、硬件系统的集成。

2. PCAuto 软件构成

力控 PCAuto 软件包括工程管理器、人机界面 VIEW、实时数据库 DB、I/O 驱动程序、控制策略生成器、各种网络服务组件等。主要的组件有以下几部分：

（1）工程管理器（Project Manager）：用于创建工程、工程管理等用于创建、删除、备份、恢复、选择当前工程等。

（2）开发系统（Draw）：可以创建工程画面，配置各种系统参数，启动力控其他程序组件等。

（3）界面运行系统（View）：用来运行由开发系统 Draw 创建的画面，脚本、动画连接等工程，操作人员通过它来完成监控。

（4）实时数据库（DB）：是力控软件系统的数据处理核心，负责实时数据处理、历史数据存储、统计数据处理、报警处理、数据服务请求处理等。

（5）I/O 驱动程序（I/O SERVER）：负责力控与控制设备的通信，将 I/O 设备寄存器中的数据读出后，传送到力控的数据库，然后在界面运行系统的画面上动态显示。

（6）网络通信程序（NetClient/NetServer）：采用 TCP/IP 通信协议，可利用 Intranet/Internet 实现不同网络结点上力控之间的数据通信。

（7）通信程序（PortServer）：支持串口、电台、拨号、移动网络通信。

（8）Web 服务器程序（Web Server）：可为处在世界各地的远程用户实现在台式机或便携机上用标准浏览器实时监控现场生产过程。

（9）控制策略生成器（StrategyBuilder）：是面向控制的新一代软件逻辑自动化控制软件，采用符合 IEC1131-3 标准的图形化编程方式，提供包括变量、数学运算、逻辑功能、程序控制、常规功能、控制回路、数字点处理等在内的十几类基本运算块，内置常规 PID、比值控制、开关控制、斜坡控制等丰富的控制算法。同时提供开放的算法接口，可以嵌入用户的控制程序。

3. 实时监控管式电阻炉温度控制的 PCAuto 组态

基于力控 PCAuto 组态软件的设计与实现主要步骤如下：画面创建、动画连接、I/O 设备设置、创建实时数据库、数据连接。

（1）画面创建。根据本系统的特点，设计了实时控制主画面、系统结构原理画面、实时曲线画面、历史曲线画面、历史报表画面。实时监控主画面如图 3-7-5 所示，主要包括系统开关、自动/手动控制电加热炉的温度、预定温度的设定、炉温实时温度的显示、手动控制时控制量大小的设定、自动控制时 PID 控制器参数的设定等。系统结构原理画面如图 3-7-1

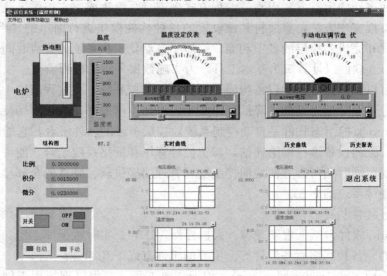

图 3-7-5　电阻炉温度实时监控主画面

所示，说明了系统的控制原理及数据的传输方向，以便于更好地了解电加热炉监控系统的控制流程。实时曲线画面和历史曲线画面用于监视被测量、被控量及设定值的实时与历史变化趋势，以便于操作人员了解被测量、被控量等的变化，从而更好地对监控过程进行分析、研究等。历史报表画面提供了一种浏览和打印历史数据的工具，还以可以利用 PCAuto 软件子图中的 DB＿ODBC.dll 把历史报表中的数据导入 Excel 文件，进行对数据的离线分析研究。

（2）动画连接。动画连接是指画面中图形对象与变量或表达式的对应关系。建立连接后，在监控系统运行时，根据变量或表达式的数据变化，图形对象改变其颜色、大小等外观；文本会进行动态刷新。这样就将现场真实的数据反映到计算机的监控画面中，从而达到监控的目的。

（3）I/O 设备设置。I/O 设备设置是指对包括应用程序的"软件设备"和现场数据采集交换的硬件设备在内的广义上 I/O 设备的驱动程序进行配置，使其与组态软件建立通信，构成一个完整的系统。在被监控系统中，分别对 ADAM4018、ADAM4024 模块进行了设备名称的定义、地址的分配、通信方式的选定等操作。

（4）创建实时数据库。实时数据库（DB）是整个监控系统的核心。它负责整个系统的实时数据处理、历史数据的存储、统计数据处理、报警信息处理、数据服务请求处理，完成与过程数据采集的双向数据通信。在本系统中，经过创建点参数、定义 I/O 设备、数据连接等几个步骤完成数据库的创建。

4. 实时控制程序设计

PID 控制是应用最为广泛的工业过程控制策略，它的算法和控制结构非常简单，易于参数调整。为了避免因积分饱和而导致执行机构达到极限位置，可采用抗积分饱和 PID 控制算法。在计算 PID 控制器输出 $u(k)$ 时，首先判断上一采样时刻的控制量 $u(k-1)$ 是否已超出限制范围：如果超出限制范围，则只累积负误差；否则，只累计正误差。这个算法可以避免控制量长时间停留在饱和区。

该控制算法可以通过力控控制策略生成器的现有模块实现，也可以通过在"应用程序动作"里编程实现。

所设计的抗积分饱和 PID 控制程序如图 3 - 7 - 6 所示。

通过适当调整配合抗积分饱和 PID 控制器比例系数、积分系数、微分系数三个参数，就可以使系统快速、平稳、准确，获得满意的控制效果。图 3 - 7 - 7 所示为电加热炉温度曲线效果图（通过 DB＿ODBC. dll 把历史数据导入到 Excel 文件，再经 MATLAB 离线处理得到）。

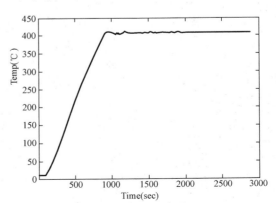

```
...........
a1=ADAM4018_a1;     % 实测炉温
e= mover温度-a1;    % 实测炉温与设定炉温的偏差
if a2>10 then
    if e<0 then
        d=d+e;
    else d=d+0;
    endif
else
    if e>0 then       % 抗积分饱和 PID 控制
        d=d+e;
    else d=d+0;
    endif
```

图 3 - 7 - 6　抗积分饱和 PID 控制程序

图 3 - 7 - 7　电阻炉温度实时控制响应曲线

3.7.4 电阻炉温度控制实践课题

3-7-1 将电阻炉温度控制装置切换为手动控制模式,进行某值固定的小功率加热,利用力控 PCAuto 记录炉温响应,直到炉温变化缓慢为止。利用实验建模法处理炉温响应曲线,求被控过程的数学模型。

3-7-2 分别进行 400℃和 800℃的电阻炉温度控制实验,将 PID 参数整定至最佳。比较 PID 参数的差异和控制性能指标的差异并分析原因。

附录　Simulink 模块库图标和名称一览表

1. Continuous（连续模块库）

名称	积分器	微分器	状态空间模型	传递函数 多项式模型	传递函数 零极点模型	固定时间 迟延器	可变时间 迟延器
图标	$\dfrac{1}{s}$ Integrator	du/dt Derivative	$x'=Ax+Bu$ $y=Cx+Du$ State-Space	$\dfrac{1}{s+1}$ Transfer Fcn	$\dfrac{(s-1)}{s(s+1)}$ Zero-Pole	Transport Delay	Variable Transport Delay

2. Discontinuities（非线性模块库）

名称	饱和	死区	死区间隙	继电器	变化率限幅器	量化器
图标	Saturation	Dead Zone	Backlash	Relay	Rate Limiter	Quantizer
名称	动态饱和器	动态死区	选中交叉点	库伦与黏性摩擦	动态变化率限幅	超过阈值则为 0
图标	up u lo　　y Saturation Dynamio	up u lo　　y Dead Zone Dynamio	Hit Crossing	Coulomb& Viscous Friction	up u lo Rate Limiter Dynamic	Wrap To Zero

3. Discrete（离散模块库）

名称	单位迟延	N 周期迟延	标量信号 多周期延迟	离散系统状态 空间模型	一阶保持器	超前或滞后
图标	$\dfrac{1}{z}$ Unit Delay	z^{-4} Integer Delay	4 Delays Tapped Delay	$y(n)=Cx(n)+Du(n)$ $x(n+1)=Ax(n)+Bu(n)$ Discrete State-Space	$\dfrac{0.05z}{z-0.95}$ Transfer Fcn First Order	$\dfrac{z-0.75}{z-0.95}$ Transfer Fcn Lead or Lag
名称	离散积分器	实零点传函	离散脉冲传函	加权滑动平均滤波	离散滤波器	存储上一个 时刻的状态值
图标	$\dfrac{KTs}{z-1}$ Discrete-Time Integrator	$\dfrac{z-0.75}{z}$ Transfer Fcn Real Zero	$\dfrac{1}{z+0.5}$ Discrete Transfer Fcn	Weighted Moving Average	$\dfrac{1}{1+0.5z^{-1}}$ Discrete Filter	Memory
名称	离散零极点模型	离散微分器	离散时间微分器	一阶保持器	零阶保持器	
图标	$\dfrac{(z-1)}{z(z-0.5)}$ Discrete Zero-Pole	$\dfrac{z-1}{z}$ Difference	$\dfrac{K(z-1)}{Tsz}$ Discrete Derivative	First-Order Hold	Zero-Order Hold	

4. Logic and bit operations（逻辑和位运算模块库）

名称	逻辑运算	关系运算	区间关系运算	动态区间关系运算	组合逻辑运算	与 0 比较运算	与设定常数比较运算
图标	AND Logical Operator	<= Relational Operator	Interval Test	up u lo Interval Test Dynamic	Combinatorial Logic	<=0 Compare To Zero	<=3 Compare To Constant

名称	位设置	位清零	位取反	移位运算	取位	信号值增加检验	信号值减小检验
图标	Set bit 0 Bit Set	Clear bit 0 Bit Clear	Bitwise AND 0xDg Bitwise Operator	Vy=Vu*2^-8 Qy=Qu>>8 Ey=Eu Shift Arith metic	Extract Bits Upper Half Extract Bits	$U>U/z$ Detect Increase	$U<U/z$ Detect Decrease

名称	信号变化检验	非正变正检验	负变非负检验	非负变负检验	正变非正检验		
图标	$U\sim=U/z$ Detect Change	$U>0$ & NOT $U/z>0$ Detect Rise Positive	$U>=0$ & NOT $U/z>=0$ Detect Rise Nonnegative	$U<0$ & NOT $U/z<0$ Detect Fall Negative	$U<=0$ & NOT $U/z<=0$ Detect Fall Nonpositive		

5. Lookup Table（查询表库）

名称	建立单输入查询表	建立 2 输入查询表	在设置的断点处检索查找和小数计算	建立单输入动态查询表	高精度常值或线性插值
图标	Lookup Table	Lookup Table(2-D)	u k f PreLookup Index Search	x xdat y ydat Lookup Table Dynamic	$n\text{-}D\ T(k, f)$ Interpolation(n–D) using PreLookup

名称	对查询表执行 sine 函数	n 个输入定常数、线性或样条插值映射	检索 n 维表	对查询表执行 cosine 函数	
图标	sin(2*pi*u) Sine	$n\text{-}D\ T(u)$ Lookup Table(n-D)	$n\text{-}D\ T(k)$ Direct Lookup Table(n-D)	cos(2*pi*u) Cosine	

6. Math operations（数学模块库）

名称	加法器	信号相加	信号相减	信号求和	加常数	信号加权时间采样值的加、减、乘、除运算
图标	Sum	+ + Add	+ − Subtract	Σ Sum of Elements	u+0.0 Bias	u+Ts Weighted Sample Time Math

续表

名称	常量增益	可用滑动条来改变增益	求积或商运算	除运算	点乘运算	符号函数
图标	Gain	Slider Gain	Product	Divide	Dot Product	Sign

名称	绝对值或模值	常用数学函数	取整函数	求最大最小值	三角函数（正弦、余弦、正切等）	正弦波函数
图标	Abs	Math Function	Rounding Function	MinMax	Trigonometric Function	Sine Wave Function

名称	求复数信号的模值和相位角	由模值和相位角组成复数	求复数信号的实部和虚部	由实部和虚部信号组成复数	三角函数，包括正弦、余弦、正切等	
图标	Complex to Magnitude-Angle	Magnitude-Angle to Complex	Complex to Real-Imag	Real-Imag to Complex	Trigonometric Function	

7. Model verification（模型校验模块库）

名称	校验静态低限	校验静态高限	校验静态区间	校验静态间隙	校验动态低限	校验动态高限
图标	Check Static Lower Bound	Check Static Upper Bound	Check Static Range	Check Static Gap	Check Dynamic Lower Bound	Check Dynamic Upper Bound

名称	校验动态区间	校验动态间隙	过零校验	具体梯度校验	校验输入精度	
图标	Check Dynamic Range	Check Dynamic Gap	Assertion	Check Discrete Gradient	Check Input Resolution	

8. Model-wide utilities（模块实用模块库）

名称	基于触发器的线性化模型	定时线性化模型	模型版本信息	模型文本	模块支撑表
图标	Trigger-Based Linearization	Timed-Based Linearization	Model Info	DOC Text	Block Support Table

9. Ports & subsystems（端口和子系统模块库）

名称	输入端口	输出端口	触发端口	使能端口	函数调用生成器	虚拟子系统
图标	In1	Out1	Trigger	Enable	f() Function-Call Generator	In1　Out1 Subsystem
名称	真实子系统	实现 switch 控制流语句	从用户指定的模块库中选择的任何模块	外部输入触发执行的子系统	外部输入使能执行的子系统	外部输入使能和触发的子系统
图标	In1　Out1 Atomic Subsystem	u1　case[1]:　default: Switch Case	Master Configurable Subsystem	In1　Out1 Triggered Subsystem	In1　Out1 Enabled Subsystem	In1　Out1 Enabled and Triggered Subsystem
名称	函数调用子系统	FOR 迭代子系统	While 迭代子系统	if-else 子系统	if 模块触发执行的子系统	switch 模块触发执行的子系统
图标	function() In1　Out1 Function-Call Subsystem	In1　for{...}　Out1 For Iterator Subsystem	In1　IC　while{...}Out1 While Iterator Subsystem	u1　if(u1>0)　else If	Action In1　Out1 If Action Subsystem	Action In1　Out1 Switch Case Action Subsystem

10. Signal attributes（信号属性转换模块库）

名称	数据类型转换	设置初始值	不同速度操作的数据传输	输出信号的属性（信号宽度、采用时间、信号类型）	指定信号的属性	输出输入向量的宽度
图标	Convert Data Type Conversion	[1] IC	Rate Transition	w:0,Ts:[0 0],C:0,D:0,F:0 Probe	inherit Signal Specification	0 Width

11. Signal routing（信号路由模块库）

名称	信号汇集总线	信号分流总线	信号组合为向量	向量信号分离
图标	Bus Creator	Bus Selector	Mux	Demux
名称	多输入信号组合为单个输出信号	条件自动切换	手动切换	多点自动切换
图标	Merge	Switch	Manual Switch	Multiport Switch

12. Sinks（输出模块库）

名称	连接到没有连接到的输出端	输出到数据文件	输出到工作空间	示波器
图标	Terminator	untitled.mat To File	simout To Workspace	Scope

名称	浮空示波器	显示二维曲线	显示输出信号的值	停止仿真
图标	Floating Scope	XY Graph	Display	STOP Stop Simulation

13. Sources（信号源模块库）

名称	连接到没有连接到的输入端	输入信号来自数据文件	输入信号来自工作空间	常数信号	信号发生器（正弦，方波等）
图标	Ground	untitled.mat From File	simin From Workspace	1 Constant	Signal Generator

名称	脉冲信号发生器	通过 GUI 构造信号	斜坡信号	正弦信号	阶跃信号
图标	Pulse Generator	Signal 1 Signal Builder	Ramp	Sine Wave	Step

名称	重复信号	随机数	时钟信号	数字时钟信号	
图标	Repeating Sequence	Random Number	Clock	12:34 Digital Clock	

14. User-defined functions（用户自定义模块库）

名称	用户编写的函数	S 函数（C 语言、Fortan 或 Ada）	MATLAB 的库函数	S 函数（M 文件格式）	可嵌入 MATLAB 语句	S 函数生成器
图标	f(u) Fcn	system S-Function	MATLAB Function MATLAB Fcn	mlfile M-file S-Function	u fcn y Embedded MATLAB Function	system S-Function Builder

参 考 文 献

[1] 杨平，翁思义，王志萍．自动控制原理——理论篇 [M]．3 版．北京：中国电力出版社，2016.

[2] 杨平，余洁，冯照坤，等．自动控制原理——实验与实践篇 [M]．北京：中国电力出版社，2005.

[3] 杨平，翁思义，王志萍．自动控制原理——练习与测试篇 [M]．北京：中国电力出版社，2012.

[4] 杨平．控制系统计算机辅助分析 [M]．北京：水利电力出版社，1995.

[5] 翁思义．控制系统计算机仿真与辅助设计 [M]．西安：西安交通大学出版社，1987.

[6] Ogata K．现代控制工程 [M]．卢伯英，佟明安，译．5 版．北京：电子工业出版社，2017.

[7] Dorf R C，Bishop R H．Modern Control Systems（英文影印版）[M]．北京：科学出版社，2002.

[8] Driels M．线性控制系统工程（英文影印版）[M]．北京：清华大学出版社，2000.

[9] 张晓华．控制系统数字仿真与 CAD [M]．3 版．北京：机械工业出版社，2010.

[10] 吴旭光，王新民．计算机仿真技术与应用 [M]．西安：西北工业大学出版社，2004.

[11] 高嵩．自动控制原理实验与计算机仿真 [M]．长沙：国防科技大学出版社，2004.

[12] 钱积新，王慧，周立芳．控制系统的数字仿真与计算机辅助设计 [M]．北京：化学工业出版社，2003.

[13] 黄道平．MATLAB 与控制系统数字仿真及 CAD [M]．北京：化学工业出版社，2002.

[14] 毕晓普．现代控制系统分析与设计——应用 MATLAB 和 Simulink [M]．北京：清华大学出版社，2003.

[15] 吴怀宇．控制原理与系统分析 [M]．北京：电子工业出版社，2009.

[16] 李秋红，叶志锋，徐爱民．自动控制原理实验指导 [M]．北京：国防工业出版社，2007.

[17] 王晓燕，冯江．自动控制理论实验与仿真 [M]．广州：华南理工大学出版社，2006.

[18] 陈春俊，张洁，戴松涛．控制原理与系统实验教程 [M]．成都：西南交通大学出版社，2007.

[19] 薛定宇．控制系统计算机辅助设计——MATLAB 语言与应用 [M]．3 版．北京：清华大学出版社，2012.

[20] 黄忠霖．自动控制原理的 MATLAB 实现 [M]．北京：国防工业出版社，2007.

[21] 高烽．科技论文写作规则和写作技巧 100 例 [M]．北京：国防工业出版社，2005.

[22] 杨继成，车轩玉，管振祥．学术论文写作方法与规范 [M]．北京：中国铁道出版社，2007.

[23] 刘坤．MATLAB 自动控制原理习题精解 [M]．北京：国防工业出版社，2004.

[24] 王银锁，李海霞．基于 MATLAB 的 PID 控制器设计及应用 [J]．工业仪表与自动化装置，2016，(1)：27 - 29.

[25] 吴秀丽．基于 MATLAB 的连续时间系统的频域分析 [J]．福建电脑，2013，(2)：182 - 183.

[26] 余洁，杨平．基于自平衡系统的阶跃响应与 MATLAB 仿真 [J]．自动化技术与应用，2010，29 (6)：103 - 105.

[27] 杨平，忻文杰．锅炉汽温串接小惯性全补偿前馈控制 [J]．热力发电，2010，39 (6)：41 - 43.

[28] 杨平．控制器的标准传递函数设计方法 [J]．化工自动化及仪表，2010，37 (11)：9 - 13.

[29] 杨平，潘帅．调节性能最优的继电反馈 PID 整定公式 [J]．自动化仪表，2010，31 (12)：43 - 45.

[30] 杨平，董国威．典型滞后超前控制器的频域法工程设计技术 [J]．自动化与仪器仪表，2010，(6)：61 - 63.

[31] 杨平，刘佳，沈晨程，等．太阳跟踪控制系统的相位超前控制器设计 [J]．上海电力学院学报，2009，25 (6)：309 - 311.

［32］杨平，吕文婕，徐春梅，等．管式炉温度的单神经元 PID 实时控制［J］．上海电力学院学报，2009，25（2）：101 - 104.

［33］杨平，郑玉婷，宋文燕，等．锅炉汽温状态反馈控制器的一种设计方法［J］．上海电力学院学报，2010，26（3）：257 - 261.

［34］杨平，余洁，孙宇贞，等．锅炉汽温状态反馈控制系统设计研究［J］．热力发电，2010，39（4）：31 - 35.

［35］罗英．飞机自动驾驶仪俯仰控制系统仿真研究［J］．中国民航飞行学院学报，2012，23（3）：24 - 27.

［36］李迪，郭忠菊，王军方，等．利用 MATLAB 的汽车主动悬架动力学仿真［J］．山东理工大学学报（自然科学版），2003，17（6）：22 - 25.

［37］陈强，李晓龙，刘少克．磁悬浮列车悬浮系统的非线性 PID 控制［J］．机车电传动，2014，(1)：52 - 54.

［38］陈亚栋，高文华，张井岗，等．基于 MATLAB 的磁悬浮球系统 PID 控制器设计与实现［J］．微型机与应用，2013，32（22）：66 - 68.

［39］王葳，张永科，刘鹏鹏，等．无刷直流电机模糊 PID 控制系统研究与仿真［J］．计算机仿真，2012，29（4）：196 - 199.

［40］杨平．管式电阻炉的动态特性［J］．上海电力学院学报，1986，2（2）：25 - 30.

［41］杨平，徐春梅，蒋式勤，等．直线一级倒立摆的 PID 控制策略仿真研究及实际试验［J］．微计算机信息，2006，22（7-1）：83 - 85.

［42］杨平，徐春梅，王欢，等．直线型一级倒立摆状态反馈控制设计与实现［J］．上海电力学院学报，2007，23（1）：21 - 25，32.

［43］徐春梅，杨平，彭道刚．直线二级倒立摆的状态反馈实时控制［J］．机电一体化，2008，14（3）：39 - 42.